DELIUS KLASING

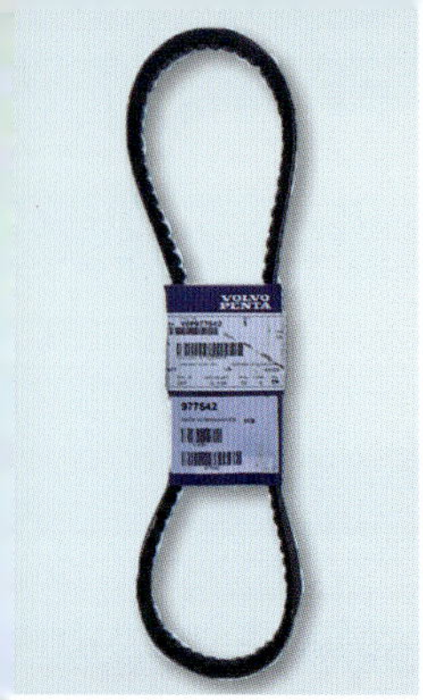

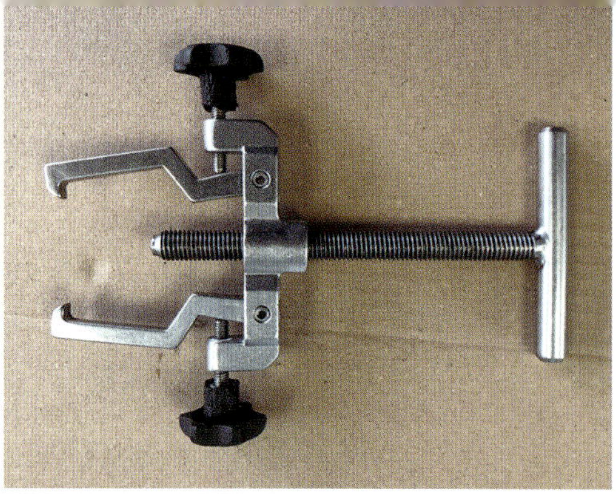

Users manual
VOLVO PENTA
IMPELLER LUBRICANT

ROCK OIL
High Performance Lubricants

WARNING
Cancer and Reproductive Harm-
発癌・生殖毒性の危険性について
www.P65Warnings.ca.gov
YANMAR

VOLVO PENTA
21549542
Oil Filter

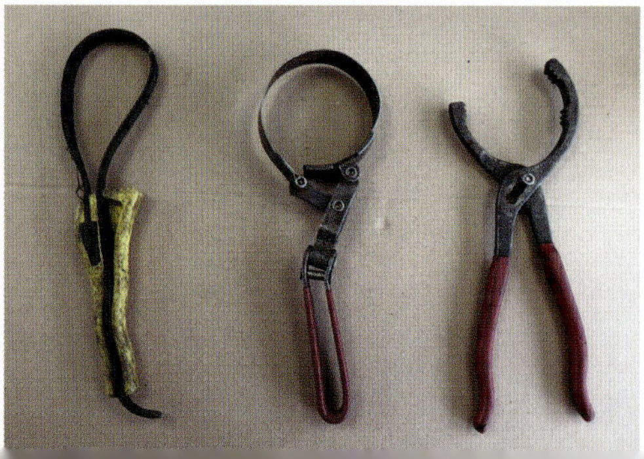

DELPH
296
HDF 296

DUNCAN WELLS | JONATHAN PARKER

STRESSFREI MOTOREN WARTEN

BEI SEGEL- UND MOTORBOOTEN

DELIUS KLASING VERLAG

Von Duncan Wells bereits im Delius Klasing Verlag erschienen:
• *Stressfrei Segeln*
• *Stressfrei Segeln kompakt*
• *Stressfrei Motorbootfahren*
• *Stressfrei An- und Ablegen*
• *Stressfrei Navigieren*

Die englische Originalausgabe mit dem Titel »Stress-free Engine Maintenance« erschien bei Bloomsbury Publishing Plc, London.

Bibliografische Information der Deutschen Nationalbibliothek
Die Deutsche Nationalbibliothek verzeichnet diese Publikation in der Deutschen Nationalbibliografie; detaillierte bibliografische Daten sind im Internet über http://dnb.dnb.de abrufbar.

1. Auflage
ISBN 978-3-667- 12580-4
Die Rechte für die deutsche Ausgabe liegen beim
Delius Klasing Verlag GmbH, Bielefeld.

Aus dem Englischen von Egmont M. Friedl
Lektorat: Felix Wagner
Coverfoto: Volvo Penta
Fotos: Sofern kein anderer Fotograf angegeben ist, wurden alle Fotos von Duncan Wells und Jonathan Parker oder in deren Namen aufgenommen.
Umschlaggestaltung: Felix Kempf, www.fx68.de
Layout: Susan McIntyre
Illustrationen: Tracy Saunders
Satz: Mohn Media, Gütersloh
Printed in China 2023

Delius Klasing Verlag, Siekerwall 21, D - 33602 Bielefeld
Tel.: 0521/559-0, Fax: 0521/559-115
E-Mail: info@delius-klasing.de
www.delius-klasing.de

FSC
www.fsc.org
MIX
Paper from responsible sources
FSC® C104723

Inhalt

Danksagung

Mein Dank geht an alle, die dieses Projekt mit Rat und Tat sowie großem Einsatz unterstützt haben.

- Bei Bloomsbury: Liz Multon, Nick Hunter, Kate Beer, Clara Jump und Jenny Clark. Susan McIntyre für das Layout und Tracy Saunders für die Illustration.
- Andrew Adams von der Firma Parker Adams für die Hilfe bei Fotos und Videos.
- Und natürlich vielen Dank an Sue Parker für ihre unermüdliche und hervorragende Schriftführung. Kurz nach jedem Zoom-Meeting erhielten wir von Sue eine perfekte Transkription unserer Besprechung und konnten so die Texte fertigstellen.
- Rick Gray für die Aufnahmen an Bord von Dorothy Lee.
- Dank auch an alle, die uns erlaubten, über ihre Boote zu klettern, Sachen auseinanderzunehmen und zu fotografieren, Andy Hobbs, Ed Crosse.
- Danke an Kevin Falck für die professionelle Durchsicht.

▲ *Ein gut gepflegter, kleiner Motor in einem sauberen Motorraum.*

Vorwort

Ich traf Jonathan an einem Tiefpunkt meines Seglerlebens – mir war der Diesel ausgegangen oder eben doch nicht, wie sich herausstellen sollte. Jonathan arbeitete damals als Einsatzleiter bei Sea Start, und er war es, der meinen Hilferuf entgegennahm.

Ich hatte gerade erst abgelegt und zusammen mit meinem Mitsegler setzte ich das Großsegel, als die Maschine zu stottern begann und ausging. Was konnte das sein? Der Motor war frisch gewartet, es war reichlich Diesel im Tank. Ich versuchte, den Motor erneut zu starten. Der Anlasser drehte kräftig, aber der Motor sprang nicht an. Eine verstopfte Dieselleitung? Ja, das musste es sein. Die Tankanzeige auf meiner Dorothy Lee hatte bereits 2008 den Geist aufgegeben und stand auf null. Deshalb hatte ich immer die Motorstunden und die zurückgelegten Seemeilen unter Motor in einem Buch notiert, das ich jetzt nochmals überprüfte. Mein Mitsegler hatte inzwischen die Genua ausgerollt, und wir segelten gemütlich dahin.

Selbst wenn ich fünf Liter Diesel pro Stunde veranschlagte – was viel zu viel ist, denn normalerweise liegt mein Verbrauch bei drei Liter pro Stunde –, sollten immer noch 80 Liter im Tank sein. Weitere Startversuche blieben ohne Erfolg. Also rief ich Sea Start zur Hilfe, den Pannendienst auf See. Wir segelten den Calshot Reach auf und ab, und es dauerte nicht lange, bis uns das Sea-Start-RIB von seiner Basis in Warsash aus erreichte.

So ein Hilferuf ist etwas peinlich, vor allem wenn ein Boot betroffen ist, das aus Segelmagazinen bekannt ist. Ich hoffte, die Sache würde sich schnell klären lassen oder wir könnten zumindest in den Hafen geschleppt werden, um dort am Steg in Ruhe und unbemerkt dem Problem auf den Grund zu gehen, anstatt vor aller Augen mitten auf dem Solent.

Jonathan machte sein RIB an Dorothy Lee fest, und wir segelten weiter den Calshot Reach auf und ab, während er unter Deck den Motor inspizierte. Ein weiterer Startversuch und ein kurzes Stottern des Motors ließen uns schon hoffen, doch der Motor ging gleich wieder aus.

»Ich bin mir nicht sicher, was es ist. Scheint so, als wäre kein Diesel im Tank«, sagte Jonathan, woraufhin ich meine Berechnungen hervorholte, denen zufolge der Tank nicht leer sein konnte.

Da wusste Jonathan auch nicht weiter und schleppte uns zurück in die Marina. Er telefonierte mit anderen Bootsführern von Sea Start, die in der Nähe waren, ob sie uns helfen konnten, unser Problem zu lösen.

Meine Hoffnung möglichst unbemerkt zu bleiben, wurde endgültig zunichte gemacht. Jetzt lagen schon zwei knallgelbe Boote von Sea Start neben unserem Liegeplatz und den vielen neugierigen Blicken nach zu urteilen, trugen wir nicht unwesentlich zur allgemeinen Unterhaltung an diesem Samstag bei. Zwei Pannenboote – da muss ja was passiert sein!

Ich hatte jeden überzeugt, dass mit dem Motor etwas nicht stimmen konnte, denn Diesel war auf jeden Fall im Tank. Den Beweis hielt ich schriftlich vor mir. Es musste eine Verstopfung in der Dieselleitung sein. Das stieß jeden vor den Kopf, einschließlich Jonathan. Luft in der Dieselleitung bedeutete, dass kein Diesel aus dem Tank kam.

»Nein«, sagte ich, »es muss noch Diesel in diesem Reservetank sein, ansonsten hätte ich 80 Liter verloren, das merkt man doch, das würde man doch riechen.« Ich ließ mich nicht davon abbringen, dass die Leitung verstopft sein müsse. Ich rief sogar einen Mechaniker, der am nächsten Tag eine neue elektrische Dieselpumpe einbaute. Er brachte ein paar Liter Diesel mit und füllte sie in den Haupttank. Mit der neuen Dieselpumpe lief der Motor jetzt einwandfrei. Die ganze Sache kostete mich bereits eine Stange Geld. Als der Mechaniker wieder weg war, fing der Motor erneut zu stottern an und ging aus. Das gibt's doch nicht! Ich klopfte gegen den Reservetank, konnte aber beim besten Willen nicht sagen, ob es ein heller Ton, also leerer Tank, oder ein dumpfer Ton, also voller Tank, war. Dann blickte ich auf den Absperrhahn.

Er war geschlossen. Ich musste ihn vor dem nächsten Nachfüllen geschlossen haben. Ich öffnete den Absperrhahn und konnte das gurgelnde Geräusch deutlich hören, als 80 Liter Diesel vom Reservetank in den Haupttank flossen. Da sind sie ja, meine 80 Liter! Da, wo sie hingehören. Ich hatte vergessen, den Diesel aus dem Reservetank in den Haupttank abzulassen. Der Haupttank war tatsächlich leer gewesen, genau wie Jonathan und alle anderen sagten. Asche auf mein Haupt.

Und was ist die Lehre aus dieser Geschichte? Traue nie dem Eigner oder Skipper, wenn es um einen vollen Tank geht! Man muss den Füllstand absolut immer mit einem Messstab kontrollieren. Und um der ganzen Sache noch die Krone aufzusetzen, fiel ich fast in Ohnmacht, als ich die Rechnung des Mechanikers in Händen hielt. Der kleine Zwischenfall hatte mich zusammen mit der fälligen Nachzahlung für meine abgelaufene Mitgliedschaft bei Sea Start fast 1.000 Pfund gekostet. Das sollte mir eine Lehre sein.

Im Laufe der Jahre habe ich noch oft auf Jonathans Fertigkeiten als Mechaniker vertraut, und er war so rücksichtsvoll, den peinlichen Vorfall von damals nie mehr zu erwähnen. Jonathans Erfahrungsschatz mit Booten und den Eigenheiten ihrer Motoren erscheint grenzenlos.

Doch kennt er sich nicht nur mit Motoren aus. Eines Tages hatte irgendetwas die Windschutzscheibe meiner Hallberg Rassy durchschlagen. In der Mitte klaffte ein kleines, kreisrundes Loch wie von einem Pistolenschuss, und das Glas rundherum war zersplittert. Eine Kugel war jedoch nicht auffindbar. Jonathan reparierte auch diesen Schaden.

Ich hatte zuvor das zersplitterte Glas entfernt, in dem Löcher für die Scharniere und die Arretierung waren. Ohne die alte Scheibe war es jedoch schwierig festzustellen, wo diese Löcher genau sein mussten. Jonathan bestellte das Glas, ermittelte die Position der Schraubenlöcher und passte die Scheibe in den nicht genau rechtwinkeligen Rahmen ein, baute alles wieder zusammen und war innerhalb einer Woche damit fertig. Eine Meisterleistung!

Die Idee zusammen ein Buch zu schreiben, hatten Jonathan und ich schon seit längerer Zeit. Jonathan hat unzählige Anekdoten durch seine Einsätze bei Sea Start auf Lager. Meist sind es sehr lehrreiche Lektionen, die aber nicht minder unterhaltsam sind. Ich selbst habe zu diesem reichen Fundus beigetragen.

So entstand dieses Buch. In *Stressfrei Motoren warten* geht es nicht darum, wie man einen Vierzylinder-Dieselmotor in seine Einzelteile zerlegt und wieder zusammenbaut, sondern vielmehr, wie und warum man sich um seinen Motor kümmern muss, damit er lange und reibungslos funktioniert. Sollte es aber dennoch zu einer Panne kommen, erklärt dieses Buch, was man tun kann und wie man sich gegebenenfalls selbst helfen kann, und zwar ganz unabhängig davon, wie viel Erfahrung man mit Reparaturarbeiten hat.

Das Buch beinhaltet zahlreiche Videos, die durch Scannen des QR-Codes aufgerufen werden können. Zudem sind die Videos auch auf www.westviewsailing.co.uk aufrufbar.

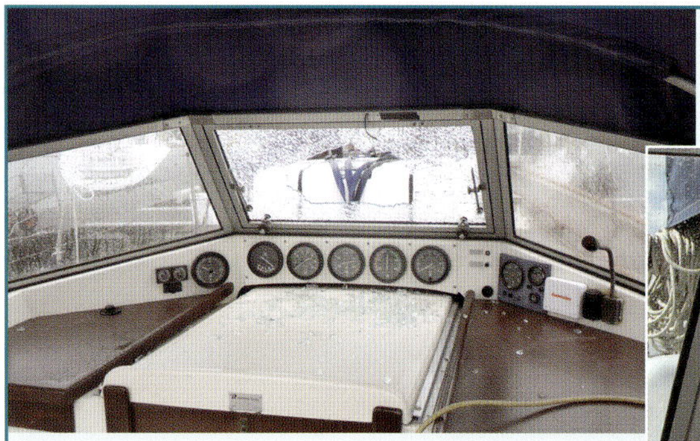

▲ *Die durchschlagene Windschutzscheibe mit den zersplitterten Glasresten.*

▶ *Die fertige Reparatur – perfekt!*

Jonathan berichtet

Warsash um Mitternacht, das Telefon klingelt.

»Sea Start, wie kann ich helfen?«

»Mein Motor geht immer wieder aus, es ist totale Flaute, ich kann nur motoren, aber die Maschine stirbt immer wieder.«

»Ok, ich komme, wo sind Sie?«

»Biskaya.«

»Biskaya! Meinen Sie den Golf von Biskaya?«

»Ja, ich rufe Sie von meinem Satellitentelefon aus an.«

»Gut, in diesem Fall kann ich natürlich schlecht zu Ihnen kommen. Können Sie beschreiben, was der Motor macht?«

»Er geht ständig aus. Er läuft ein paar Minuten, dann geht er aus. Wenn ich ihn nach ein paar Minuten erneut starte, springt er zwar an, geht aber nach circa zwei Minuten wieder aus.«

»Das klingt nach einem Problem in der Dieselleitung.«

»Ja, das denke ich auch, aber ich habe keine Ahnung, was ich tun soll. Ich bin Buchhalter und kein Mechaniker. Bei Motoren kenne ich mich überhaupt nicht aus.«

In diesem Moment brach die Telefonverbindung ab. Fünf Minuten später rief er wieder an. So ging es die nächsten zweieinhalb Stunden weiter. Immer wieder brach die Verbindung ab, aber es gelang mir, dem guten Mann alle Handgriffe am Telefon zu beschreiben, damit er beide Dieselfilter wechseln konnte und die Leitung bis zum Tank, wo die Verstopfung war, sauber bekam. Danach konnte er seinen Motor wieder starten und die Küste in Nordspanien erreichen.

Ich hatte ihm mehrere Fragen gestellt, ob der Motor so oder so aussah, hier oder dort ein Rohr war, bis ich mir ziemlich sicher sein konnte, dass es sich um einen Volvo MD21B handeln musste. Ich hatte den Motor vor meinem geistigen Auge und beschrieb Schritt für Schritt, was zu tun war.

So bat ich ihn, den Dieselfilter zu beschreiben, bis ich genau wusste, wie er in diesem Fall vorgehen musste und bis hin zu dem Punkt, als ich ihn bat, ein Rohr abzuschrauben und hineinzublasen, um die Verstopfung, die ich am Tankauslass vermutete, zu lösen. So konnte er es schließlich bis zur Küste schaffen.

»Der Dieselfilter ist das runde Ding oben links am Motor. Folgen Sie dem Rohr von dort nach unten, und Sie kommen an die Förderpumpe. Folgen Sie dem Rohr weiter bis zu einem anderen Rohr, das vom Vorfilter am Schott kommt. Dort könnte eine Verstopfung entstanden sein. Ist das Rohr aus Metall?«

»Nein, das ist ein Gummischlauch.«

»Mit kleinen Metallringen?«

»Ja, genau.«

»Das sind Schlauchschellen. Die müssen Sie aufschrauben. Haben Sie etwas um den Diesel aufzufangen?«

»Ja, habe ich.«

»Stellen Sie das unter. Unten am Filter ist eine Ablassschraube. Können Sie die fühlen?«

»Ah ... ja, habe ich.«

»Gut, lassen Sie den Diesel ab.«

Dann würde mal wieder die Telefonverbindung abbrechen, doch nach fünf Minuten rief er zurück und so machten wir immer weiter, bis er den Filter geöffnet hatte.

»Sind da Verunreinigungen am Filter?«

»Sieht nicht so schlecht aus.«

»Dann muss die Verstopfung zwischen Tank und Filter liegen. Lösen Sie die Schlauchschelle an der Leitung, und probieren Sie, durch die Leitung zu pusten.«

Als er wieder zurückrief, sagte er:

»Zuerst ging es schwer, aber dann konnte ich plötzlich das Blubbern im Tank hören.«

»Ausgezeichnet, Sie haben die Verstopfung gelöst.«

Dann baute er alles wieder zusammen.

»Achten Sie darauf, die Dichtungen sauber einzulegen, das ist etwas fummelig. So, und jetzt müssen Sie die Leitung entlüften. Dazu müssen Sie die Entlüftungsschraube aufschrauben, aber nicht die Schraube in der Mitte, sonst fällt alles auseinander ...«

Als er auch das geschafft hatte und der Motor wieder einwandfrei lief, freute er sich wie ein Schneekönig und war voller Stolz über seine Reparaturleistung. Er hatte wirklich bei null angefangen und konnte den Motor schließlich selbst wieder zum Laufen bringen. Es hätte Stunden gedauert, bis ihn die Rettungskräfte hätten finden können. Zum Glück hatte er ein Satellitentelefon dabei und dachte daran, Sea Start anzurufen. Später erfuhr ich, dass er den ganzen Prozess noch dreimal durchführen musste, bevor er einen Hafen erreichte.

1 Einführung

Die Absicht dieses Buches ist es, Bootsmotoren und die dazugehörigen Systeme so weit zu erklären, dass Sie sich selbst um den Motor kümmern und Probleme schon im Vorfeld erkennen können.

Es ist nicht dazu gedacht, Sie zum Mechaniker auszubilden. Gleichwohl werden alle wichtigen Arbeiten beschrieben, um den Motor zu warten und einen kompletten Service durchzuführen. Ebenso wird gezeigt, wie Sie bei auftretenden Problemen vorgehen müssen, um sie zu lösen. Wie bei allen Dingen kommt es auch bei einem Motor darauf an, dass er alles hat, was er braucht, um einwandfrei zu funktionieren, und dass man Verschleißteile im Auge behält und sich um sie kümmert, noch bevor sie den Geist aufgeben. Es geht darum, immer einen Schritt vorauszudenken.

Es ist genau wie zu Hause, wo man eine Taschenlampe jahrelang herumliegen lässt, nur um festzustellen, dass sie nicht funktioniert, wenn man sie dann einmal braucht. Beim Öffnen sieht man dann die ausgelaufenen Batterien, und die Taschenlampe wandert in den Müll. Hätte man die Batterien herausgenommen, während die Taschenlampe nicht benötigt wurde, könnte sie jetzt noch funktionieren. Sehen Sie sich unter diesem Gesichtspunkt auch an Bord um, und entnehmen Sie allen Geräten, die nur selten verwendet werden, die Batterien. Sie können die Batterien außen am Gerät mit Klebeband befestigen, damit sie schnell wieder zur Hand sind, wenn sie benötigt werden. Typische Beispiele sind Seenotlichter. Nehmen Sie die Batterien heraus, wenn das Boot lange Zeit im Hafen bleibt.

Bewahren Sie auch die Gebrauchsanweisungen und Handbücher sorgfältig auf. Bei Problemen mit dem Motor können sie sehr hilfreich sein.

Zusätzlich zu den im Folgenden beschriebenen Wartungsarbeiten von Benzin- und Dieselmotoren wird empfohlen, Wartungsbücher für grundsätzlich alle Verschleißteile an Bord anzulegen, die korrodieren oder verstopfen können. Es genügt nicht, sich nur um den Motor allein zu kümmern. Bei allen mechanischen Systemen an Bord ist Aufmerksamkeit gefragt. Abwarten, bis ein Teil seinen Dienst versagt, ist keine gute Lösung. Kümmern Sie sich rechtzeitig um alle Verschleißteile. Das ist für Sie und alle Beteiligten von Vorteil. Die teure Ankerwinsch muss regelmäßig gewartet werden, genauso wie die Frisch- und Abwasserpumpen oder die Bilgepumpe. Auch bei der Gasinstallation müssen unter anderem die Leitungen und der Druckminderer gewartet werden.

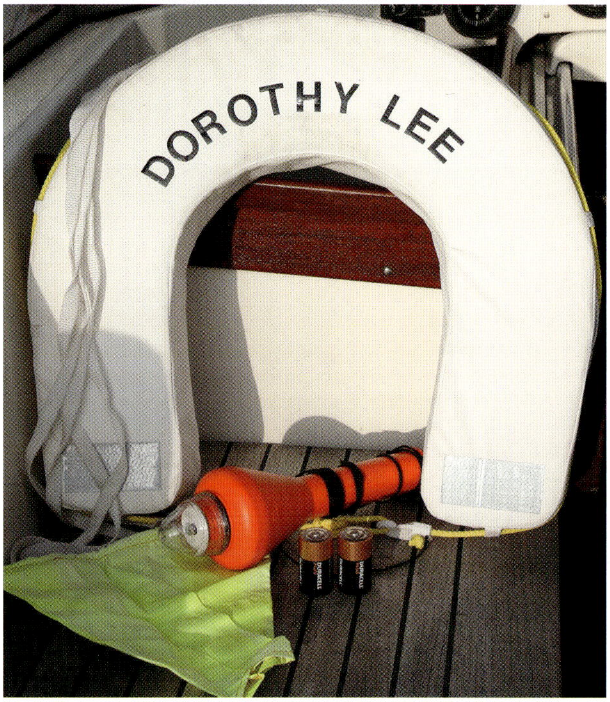

▲ *Entfernen Sie die Batterien bei Nichtgebrauch.*

Nicht zu vergessen sind die Alarmmelder für Gas, Rauch und Kohlenmonoxid. Ebenso der Kühlschrank samt Tiefkühler sowie der Generator.

Bei Reparaturen auf See muss man in beengten Verhältnissen und nahezu unmöglich verkrümmter Körperhaltung arbeiten, um eine Schraube ganz hinten am Motor zu erreichen. Zusammen mit dem Dieselgeruch sind das keine guten Voraussetzungen, wenn man anfällig für Seekrankheit ist. Mir erging es auch schon so, als ich kopfüber in die Backskiste abgetaucht war, um etwas zu reparieren. Ich musste da ganz schnell wieder raus und frische Luft schnappen.

Solange man alle Wartungsintervalle einhält, die Geräte mit Sorgfalt benutzt und übermäßigen Verschleiß vermeidet, sollte alles gut funktionieren.

Eines muss ich noch klarstellen: Ich, Duncan Wells, bin hier der Laie, der mit Sicherheit alle möglichen Fehler macht, während Jonathan Parker der Experte ist. Alle Beschreibungen in diesem Buch wurden erst durch mein Nicht-Mechaniker-Gehirn gefiltert. Konnte ich es verstehen, war die Beschreibung gut genug, um im Buch aufgenommen zu werden.

In *Stressfrei Motoren warten* wird häufig betont, wie wichtig es ist, alles zu überprüfen und sich an Wartungsintervalle zu halten. Denn im Grunde geht es um gute Vorbereitung, wie es auch beim Segeln oft ganz allgemein um gute Vorbereitung geht. Man muss potenzielle Probleme erkennen, bevor sie auftauchen.

Das Buch ist so aufgebaut, dass man beim Kapitel *Was tun bei einer Motorpanne?* bereits aus den vorangegangenen Kapiteln die einzelnen Komponenten des Motors kennt und weiß, wie sie überprüft und repariert werden können.

Am Ende jedes Kapitels berichtet Jonathan aus seinem reichen Erfahrungsschatz. Diese Anekdoten sollen nicht abwertend klingen, denn sie hätten jedem passieren können. Sie bringen einfach das, worum es geht, genau auf den Punkt.

Jonathan berichtet

Im Büro von Sea Start klingelt das Telefon. Es ist ein Motorboot vor Anker in Osborne Bay auf der Isle of Wight.

»Ich kann den Motor nicht starten, ich muss hier weg, habe schon alles versucht.«

Er war kein Mitglied, aber immer, wenn nicht allzu viel los war, fuhren wir zu jedem raus. Zuerst musste ich jedoch einige Daten abfragen und das Finanzielle klären.

»Ja, in Ordnung, aber ich muss hier wirklich wegkommen«, sagte der Anrufer.

Nachdem er einen Mitgliedsbeitrag und eine Einsatzfahrt gezahlt hatte, was nicht ganz billig ist, begann ich Fragen über den Motor zu stellen. Er bestand aber darauf, dass ich zu ihm komme und hörte mir nicht richtig zu. Er hätte dieses und jenes schon probiert, sagte er.

»Also gut«, sagte ich und versicherte ihm, in zehn Minuten vor Ort zu sein. Als ich ankam, sah ich, dass auf dem kleinen Sportboot neben dem Anrufer auch dessen Familie und Freunde, insgesamt ungefähr zehn Personen, waren. Alle Augen waren erwartungsvoll auf mich gerichtet. Ich blickte nur kurz auf den Schalthebel, stellte ihn in die Mittelposition und startete die Maschine. Der Blick seiner Ehefrau sprach Bände. »Weißt du, was mich das jetzt gekostet hat?«, rief sie. Offensichtlich war sie es, die die Rechnungen zahlte. Ich hatte den guten Mann am Telefon gefragt, ob der Schalthebel in der Neutralstellung steht, aber er war so aufgeregt, dass er nicht zuhörte. Er hätte sich oder vielmehr seiner Frau eine Menge Geld sparen können. Aber die Leute geraten schnell in Panik und können dann nicht mehr klar denken.

Eine meiner Lieblingsgeschichte ist, als ein Anrufer sagte:

»Das Steuerrad klemmt, ich kann es nicht bewegen.«

»Fährt das Boot in Kreisen?«, fragte ich.

»Nein.«

»Hält es von allein Kurs?«

»Was?«

»Fährt das Boot geradeaus?«

»Ja.«

»Haben Sie einen Autopilot?«

»Oh, ja, okay, alles klar!«

Der Anrufer hatte soeben bemerkt, dass er unter Autopilot fuhr und gleichzeitig versucht hatte, das Steuerrad zu drehen. Sobald er den Autopilot ausgekuppelt hatte, konnte er wieder selbst steuern.

Bei einer blockierten Steuerung fährt ein Boot meist Kreise auf dem Wasser. Auf Segelyachten ist die Bedieneinheit des Autopilot oft seitlich im Cockpit montiert, wo es leicht passieren kann, dass ein Crewmitglied versehentlich die Taste berührt, die den Autopilot von »Standby« auf »Auto« schaltet.

Bitte daran denken: Die meisten Motorboote lassen sich nicht starten, wenn der Propeller eingekuppelt ist. Das ist eine Sicherheitseinstellung. Bei Außenbordmotoren muss die Reißleine für die Notausfunktion angebracht sein, damit man den Motor starten kann. Bei Segelyachten kann die Maschine meist auch im eingekuppelten Zustand gestartet werden.

▲ *Ein Schild zur Erinnerung: Reißleine nicht vergessen!*

Vergessen Sie nie, die Reißleine am Hand- oder Fußgelenk festzumachen, wenn Sie ein Motorboot fahren. Eine zweite Reißleine an Bord erlaubt es einer anderen Person, den Motor wieder zu starten, wenn der Fahrer über Bord gefallen ist und mit seiner Reißleine am Handgelenk 30 oder mehr Meter entfernt im Meer schwimmt.

SUZUKI
NAUTIQUE

2 Grundlagen des Motors

Wie funktioniert ein Verbrennungsmotor?

Bei einem Verbrennungsmotor wird Wärmeenergie durch Verbrennung in mechanische Arbeit umgewandelt.

Dampfmaschinen werden durch eine äußere Hitzequelle, beispielsweise ein Kohlefeuer, angetrieben und zählen streng genommen nicht zu den Verbrennungsmotoren. Durch Erhitzen von Wasser in einem Kessel über dem Feuer wird der entstehende Wasserdampf unter Druck in einen Zylinder geleitet, wo er einen Kolben in Bewegung versetzt, der wiederum über eine Pleuelstange die Kurbelwelle in eine Drehbewegung versetzt. Mit dieser Drehbewegung können Räder oder Maschinen angetrieben werden.

Diesel- und Benzinmotoren werden durch eine innere Verbrennung im Brennraum des Zylinders angetrieben, wo die Ausdehnung des verbrennenden Gemischs aus Treibstoff und Luft einen Kolben in Bewegung versetzt. Ein Unterschied zwischen Diesel- und Benzinmotor liegt darin, dass beim Dieselmotor das Treibstoff-Luft-Gemisch im Brennraum durch Selbstzündung verbrennt, die durch die hohe Verdichtung ausgelöst wird. Der Kolben komprimiert dabei die Luft im Gemisch so stark, dass sich das Gemisch von selbst entzündet. Beim Benzinmotor, oder Ottomotor, wird das Gemisch dagegen mittels einer Zündkerze entzündet. Dieselmotoren müssen einer höheren Kompression (Verdichtung) im Brennraum standhalten und sind deshalb massiver gebaut, wodurch sie schwerer als Benzinmotoren sind. Neben Benzin und Diesel können Verbrennungsmotoren auch durch andere Kraftstoffe wie Autogas, Erdgas, Wasserstoff und andere angetrieben werden, die jedoch bei Bootsmotoren selten sind.

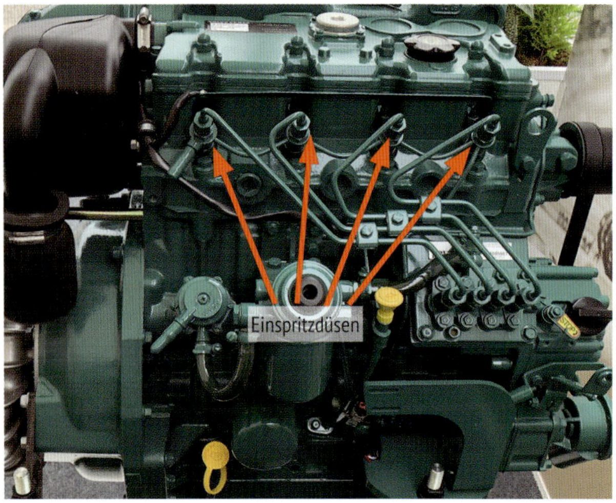

▲ *Einspritzdüsen an einem Dieselmotor.*

▲ *Zündkabel führen zu den Zündkerzen eines Benziners.*

Verschiedene Arbeitsverfahren

Sowohl Diesel- als auch Benzinmotoren können nach ihrem Arbeitsverfahren in Zwei- und Viertaktmotoren unterschieden werden. Aufgrund der stärkeren Abgasbelastung werden Zweitaktmotoren in der EU nur noch eingeschränkt produziert. Unter Takt versteht man eine Kolbenbewegung. Bei einem Zweitaktmotor bewegt sich der Kolben einmal auf- und einmal abwärts, um einen Arbeitszyklus zu bilden, beim Viertaktmotor finden je eine weitere Auf- und Abwärtsbewegung des Kolbens statt, die dazu dienen, die Verbrennungsgase auszustoßen und neues Gemisch aufzunehmen. Da beim Zweitaktmotor dieser Gasaustausch nahezu gleichzeitig zwischen nur einer Auf- und Abwärtsbewegung erfolgt, entsteht eine höhere Abgasbelastung. Natürlich sind noch zahlreiche ältere Zweitaktmotoren im Einsatz. Bei größeren Zweitaktmotoren kommen auch andere Verfahren bei der Öl- und Gemischzuführung zum Einsatz, die die Abgasbelastung reduzieren können, doch diese Motoren sind wesentlich teurer.

Funktion eines Viertaktmotors

Im Motorblock sind die Zylinder, in denen sich die Kolben auf und ab bewegen. Die Kolben sind über Pleuelstangen mit der Kurbelwelle verbunden und versetzen diese in eine Drehbewegung. Manche Motoren haben ein Schwungrad, das mit der Kurbelwelle verbunden ist und durch seine Masse die Kolbenbewegung unterstützt.

An der Oberseite des Motorblocks ist der Zylinderkopf aufgeschraubt, in dem sich die Ein- und Auslassventile für jeden Zylinder

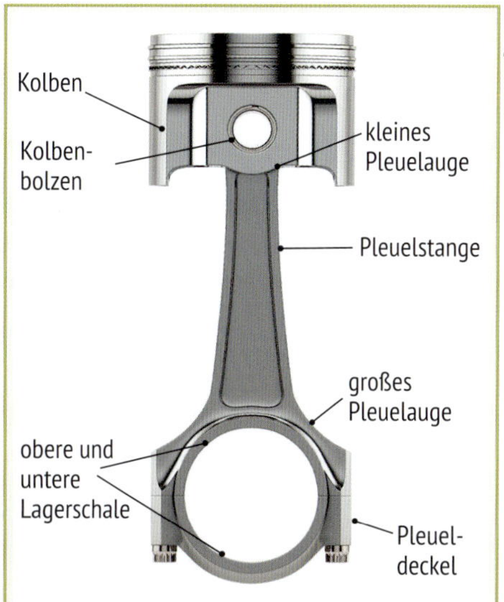

denc̣g/Shutterstock.com

▲ *Einzelteile von Pleuel und Kolben. Das große Pleuelauge ist auch mir ein Begriff. Ich erinnere mich, als ich mein Auto zur Inspektion brachte:*

»Und, ist alles in Ordung?«, fragte ich.
»Leider nein.«
»Oh?«
»Das große Pleuelauge ist gebrochen.«
»Teuer?« (tiefes Luftholen)
»Leider ja.«

ARBEITSTEILE EINES MOTORS

1. Beim Starten des Motors dreht der Anlasser das Schwungrad.
2. Mit dem Schwungrad dreht sich die Kurbelwelle, und die Kolben verdichten das Gas im Zylinder. Über die Kurbelwelle wird die Nockenwelle gedreht, die die Ein- und Auslassventile öffnet und schließt.
3. Gleichzeitig werden andere Komponenten wie die Lichtmaschine zur Ladung der Batterien, die Kühlwasserpumpe, Hydraulikpumpen und Kompressor über Keilriemen von der Kurbelwelle aus angetrieben.
4. Von der Kurbelwelle aus wird auch die Ölpumpe angetrieben, die im Inneren des Motors für die nötige Schmierung sorgt.

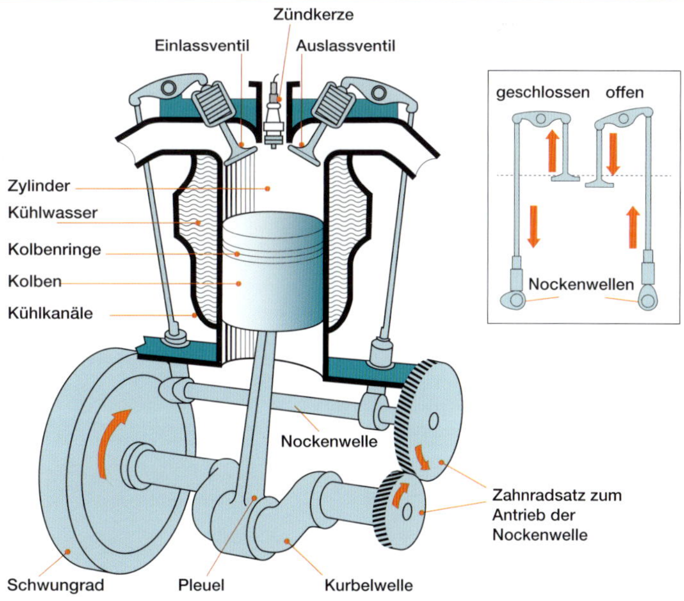

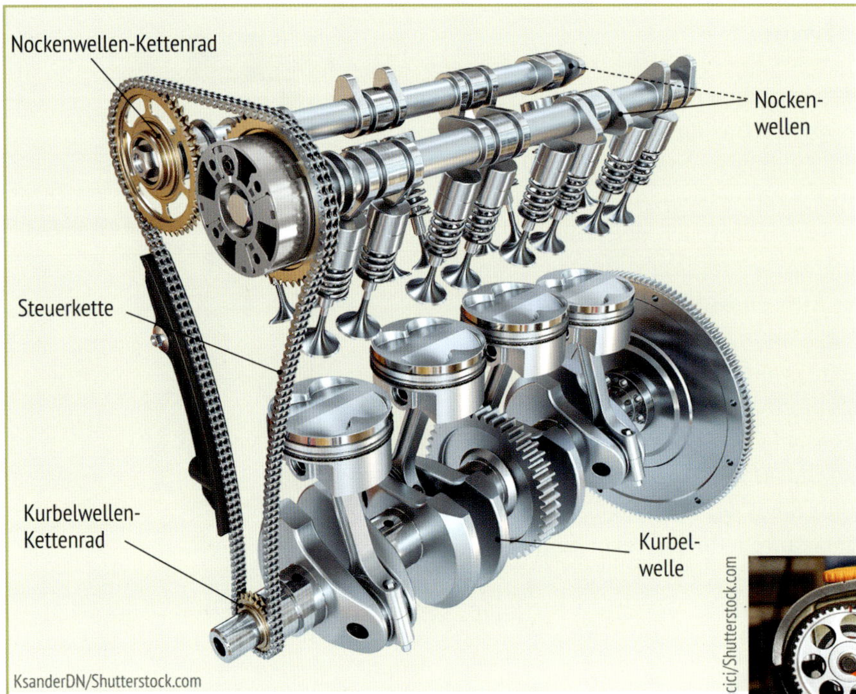

◀ *Vierzylinder-Benzinmotor mit zwei obenliegenden Nockenwellen. Hier erfolgt der Nockenwellen-Antrieb mittels einer Steuerkette.*

▼ *Motor mit zwei obenliegenden Nockenwellen, die über einen Zahnriemen angetrieben werden.*

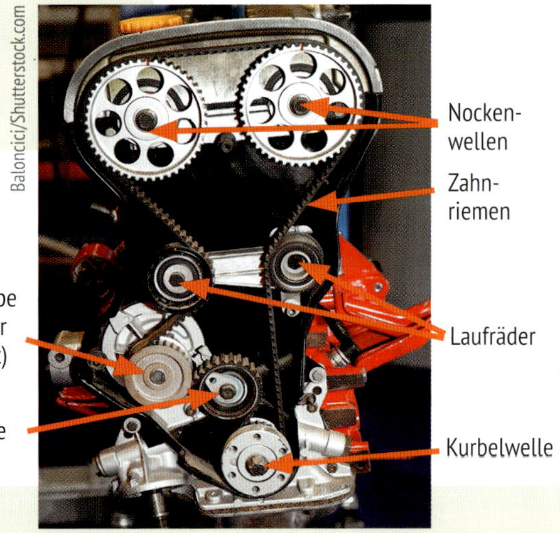

▲ *Hier erfolgt der Nockenwellenantrieb über Stirnräder, die gleichzeitig auch die Ölpumpe antreiben.*

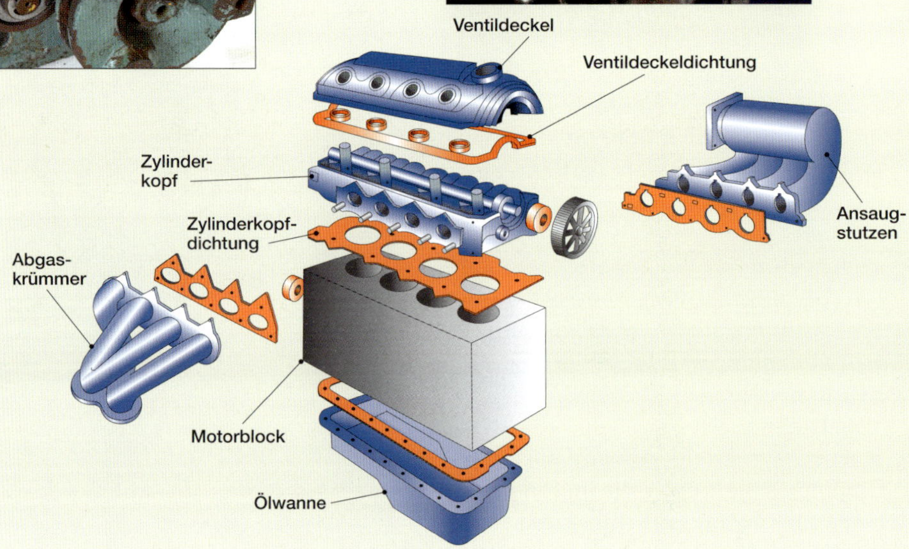

▶ *Bauteile eines Motors mit Ansaugstutzen und Abgaskrümmer.*

befinden. Die Ventile werden über die Kurbelwelle angesteuert und öffnen und schließen sich im Takt mit der Kolbenbewegung.

Die Nockenwelle kann über den Zylindern angebracht sein, wo sie die Ventile direkt über Tassenstößel oder Kipphebel betätigt, oder sie liegt weiter unten, und die Verbindung zu den Ventilen erfolgt über Stoßstangen. Der Antrieb der Nockenwelle erfolgt von der Kurbelwelle aus meist über Stirnräder oder einen Zahnriemen oder eine Steuerkette. Unter dem Motor liegt die Ölwanne, von der aus das Motoröl zur Schmierung aller bewegten Teile durch den Motor gepumpt wird. Über den Ansaugstutzen am Zylinder gelangt Luft in den Brennraum, die nach der Verbrennung über den Abgaskrümmer abgeführt wird. Die Nocken auf der sich drehenden Nockenwelle drücken über Stoßstangen oder Kipphebel auf die federbelasteten Ein- und Auslassventile, die sich genau im Takt mit der Kolbenbewegung öffnen und schließen. Motoren mit zwei obenliegenden Nockenwellen werden auch als DOHC-Motoren (double overhead camshaft) bezeichnet. Nahezu alle größeren Außenbordmotoren ab ungefähr 90 PS haben obenliegende Nockenwellen, da diese Konstruktion im Gegensatz zu Motoren mit einem Ventiltrieb über Stoßstangen mehr Motorleistung, speziell bei höheren Drehzahlen, erlaubt.

Um die Leistung eines Motors weiter zu steigern, können zum Beispiel die Ein- und Auslassöffnungen der Ventile vergrößert werden. Der Platz an der Oberseite des Zylinders ist jedoch begrenzt. Dieser zur Verfügung stehende Platz kann durch jeweils zwei Einlass- und zwei Auslassöffnungen effektiver ausgenutzt werden als durch eine große Einlass- und eine große Auslassöffnung. Diesen Vorteil macht sich die Vierventil-Technik zunutze. Dennoch stößt man bei der Steigerung der Luftzufuhr, die ein Motor durch den sich nach unten bewegenden Kolben ansaugen kann, an eine Grenze. Solche Motoren werden Saugmotoren genannt. Im Gegensatz dazu steht die Motoraufladung, bei der die Luft mit Druck in den Brennraum gepumpt wird. Das kann mit einem Turbolader oder einem Kompressor geschehen. Der Turbolader, auch Abgasturbolader, wird von den ausströmenden Abgasen des Motors angetrieben, während ein Kompressor in der Regel mechanisch über die Kurbelwelle angetrieben wird. Da der Turbolader bei älteren Turbomotoren

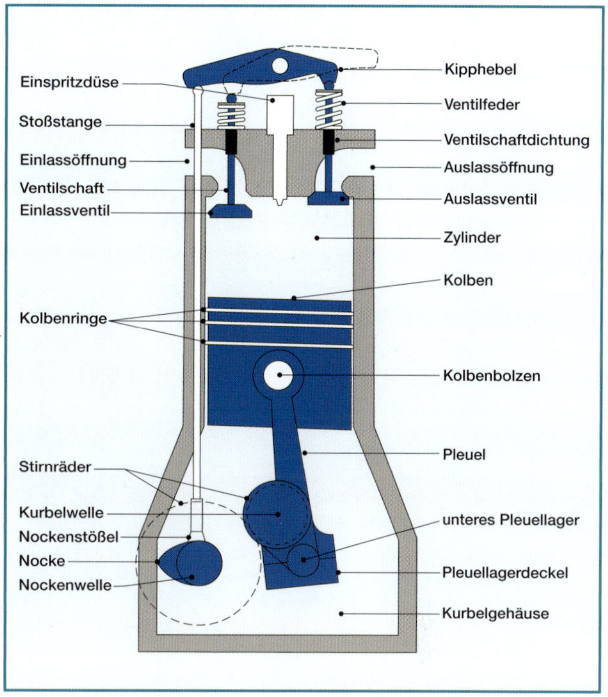

▲ *Der Ventiltrieb dieses Motors erfolgt über Stoßstangen und Kipphebel. Die Nockenwelle wird über Stirnräder von der Kurbelwelle angetrieben.*

erst bei stärkerem Abgasausstoß, das heißt bei höherer Drehzahl des Motors, effektiv arbeitet, spricht man auch von einem Turboloch, das die vergleichsweise geringere Leistung im unteren Drehzahlbereich beschreibt. Die Motoraufladung durch einen Kompressor kann dagegen bei allen Drehzahlen effektiv arbeiten, hat aber den Nachteil, mehr Leistung zum Verdichten der Luft zu benötigen.

Aufgrund der unterschiedlichen Vor- und Nachteile verfügen manche Motoren sowohl über einen Turbolader als auch über einen Kompressor.

Das Getriebe hat üblicherweise einen Vorwärts- und einen Rückwärtsgang. Die Anforderungen an die Motorisierung hängen aber vom Bootstyp und seiner Rumpfform ab. Gleiter benötigen bei Vorwärtsfahrt ausreichend Leistung aus dem unteren Drehzahlbereich, um in die Gleitphase zu kommen und sollten im Rückwärtsgang schnell aufstoppen können. Eine Segelyacht muss dagegen nicht schnell beschleunigen können und benötigt keine Leistungsreserven im oberen Drehzahlbereich, da sie ihre Rumpfgeschwindigkeit bei Motorfahrt nicht überschreitet. Es kommt jedoch immer auf

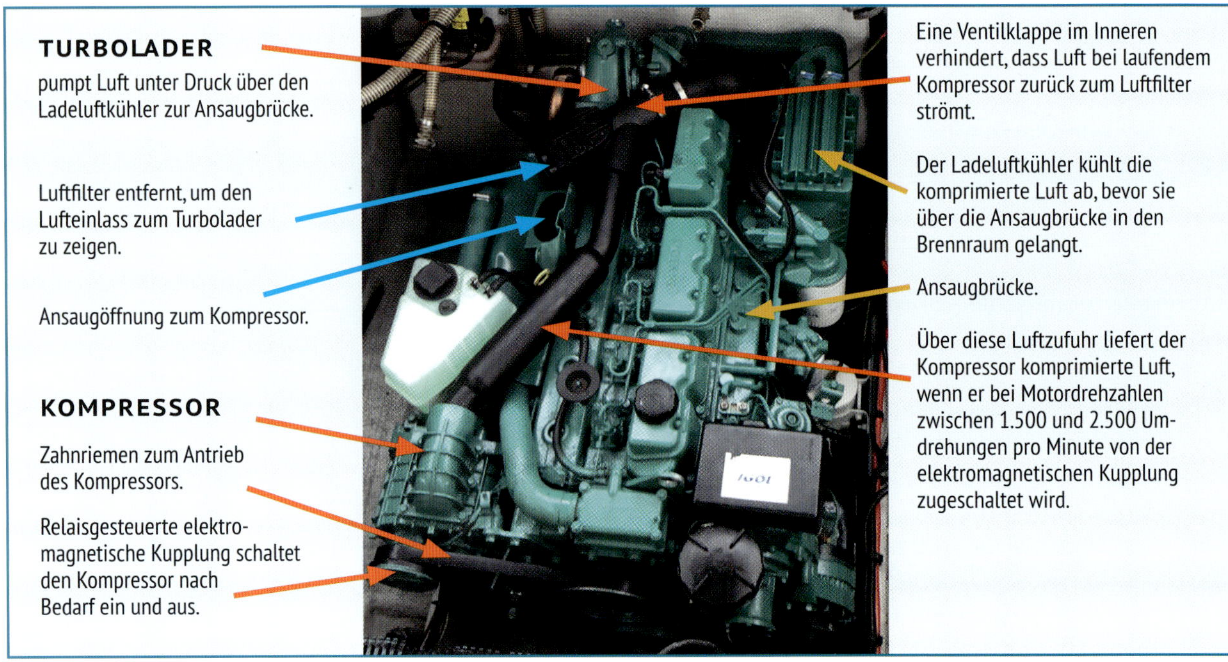

▲ *Ein Volvo Penta aus der KAD-Serie mit Turbolader und Kompressor.*

die optimale Abstimmung von Motorleistung, Gewicht und Gewichtsverteilung sowie Propellerwahl an.

Bei einem Gleiter ist diese Abstimmung besonders heikel, da einerseits genügend Leistung gefordert ist, um das Boot ins Gleiten zu bekommen und andererseits das Gewicht eine große Rolle spielt, denn ein Gleiter darf nicht zu schwer sein. Deshalb haben Gleiter meist entweder einen leichtgewichtigen Benzinmotor ohne Motoraufladung oder einen konstruktionsbedingt schwereren Dieselmotor, der über Turbolader und/oder Kompressor verfügt.

Die Wahl des Propellers ist bei einem Gleiter besonders kritisch, denn er muss bei geringen Drehzahlen bereits starken Schub erzeugen, darf aber nicht zu viel Widerstand haben, damit der Motor bei maximaler Leistung in Gleitfahrt seine vorgesehene Drehzahl erreichen kann. Oft müssen verschiedene Propeller in der Praxis getestet werden, um die optimale Wahl zu treffen.

Funktion eines Zweitaktmotors

Zweitakt-Benzinmotoren sind umweltschädlicher als Viertaktmotoren, weil das Öl in der Regel zur Motorschmierung dem Benzin beigemischt wird und mit dem Benzin verbrennt. In Europa werden daher kaum noch Zweitakt-Benzinmotoren hergestellt. Bei einem Viertaktmotor ist das Motoröl vom Kraftstoff getrennt. Zudem dienen zwei Kolbenbewegungen ausschließlich dem Austausch von Abgas und Frischgas, die dadurch weitgehend voneinander getrennt bleiben. Bei einem Zweitaktmotor ist die Vermischung beim Gaswechsel größer und die Abgasbelastung höher als bei einem Viertaktmotor.

Größere Zweitakt-Außenbordmotoren sind beispielsweise noch von Evinrude und Mercury erhältlich. Diese Motoren haben jedoch für die Gemischschmierung eine komplizierte Öleinspritzung, die sich zwar günstig auf die Abgasbelastung auswirkt, aber den Preis in die Höhe schraubt. Bei Außenbordmotoren haben sich Viertakter durchgesetzt.

Zweitakt-Dieselmotoren werden dagegen meist mit Getrenntschmierung gebaut. Bei manchen der Manhattan-Modelle von Sunseeker kommt ein Zeitaktmotor von Detroit Diesel zum Einsatz.

Ein Vorteil eines Zweitakt-Dieselmotors im Vergleich zu einem üblichen Viertakt-Dieselmotor ist das geringere Gewicht. Theoretisch erreicht der Zweitaktmotor die doppelte Leistung eines Viertaktmotors, weil er bei jedem zweiten Hub arbeitet und nicht nur bei jedem vierten. Das heißt, dass er bei gleicher Leistung leichter

FUNKTIONSPRINZIP EINES ZWEITAKT-BENZINMOTORS

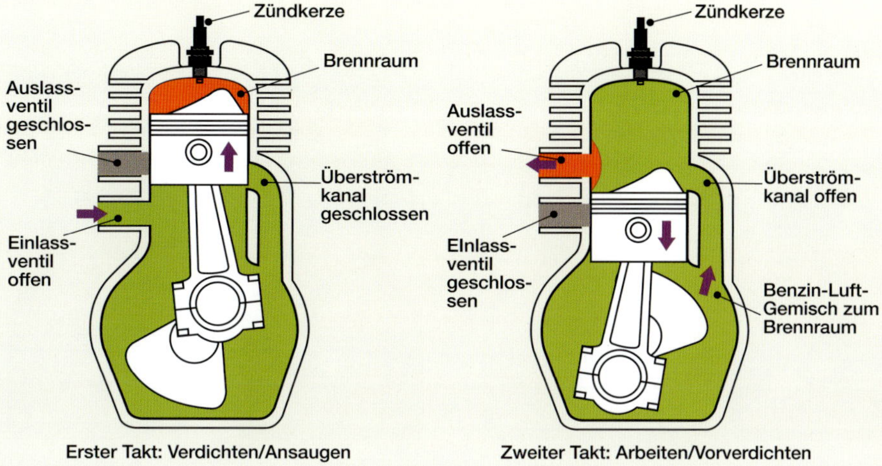

gebaut werden kann. Das wird deutlich, wenn man das Gewicht eines modernen Viertakt-Außenbordmotors mit 4 PS mit dem eines älteren Zweitaktmotors gleicher Leistung vergleicht.

Genau wie beim Zweitakt-Benzinmotor ist auch beim Zweitakt-Dieselmotor die Vermischung beim Gasaustausch der Grund für seine starke Abgasbelastung. Besonders beim Beschleunigen kommt es beim Diesel zu starker Rußbildung. Daher werden im Freizeitbereich vorzugsweise die sauberer laufenden Viertaktmotoren eingesetzt.

Wie funktioniert ein Viertakt-Dieselmotor?

Ansaugen, verdichten, arbeiten, ausstoßen, das sind die vier Takte. Der Kolben bewegt sich dabei zweimal im Zylinder auf und ab, um mit diesen vier Takten einen kompletten Zyklus, ein sogenanntes Arbeitsspiel, zu bilden. Es beginnt mit dem Kolben ganz oben im Zylinder am sogenannten oberen Totpunkt. Die Ventile sind geschlossen. Der Kolben bewegt sich nach unten, das Einlassventil öffnet sich, und Luft wird angesaugt. Wenn sich der Kolben im folgenden Verdichtungstakt nach oben bewegt, komprimiert er die Luft im Brennraum um das 15–22-Fache ihres Volumens. Dabei erwärmt sich die Luft auf über 550 °C. Bei dieser Temperatur entzündet sich eingespritzter Dieselkraftstoff von selbst. Es folgt der Arbeitstakt, wenn der Kolben durch die explosionsartige Verbrennung nach unten gedrückt wird. Steigt der Kolben danach im vierten Takt wieder auf, stößt er bei geöffnetem Auslassventil die Verbrennungsgase aus und das Arbeitsspiel beginnt von Neuem.

Aufgrund der sehr hohen Verdichtung bei Dieselmotoren müssen sie sehr stark dimensioniert sein, was sie im Vergleich zu Benzinmotoren schwerer macht.

Das ist auch der Grund, warum es bis vor Kurzem keine Diesel-Außenbordmotoren gab. Doch moderne Legierungen und eine optimierte Einspritzung machten es möglich, das Gewicht zu reduzieren und Diesel-Außenbordmotoren auf den Markt zu bringen.

◆ Einen Dieselmotor starten

Manche Dieselmotoren haben eine Vorglühanlage. Durch elektrische Glühkerzen wird die Luft im Brennraum oder in der Ansaugbrücke erhitzt, damit sie durch die Kompression sicher die nötige Temperatur von über 550 °C erreicht und sich mit dem eingespritzten Diesel von selbst entzündet. Die Glühkerzen werden von der Starterbatterie mit Strom versorgt und über einen Schalter oder das Zündschloss aktiviert. Bei modernen Motoren erfolgt die Aktivierung automatisch und dauert im Gegensatz zu alten Dieselmotoren nur noch Sekunden.

FUNKTIONSPRINZIP EINES VIERTAKT-DIESELMOTORS

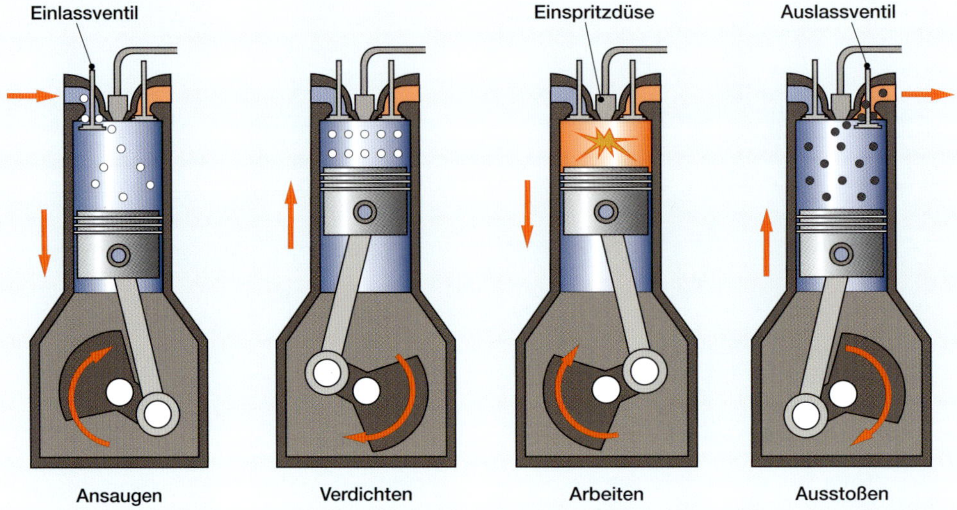

Viertakt-Dieselmotor

Takt	Umdrehungen Kurbelwelle	Kolben	Einlassventil	Auslassventil
1. Ansaugen	0,5	Nach unten, es entsteht ein Unterdruck.	Offen	Geschlossen
2. Verdichten	1	Nach oben, die Luft wird komprimiert, Diesel eingespritzt.	Geschlossen	Geschlossen
3. Arbeiten	1,5	Nach unten durch die Expansion der Verbrennungsgase.	Geschlossen	Geschlossen
4. Ausstoßen	2	Nach oben, um die Verbrennungsgase auszustoßen.	Geschlossen	Offen

Zum Starten dreht der elektrische Anlasser den Motor, Diesel wird am Ende des Verdichtungstakts in den Brennraum eingespritzt, entzündet sich und treibt den Motor an.

◆ Drehzahl erhöhen

Um die Drehzahl des Motors zu erhöhen, wird mehr Diesel eingespritzt. Dadurch wird die explosionsartige Verbrennung stärker und der Motor dreht sich schneller. Die nötige Luft wird über den Luftfilter und den Ansaugtrakt zum Einlassventil und dort in den Brennraum gesaugt, wenn sich der Kolben im Ansaugtakt nach unten bewegt. Bei diesem Prinzip spricht man von einem Saugmotor. Den Gegensatz zu Saugmotoren bilden Motoren mit Aufladung durch Turbolader oder Kompressor (wie weiter unten beschrieben).

◆ Einen Dieselmotor abstellen

Dieselmotoren werden in der Regel nicht über das Zündschloss abgestellt, da Direkteinspritzer mit mechanisch angetriebener Einspritzpumpe auch ohne Stromversorgung laufen. Meist muss ein Kabelzug oder ein Stoppschalter betätigt werden, der die Dieselzufuhr zu den Einspritzdüsen unterbricht.

An der Einspritzdüse kommt der Kraftstoff unter hohem Druck an. Ein federbelastetes Nadelventil öffnet sich unter diesem Druck und entlässt den Kraftstoff in die Brennkammer. Beim Abstellen eines Dieselmotors wird die Kraftstoffzufuhr mechanisch über einen Kabelzug oder elektrisch über einen Magnetschalter unterbrochen, worauf der Motor sofort stoppt.

Bei einem Kabelzug darf man nicht vergessen, ihn nach Betätigung wieder zurückzuschieben, da der Mo-

Ventilschaftdichtungen müssen überprüft werden. Bei übermäßiger Undichtigkeit entsteht blauer Abgasrauch.

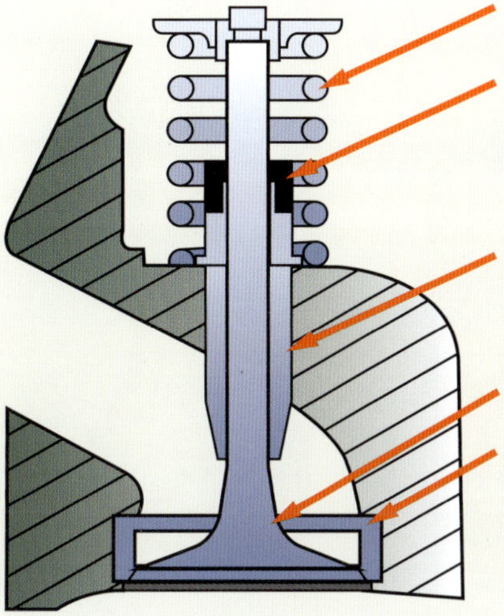

tor ansonsten beim nächsten Anlassen nicht anspringen kann.

Lässt sich der Motor dagegen mit dem Zündschloss abstellen, handelt es sich entweder um einen Motor aus dem Automobilbereich, bei dem ein Magnetschalter die Kraftstoffzufuhr regelt, oder um einen Motor mit elektronischer Motorsteuerung (ECU, Engine Control Unit), die eine genauer dosierte Einspritzung erlaubt.

Wie funktioniert ein Viertakt-Benzinmotor?

Die Takte sind identisch zum Viertakt-Dieselmotor mit dem einzigen Unterschied, dass das Benzin-Luft-Gemisch nicht allein durch die Kompression, sondern durch eine Zündkerze entzündet wird. Der Zündfunke erfolgt am Ende des Verdichtungstaktes.

Bei älteren Benzinmotoren erfolgte die Steuerung des Zündfunkens in den einzelnen Zylindern über einen mechanisch angetriebenen Verteiler. Vom Verteiler führen die Zündkabel zu den Zündkerzen. Die benötigte Hochspannung wird in einer oder mehreren Zündspulen erzeugt. Modernere Motoren verfügen jedoch über eine elektronisch geregelte Zündung. Diese wird genau wie auch die Einspritzung des Kraftstoffs von der Motorsteuerung (ECU, Engine Control Unit) geregelt. Dadurch wird die Leistung gesteigert sowie der Verbrauch und die Abgasbelastung gesenkt. Moderne Benzinmotoren haben meist je eine Zündspule pro Zündkerze, die über die Motorsteuerung geregelt wird.

Ein weiterer Vorteil der modernen Motorsteuerung ist, dass es weniger mechanische Verschleißteile gibt. Einzig die Zündkerzen müssen noch gewechselt werden.

Ein Benzinmotor kann im Vergleich zu einem Dieselmotor leichtgewichtiger gebaut werden, weil er einer weniger starken Verdichtung standhalten muss. Das Kraftstoff-Luft-Gemisch wird durch einen Zündfunken und nicht allein durch die Kompression entzündet. Bei einem Benzinmotor wird die Luft im Brennraum nur auf das 8–12-Fache ihres Volumens verdichtet. Beim Diesel ist es das 15–22-Fache.

Einen Benzinmotor anlassen

Über das Zündschloss wird der Anlasser betätigt, der den Motor dreht. Gleichzeitig wird die Kraftstoffzufuhr gestartet und ein Zündfunke erzeugt. Um die Zündung aufrecht zu halten, benötigt ein Benzinmotor Strom; ansonsten würde er ausgehen.

Drehzahl erhöhen

Wie beim Dieselmotor erhöht sich die Drehzahl, wenn mehr Kraftstoff zugeführt wird. Allerdings muss sowohl bei der äußeren Gemischbildung beispielsweise eines Vergasermotors als auch bei innerer Gemisch-

FUNKTIONSPRINZIP EINES VIERTAKT-BENZINMOTORS (MIT VERGASER)

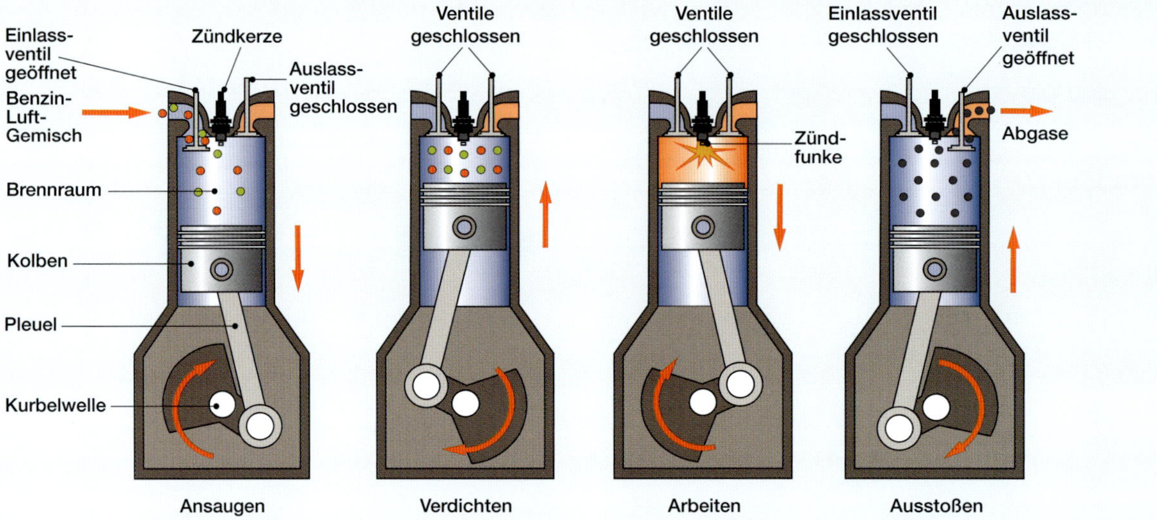

Das Arbeitsspiel eines Viertakt-Benzinmotors. Bei Mehrzylindermotoren sind die Pleuel und Kolben so mit der Kurbelwelle verbunden, dass die Kolbenbewegung und damit die jeweilige Zündung gleichmäßig versetzt erfolgt.

Viertakt-Benzinmotor (mit Vergaser)

Takt	Umdrehungen Kurbelwelle	Kolben	Einlassventil	Auslassventil
1. Ansaugen	0,5	Nach unten, es entsteht ein Unterdruck, der das Benzin-Luft-Gemisch ansaugt.	Offen	Geschlossen
2. Verdichten	1	Nach oben, das Benzin-Luft-Gemisch wird komprimiert und von der Zündkerze entzündet.	Geschlossen	Geschlossen
3. Arbeiten	1,5	Nach unten durch die Expansion der Verbrennungsgase.	Geschlossen	Geschlossen
4. Ausstoßen	2	Nach oben, um die Verbrennungsgase auszustoßen.	Geschlossen	Offen

bildung eines Benzinmotors mit Direkteinspritzung die zugeführte Luftmenge der Kraftstoffmenge angepasst werden, um das ideale Verhältnis zu bewahren. Bei älteren Motoren geschieht das z. B. über eine Drosselklappe, während moderne Motoren das Verhältnis von Kraftstoff- und Luftmasse elektronisch regeln.

◆ Einen Benzinmotor abstellen

Ein Benzinmotor wird am Zündschloss abgestellt, wodurch das elektrische Zündsystem und die Kraftstoffförderung unterbrochen werden, sodass der Motor stehenbleibt.

Einen Motor von Hand drehen oder starten

Einen Dieselmotor bei einer Überprüfung oder Reparatur von Hand zu drehen, kann schwergängig sein. Am besten setzt man dazu einen Schraubenschlüssel an der Mutter des Schwungrades oder des Keilriemenrades der Kurbelwelle an. Drehen Sie im Uhrzeigersinn. Das kann schwergängig sein, da die Luft im Brennraum stark verdichtet wird. Einige Motoren haben Dekompressionshebel, die das Auslassventil offenhalten, sodass der Motor leicht gedreht werden kann. Diese Deko-Hebel werden auch bei älteren Motoren für einen Handstart benötigt. Sobald man mit der Handkurbel genügend Schwung aufgebaut hat, schließt man die Deko-Hebel, und der Motor springt an. Lässt sich der Motor dagegen überhaupt nicht drehen, könnte der Grund ein Kolbenfresser oder Korrosion im Inneren sein.

Benzinmotoren sind leichter von Hand zu starten, da sie eine geringere Verdichtung als Dieselmotoren haben. Aus diesem Grund haben Benzinmotoren auch keine Dekompressionshebel. Man spürt zwar, wenn der Kolben den oberen Totpunkt erreicht, kann aber in der Regel den Motor von Hand durchdrehen.

WAS MACHT EIN PLEUEL? Der Pleuel ist die Verbindung zwischen Kolben und Kurbelwelle. Er wandelt die Auf- und Abwärtsbewegung des Kolbens durch einen Kurbeltrieb in eine Drehbewegung an der Kurbelwelle um.

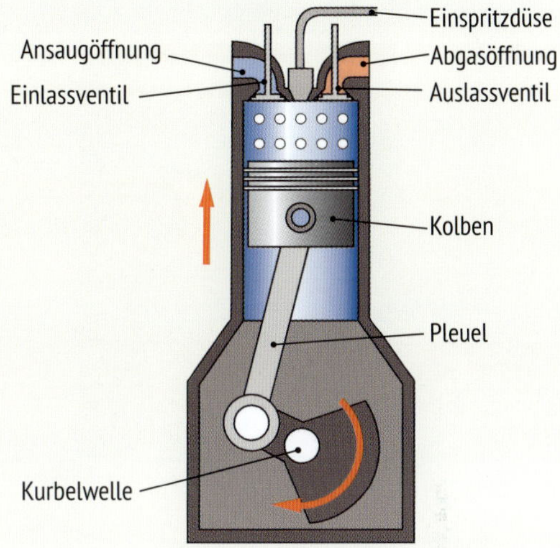

Ein Dieselmotor in schematischer Schnittansicht.

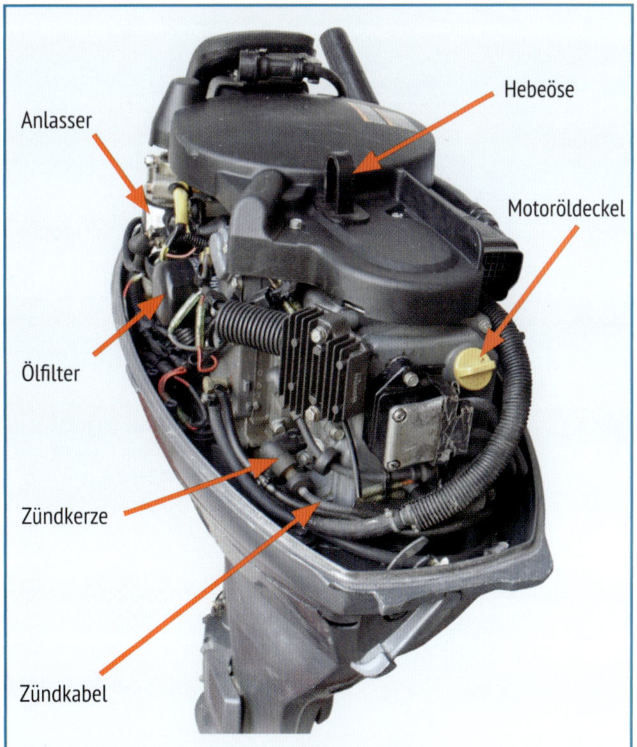

Ein 25-PS-Außenbordmotor mit E-Start.

Die moderne elektronische Motorsteuerung (ECU, Engine Control Unit oder EDC, Electronic Diesel Control) wird häufig auch Motormanagement oder als Bauteil auch Steuergerät genannt.

▲ *Yanmar 2GM20 mit Dekompressionshebeln.*

▲ *Eine Handstartkurbel zählt zur Notfallausrüstung mancher Motoren und sollte eigentlich in gutem Zustand gehalten werden!*

Scannen Sie diesen QR-Code, um Animationen zur Funktionsweise von Diesel- und Benzinmotoren zu sehen.

Turbolader und Kompressor

Wozu sind Turbolader und Kompressor eigentlich gut? Im Prinzip machen sie einen Motor größer, als er ist. Die Größe eines Motors kann durch seinen Hubraum angegeben werden. Darunter ist das Volumen aller Zylinder zu verstehen, das von den Kolben verdichtet wird. Ein Vierzylindermotor mit 500 cm^3 (halber Liter) pro Zylinder hat einen Hubraum von 2.000 cm^3 (zwei Liter). Die Luftmasse eines halben Liters Luft ist also das Maximum, das pro Zylinder verdichtet werden kann, es sei denn, man bläst Luft unter Druck in den Zylinder ein. Das ist möglich durch:

1. Einen Kompressor, der vom Motor angetrieben wird und Druckluft in den Zylinder bläst.
2. Einen Abgasturbolader, der durch eine Turbine im Abgasstrom angetrieben wird und ebenfalls Luft unter Druck an die Zylinder liefert.

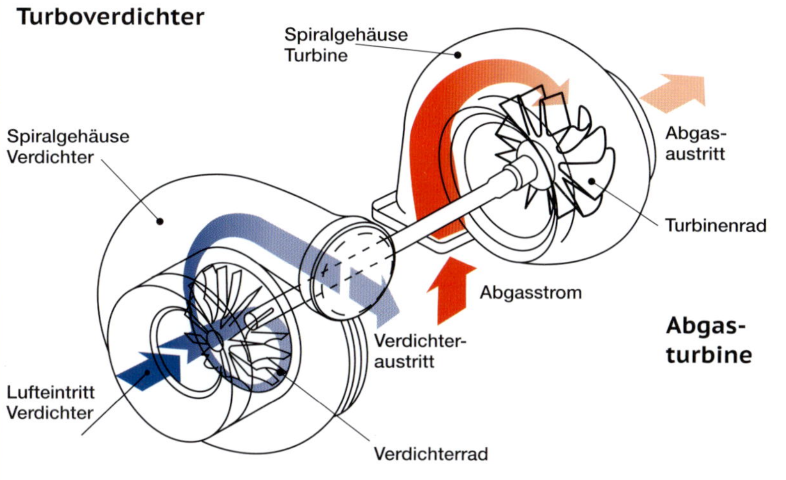

Funktionsweise eines Abgasturboladers: Die Abgasturbine treibt den Turboverdichter an.

Wenn durch diese Motoraufladung ein Liter Luft auf das Volumen eines halben Liters komprimiert und dieser halbe Liter Druckluft in den Zylinder geblasen wird, kann man auch doppelt so viel Benzin einspritzen und hätte die Motorgröße theoretisch verdoppelt. Ein Abgasturbolader arbeitet allerdings erst dann effektiv, wenn der Abgasstrom stark genug ist, also erst bei höheren Motordrehzahlen. Bei geringen Drehzahlen spricht man daher vom sogenannten Turboloch. Ein Kompressor kann dagegen die Ladeluft bei allen Motordrehzahlen verdichten. Die obige Abbildung zeigt die Turbine und das Verdichterrad eines Turboladers. Durch die Verdichtung wird die Ladeluft erwärmt und muss in einem Ladeluftkühler abgekühlt werden. Dadurch ist im gleichen Volumen eine nochmals größere Luftmasse enthalten, und es kann proportional mehr Kraftstoff verbrannt werden.

COMMON-RAIL-EINSPRITZUNG

Diese moderne Technik ist durch eine gemeinsame Hochdruckleitung für alle Zylinder, meist in Form eines Rohres, gekennzeichnet. An den Zylindern befindet sich anstelle einer Einspritzdüse ein sogenannter Injektor. Durch die Trennung von Druckerzeugung und Einspritzvorgang werden Leistungs- und Verbrauchsvorteile erzielt. Die Einspritzung wird von der elektronischen Motorsteuerung geregelt.
Diesel wird unter extrem hohen Druck von über 2.000 bar eingespritzt. Dabei wird der Kraftstoff in feinste Tröpfchen zerstäubt, die der Luft insgesamt eine größere Oberfläche bieten als bei einer weniger feinen Zerstäubung und zu einer vollständigeren Verbrennung führen. Dadurch wird auch die Abgasbelastung reduziert.

Prinzip eines Hybridantriebs

Die E-Mobilität erreicht zunehmend auch Boote und Yachten. Auf einem Boot können sogar Solarzellen und Windenergie zur Ladung der Batterien verwendet werden. Noch werden jedoch Hybrid-Antriebe favorisiert, bei denen die Stromgewinnung durch einen Dieselmotor erfolgt.

Bei einem parallelen Hybrid-System kann der Antrieb des Propellers wahlweise durch den Verbrennungsmotor oder den Elektromotor erfolgen. Bei einem seriellen Hybridantrieb dient der Verbrennungsmotor ausschließlich der Stromerzeugung und hat keine Verbindung zum Propeller.

3 Getriebe und Antriebsarten

Welche Antriebsart die beste ist, hängt vom jeweiligen Bootstyp ab.

Wellenanlagen

Die traditionellste Antriebsart ist die Wellenanlage. Dabei ist ein Getriebe mit Vorwärts- und Rückwärtsgang an der Rückseite des Motors angeflanscht, von dem die Propellerwelle meist über eine flexible Kupplung abgeht. Die Welle läuft in einem Stevenrohr, das durch den Rumpf nach außenbords geführt ist. Sie ist in der Regel entweder mit einer Stopfbuchse oder einer Lippen- oder Gleitringdichtung abgedichtet, damit kein Wasser zwischen dem stillstehenden Stevenrohr und der sich drehenden Propellerwelle eindringen kann.

Der Propeller ist am Ende der Welle meist mit einer Passfeder formschlüssig angebracht. Die Passfeder sitzt in einer Nut in der Welle und im Propeller und stellt sicher, dass sich der Propeller mit der Welle dreht. Sie entlastet zudem die sogenannte Ablaufmutter am Ende der Welle, mit der der Propeller gesichert ist, weil sich der Propeller beim Umschalten von Vor- und Rückwärtsgang dank der Passfeder kaum bewegen kann.

Die Propellerwelle ist im Wellenlager gelagert, das am Ende des Stevenrohrs oder in einem Wellenbock sitzt. Mit einem Wellenbock kann die Propellerwelle über eine längere Distanz unter dem Rumpf und bis vor das Ruder geführt werden.

▲ *Wellenanlage mit Wellenbock und Propeller.*

Dadurch wird das Ruder besser angeströmt und die Manövrierfähigkeit erhöht.

Wellenanlagen werden bei Segel- und Motoryachten verwendet:

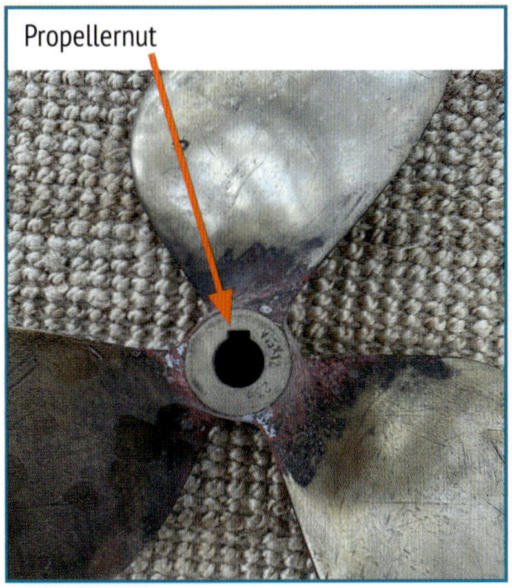

▲ *Propellernut zur Aufnahme der Passfeder.*

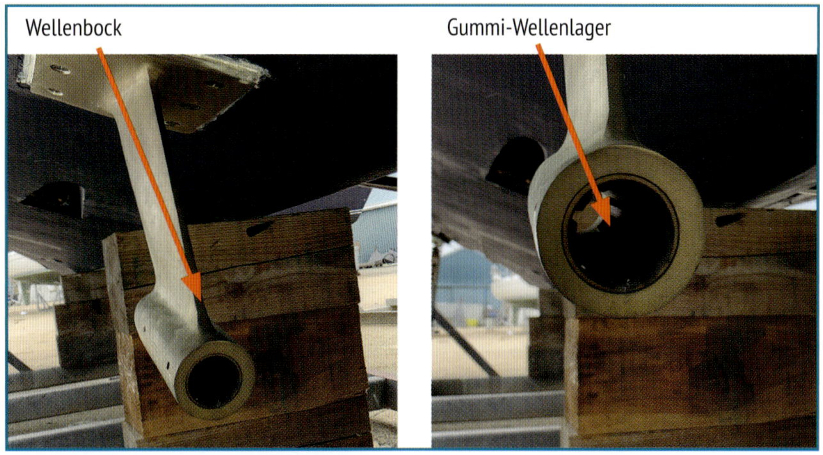

▲ *Wellenbock mit Gummi-Wellenlager.*

- Motorboote benötigen aufgrund ihrer allgemein höheren Geschwindigkeit nur kleine Ruderflächen.
- Segelyachten haben wesentlich größere Ruderflächen, die Teil des Lateralplans sind. Zudem erfordern die Krängung und die vergleichsweise geringe Geschwindigkeit im Vergleich zu Motorbooten eine größere Ruderfläche.

Das Ruder einer Segelyacht ist bei zunehmender Krängung weniger effektiv.

Damit das Ruder bei den sehr breiten Hecks moderner Segelyachten bei Krängung nicht austaucht, wurden Doppelruder eingeführt. Bei Motorfahrt liegen Doppelruder jedoch nicht direkt im Propellerstrom, sodass zum Manövrieren mehr Fahrt durchs Wasser nötig ist.

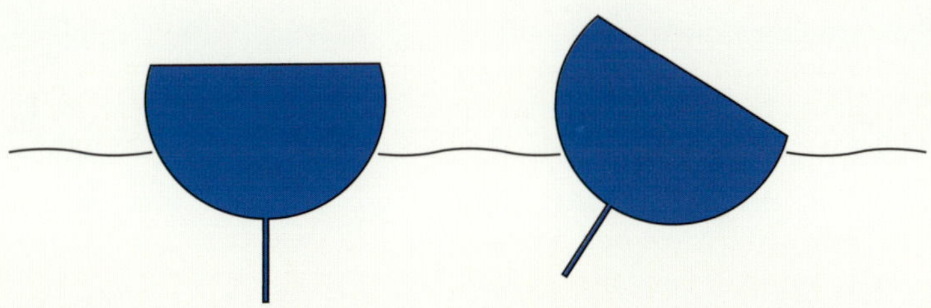

Ein senkrecht stehendes Ruder kann Wasser nach rechts und links ableiten.

Bei Krängung wird das Wasser weniger nach rechts und links abgeleitet, sondern auch nach oben und unten. Das Ruder arbeitet weniger effektiv.

▼ *Doppelruder einer Segelyacht.*

Die kleinen Ruderflächen schneller Motorboote haben bei langsamer Fahrt und beim Manövrieren auf engem Raum nur geringe Wirkung. Doppelmotorenanlagen erlauben seitliche oder gegenläufige Propellerströme, mit denen auf engem Raum manövriert wird. Bug- und Heckstrahlruder helfen auf Motor- und Segelyachten zusätzlich.

WELLENABDICHTUNG – STOPFBUCHSE, LIPPENDICHTUNG, GLEITRINGDICHTUNG

Am inneren Ende des Stevenrohrs können unterschiedliche Dichtungen angebracht sein, um die Propellerwelle abzudichten und das Eindringen von Wasser ins Innere des Bootes zu verhindern.

Gleitringdichtung: Auf der Welle ist ein Gleitring (Rotor) aus Edelstahl montiert, der gegen einen Gegenring (Stator) aus einem Kohlenstoff-Verbundwerkstoff gepresst wird. Zwischen den Dichtflächen entsteht ein hauchdünner Schmierfilm. Bei schnelllaufenden Wellen kann am Stator ein Schlauch zur Wasserkühlung angebracht sein.

Stopfbuchse: Eine sogenannte Packung aus runder oder vierkantiger, fettgetränkter Flachsschnur, die ringförmig um die Propellerwelle gelegt und durch eine Verschraubung über eine sogenannte Brille zusammengepresst wird, bildet die Abdichtung an der sich drehenden Propellerwelle. Eine leichte Undichtigkeit von wenigen Tropfen Wasser trägt zur Kühlung und Schmierung bei. Sie sollte allerdings nicht mehr als einen Tropfen alle 20 Sekunden betragen, wenn sich die Welle dreht. Bei Stillstand der Welle sollte die Stopfbuchse, wenn überhaupt, nur ganz selten einen Tropfen Wasser durchlassen, ansonsten wäre eine Überprüfung der Dichtung angebracht. Dabei kann die Verschraubung nachgezogen oder die Packung ergänzt oder ausgewechselt werden. Beim Austausch der Packung ist zu bedenken:

1. Das Stevenrohr befindet sich unter der Wasserlinie – muss das Boot gekrant werden?
2. Überprüfen Sie das Dichtverhalten der neuen Packung, und ziehen Sie die Verschraubung entsprechend nach. Zu festes Zuziehen erzeugt übermäßig viel Reibung, was zu vermeiden ist. Stopfbuchsen müssen regelmäßig überprüft und bei Bedarf nachgestellt werden.

Lippendichtung: Eine oder mehrere Gummilippen werden von einer Feder auf die Welle gedrückt und dichten diese vollständig ab. Bei Undichtigkeit muss die Gummidichtung ausgetauscht werden. Die Lebensdauer der Gummidichtung beträgt ungefähr fünf Jahre.

Stopfbuchse

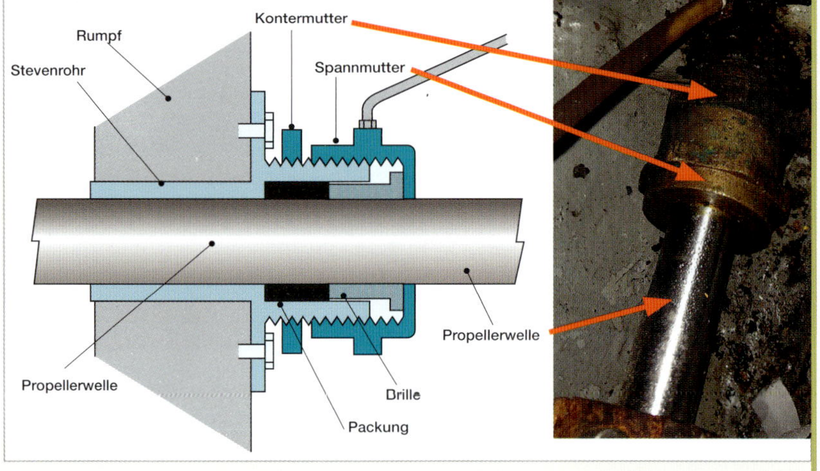

Gleitringdichtung

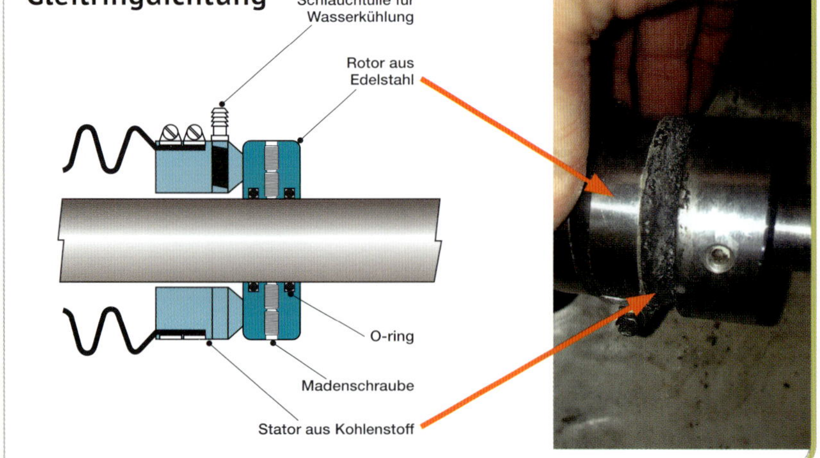

Lippendichtung

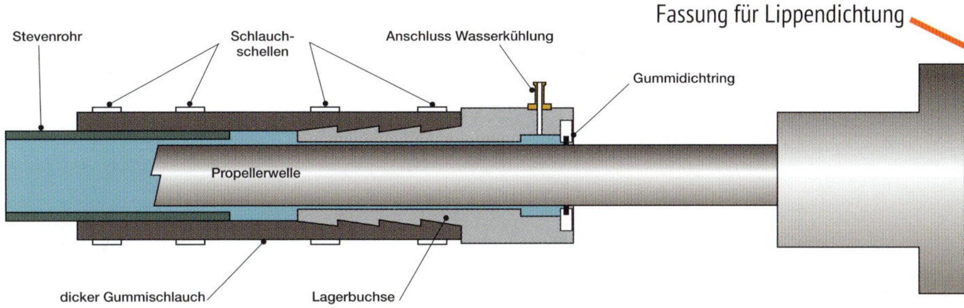

Falls ausreichend Platz zur Verfügung steht, kann vor der Lippendichtung ein weiterer Dichtring in Reserve auf der Propellerwelle angebracht werden, sodass bei einem Dichtungswechsel die Welle nicht von der Kupplung abgenommen werden muss. Im Notfall oder mit etwas Geschick kann der Wechsel auch erfolgen, wenn das Boot im Wasser ist. Lippendichtungen müssen, wie die meisten Wellenabdichtungen, wassergeschmiert sein und dürfen nicht trockenlaufen, ansonsten nehmen sie sehr schnell Schaden. Eine Stopfbuchse darf höchstens alle 20 Sekunden einen Tropfen Wasser durchlassen. Auf kleineren Verdrängerbooten ist die Stopfbuchse häufig mit einer Fettpresse zum Nachfetten der Packung verbunden. Bei schnelllaufenden Wellen auf größeren Gleitern wird Wasser von der Seewasserpumpe des Motors abgezweigt und mit einem Schlauch unter Druck in das Stevenrohr gepumpt, um die Lippen- oder Gleitringdichtung zu kühlen und zu schmieren.

Bei Doppelmotorenanlagen besteht die Gefahr, dass beim Ausfall einer Maschine die Wasserkühlung der zugehörigen Propellerwelle nicht mehr gewährleistet ist. Besonders bei hydraulischen Getrieben größerer Yachten, mit denen sich die Propellerwelle nicht blockieren lässt, würde die Dichtung schnell zerstört werden, und es würde Wasser eindringen, wenn man gezwungen ist, nur unter einer Maschine weiterzufahren und sich die andere Propellerwelle frei mitdreht. Abhilfe kann ein System schaffen, mit dem sich das Kühlwasser der Motoren wahlweise auch zur jeweils anderen Propellerwelle leiten lässt oder bei dem beide Motoren permanent Kühlwasser zu beiden Wellendichtungen liefern.

Zur Kühlung wird Wasser vom Motor in das Stevenrohr gepumpt, das nach hinten durch das Wellenlager ausfließt und die leichte Undichtigkeit der Stopfbuchse von maximal einem Tropfen alle 20 Sekunden nicht beeinflusst.

S-Antrieb, Saildrive

Diese Antriebsart erfordert einen größeren Rumpfdurchbruch meist knapp hinter dem Kiel. Der Propeller ist weiter vorn als bei einer Wellenanlage. An der Rückseite des Motors ist das Getriebe angeflanscht, das sich bis unter den Rumpf fortsetzt. Am unteren Ende ist der Propeller an einer kurzen Welle montiert.

Ein Saildrive ist im Vergleich zu einer Wellenanlage mit Wellenbock strömungsgünstiger. Saildrives werden vornehmlich auf Segelyachten eingesetzt.

Da sich der Propeller in größerer Entfernung zum Ruder befindet als bei einer Wellenanlage, ist das Ruder besonders bei langsamer Rückwärtsfahrt freier angeströmt und entwickelt mehr Steuerwirkung. Der Radeffekt ist bei einem Saildrive geringer. Der Auspuff befindet sich meist seitlich am Rumpf.

▲ *Saildrive.*

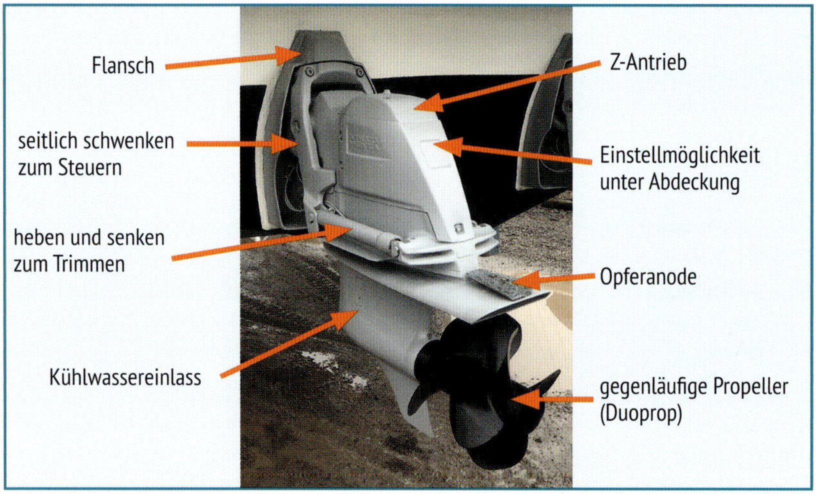

▲ *Am Flansch kann der äußere Teil des Z-Antriebs abgenommen werden.*

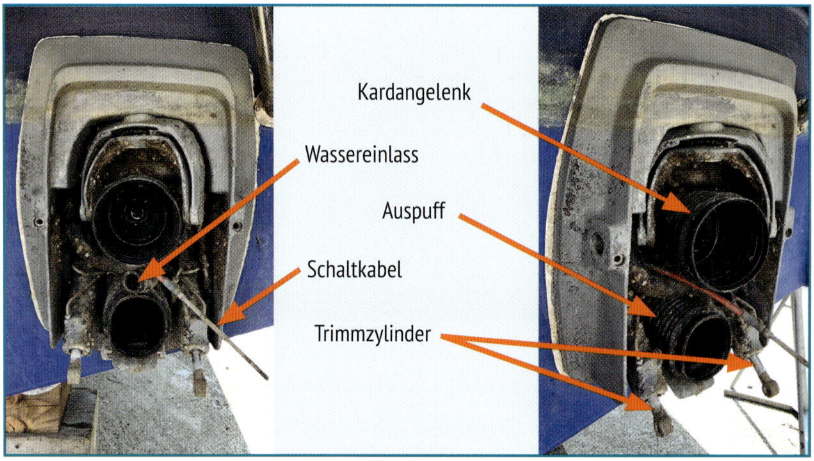

▲ *Der Flansch bei abgenommenem Z-Antrieb.*

Z-Antrieb

Der Z-Antrieb ist fest mit dem Motor verbunden, kann aber seitlich geschwenkt werden und übernimmt so auch die Steuerung. Ein Ruder entfällt. Der Z-Antrieb durchbricht das Heck eines Motorbootes und befindet sich teilweise unter Wasser. Die Maschine muss sich daher auch ganz am Heck befinden, wo ein großer Flansch den Z-Antrieb zum Rumpf abdichtet. Anders als bei einem Saildrive werden die Abgase meist am Heck abgeführt.

Da die Steuerung über den schwenkbaren Antrieb und nicht über ein Ruder erfolgt, ist besonders das Rückwärtsfahren sehr einfach. Um an einem flachen Strand anzulanden oder zum einfacheren Transport auf einem Anhänger, kann der Z-Antrieb bis auf Höhe der Rumpfunterkante angehoben werden. Der

Z-Antrieb verfügt über eine Trimmfunktion, mit der das Fahrverhalten den Seegangsverhältnissen angepasst werden kann. Zusätzlich sind jedoch häufig separate Trimmklappen wie bei einem Boot mit Wellenanlage nötig, um den Bug nach unten zu drücken und das Boot waagrecht zu halten oder um das Boot bei starkem Seitenwind auszurichten.

Trimmklappen ermöglichen es auch, die Geschwindigkeit zu reduzieren und das Boot dennoch am Gleiten zu halten. Bei 18 Knoten ist häufig die Grenze zwischen Gleit- und Halbverdrängerfahrt erreicht. Stellt man die Trimmklappen jedoch ganz nach unten, wird das Heck angehoben, und das Boot kann noch in Gleitfahrt gehalten werden.

Ein weiterer Vorteil des Z-Antriebs, neben seinem direkterem Steuerverhalten und der Trimmfunktion, ist seine strömungsgünstige Form, die weniger Wasserwiderstand erzeugt als eine Wellenanlage mit Wellenbock.

Bei zwei Z-Antrieben funktionieren die Motorschaltung und der Trimm unabhängig voneinander. Ein Antrieb kann auf Vorwärtsfahrt und der andere auf Rückwärtsfahrt gestellt werden. Nur beim Lenkausschlag sind beide Antriebe normalerweise gekoppelt. Das gilt natürlich auch für drei oder mehr Z-Antriebe am Heck eines Bootes.

Mit modernen elektronischen Steuersystemen können Z-Antriebe jedoch vollständig unabhängig voneinander eingesetzt werden. Bei langsamer Fahrt wird dann über einen Joystick gesteuert, der nur in die Richtung bewegt werden muss, in die man fahren möchte – sei es vorwärts, rückwärts oder seitlich –, und die Steuerung erledigt den Rest. *Mercury* bietet ein solches 360°-System unter dem Markennamen Zeus an. Dazu sind jedoch mindestens zwei Z-Antriebe am Heck erforderlich.

Bootstrimm mit einem Z-Antrieb

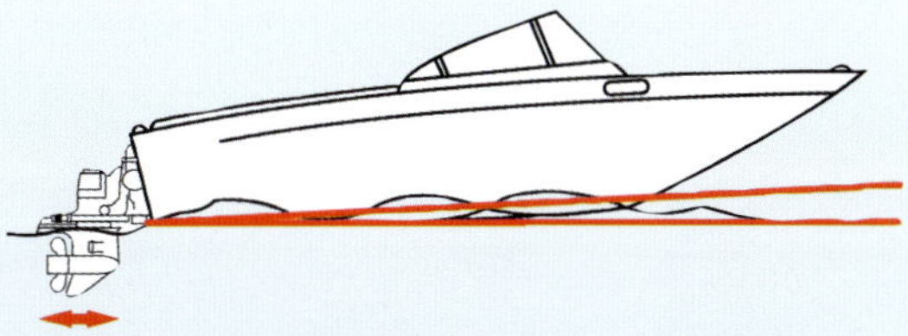

Bei Trimm nach oben:

- kann eine höhere Endgeschwindigkeit erreicht werden.
- kann der Tiefgang verringert werden.
- beschleunigt das Boot langsamer und kommt später ins Gleiten.
- kann im Extremfall der Propeller austauchen.
- kann der Motor überhitzen, wenn der Einlass für das Kühlwasser über die Wasserlinie steigt.

Bei Trimm nach unten:

- beschleunigt das Boot schneller und kommt eher ins Gleiten.
- wird in der Regel das Fahrverhalten in unruhiger See verbessert.
- wird eine geringere Endgeschwindigkeit erreicht.
- kann im Extremfall der Bug so weit abgesenkt werden, dass ein Boot in Gleitfahrt über den Bug steuert und unkontrolliert vom Kurs abkommt, besonders im Zusammenspiel mit größerem Wellengang.

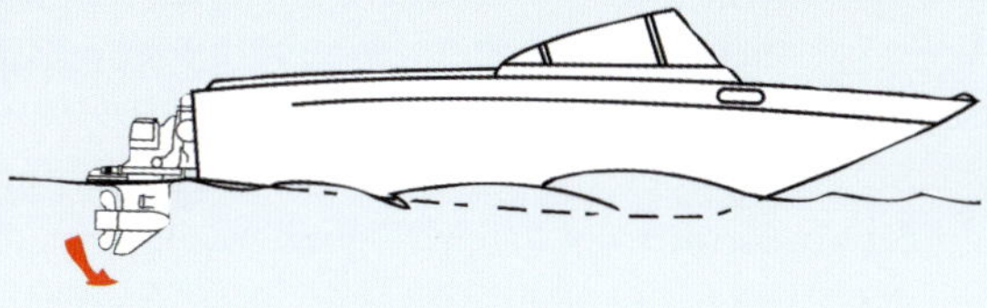

V-Antrieb

Bei einem V-Antrieb lenkt das Getriebe die Welle in Gegenrichtung um. Dadurch kann der Motor weiter achtern und besonders platzsparend eingebaut werden.

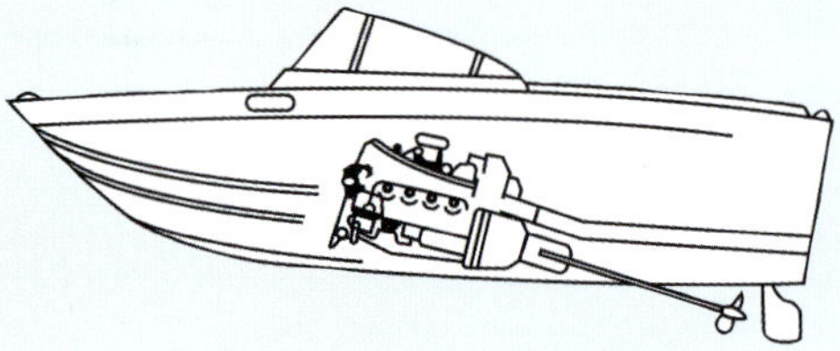

konventionelle Wellenanlage

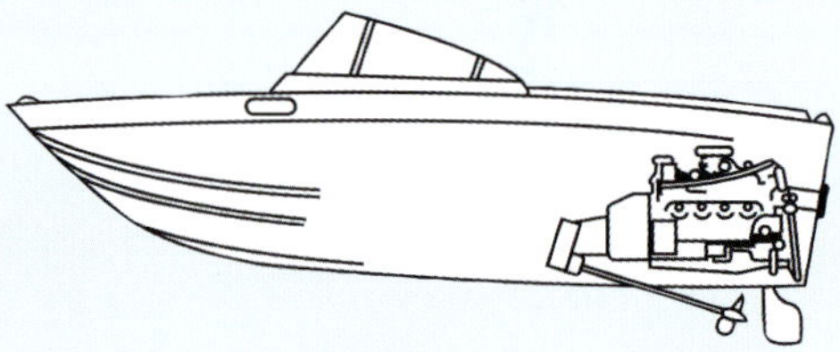

Wellenanlage mit V-Antrieb

V-Antrieb

Bei einem V-Antrieb wird der Motor mit dem Getriebeflansch nach vorn eingebaut. Das Getriebe lenkt die Welle nach achtern um, die unter dem Motor bis zum Stevenrohr wie bei einer konventionellen Wellenanlage verläuft. Der Vorteil des V-Antriebs ist, dass der oder die Motoren weiter achtern platziert werden können und mehr Platz in der Mitte des Bootes für Wohn- oder Laderaum zur Verfügung steht.

Pod-Antrieb

Unter einem Pod-Antrieb versteht man eine um 360 Grad um die Hochachse schwenkbare Propellergondel unter dem Rumpf.

Volvo hat mit dem IPS-System (Integrated Propulsion System) einen besonderen Pod-Antrieb auf den Markt gebracht. Dabei arbeiten zwei gegenläufige Zugpropeller an der Vorderseite der Propellergondel. Zugpropeller haben den Vorteil, dass sie in unverwirbeltem Wasser arbeiten. Normale Schubpropeller sind immer den Verwirbelungen durch die Propellerwelle, den Wellenbock oder den Z-Antrieb ausgesetzt. Im Ergebnis können Zugpropeller effektiver sein.

Der Pod-Antrieb bietet ausgezeichnete Manövriereigenschaften, da die Propellergondel viel weiter schwenkbar ist als beispielsweise ein Z-Antrieb, der typischerweise in einem Bereich von nur 90 bis 100 Grad geschwenkt werden kann.

Folgendes sollte bei Pod-Antrieben bedacht werden:

1. Pod-Antriebe ragen weiter nach unten als Wellenanlagen oder Z-Antriebe und vergrößern dadurch den Tiefgang eines Bootes. Seien Sie daher vorsichtig, um mit dem Pod-Antrieb nicht gegen einen Unterwasserfelsen zu stoßen. Nicht auszudenken was passiert, wenn die Propellergondel abbricht oder ein riesiges Loch in den Rumpf reißt. Stellen Sie ihr Echolot exakt ein und achten Sie immer auf die sprichwörtliche Handbreit Wasser unter dem Kiel oder vielmehr unter dem Pod.
2. Der zweite Punkt, den es bei Pod-Antrieben zu berücksichtigen gilt, ist der Effekt von Seitenwind auf den Bug. Pod-Antriebe haben zwar eine ausgezeichnete Manövrierfähigkeit auf engem Raum und bei langsamer Fahrt. Mit dem IPS-System muss

▲ *IPS-System von Volvo mit gegenläufigen Zugpropellern.*

man nur den Joystick in die Richtung bewegen, in die das Boot fahren soll, und das macht es dann auch. Aber auf offener See kann es schwierig sein, ein Boot mit Pod-Antrieb mit dem Bug in den Wind zu halten. Der hohe Freibord eines Motorbootes wirkt wie ein Segel. Mir wurde zwar gesagt, dass das IPS-System alles kann, aber ich würde auf jeden Fall den Einbau eines Bugstrahlruders empfehlen. Ich hatte große Probleme, eine Sealine F42 mit Pod-Antrieb, aber ohne Bugstrahlruder gegen Wind und Strom an eine Muringboje zu steuern. Der Wind ließ den Bug immer wieder wegdrehen, und ich konnte mit den Pod-Antrieben nichts dagegen tun. Schließlich drehte ich das Boot herum und steuerte die Boje rückwärts an. Das war einfacher.

Hinweis: Es gibt je nach Hersteller unterschiedliche Markennamen für Pod-Antriebe. Das System ist auch geeignet für Elektromotoren, die sich in der Gondel befinden können. Einige der größten Kreuzfahrtschiffe sind mit Pod-Antrieben ausgestattet.

GEGENLÄUFIGE PROPELLER

Dazu sind zwei ineinanderlaufende Wellen nötig. Die äußere Welle ist kürzer und trägt den hinteren Propeller, die innere Welle steht weiter vor und trägt den vorderen Propeller. Die senkrechte Welle des Getriebes treibt die beiden waagrechten Wellen über zwei Kegelräder in gegenläufiger Richtung an. Das hat den Vorteil, dass der seitliche Drehimpuls eines einzelnen Propellers aufgehoben wird. Bei hochmotorisierten Booten führt dieser quergerichtete Drehimpuls zu einer Schräglage, die über die Trimmklappen ausgeglichen werden muss. Zwei gegenläufige Propeller erzeugen zudem eine höhere Schubkraft als ein einzelner Propeller.

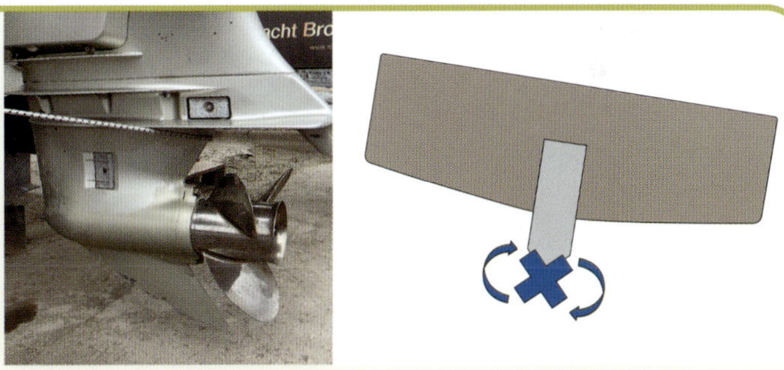

Dieser Propeller ist rechtsdrehend, dreht also bei Vorausfahrt im Uhrzeigersinn und führt zu einer Neigung des Bootes nach Steuerbord. Mit Trimmklappen kann die seitliche Neigung ausgeglichen werden.

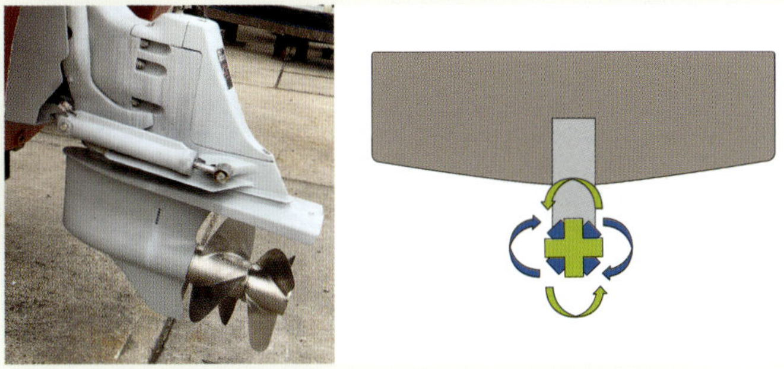

Diese gegenläufigen Propeller eines Z-Antriebs erzeugen keine seitliche Neigung des Bootes, da der eine Propeller einen Drehimpuls nach Steuerbord und der andere Propeller einen Drehimpuls nach Backbord hervorruft, die sich gegenseitig aufheben.

Andere Antriebsarten

Neben den zuvor beschriebenen Antriebsarten gibt es noch solche, die nicht so weit verbreitet sind.

▲ *Hoch aufgeworfenes Heckwasser. (Danke an Diane Ward für das Foto.)*

◆ Oberflächenantrieb

Bei diesem Antrieb taucht der Propeller nur mit seiner unteren Hälfte ins Wasser ein. Die Propellerwelle ist durch den Spiegel und nicht durch die Rumpfunterseite geführt. Beides reduziert den Wasserwiderstand. Beim Oberflächenantrieb ventiliert der Propeller mit Absicht. Die eingebrachte Luft vermindert den Widerstand an der Vorderseite des Propellers. Der Oberflächenantrieb wird für sehr schnelle Motorboote und auch im Rennsport eingesetzt. Aber auch schnelle Yachten wie beispielsweise von Mangusta oder Pershing verwenden diesen Antrieb. Typisch ist das hinter dem Antrieb in hohem Bogen aufgeworfene Wasser bei schneller Fahrt. Manche Oberflächenantriebe lassen sich zum Trimmen in der Höhe ähnlich wie bei einem Z-Antrieb verstellen. Die austauchenden Propeller hinter dem Heck stellen ein nicht

▲ *Beachten Sie, wie nah an der Wasserlinie sich die Propeller befinden.*

unerhebliches Verletzungsrisiko dar. Sie sind deshalb bei Motoryachten oft durch eine große Badeplattform überbaut.

Manche Oberflächenantriebe haben Ruderblätter hinter den Propellern, andere lassen sich seitlich schwenken und haben kein Ruder, um wie bei einem Z-Antrieb, nur mit geringerem Ausschlag, zu steuern. Das Manövrieren auf engem Raum ist jedoch schwierig, weshalb bei Yachten mit Oberflächenantrieb meist Bug- und Heckstahlruder verbaut sind.

▲ *Düse eines Jetantriebs mit Deflektorklappe.*

◆ Jetantrieb

Bei einem Jetantrieb oder Wasserstrahlantrieb wird Wasser unter dem Rumpf angesaugt und durch eine Düse am Heck mit hohem Druck wieder ausgestoßen. Jetskis, aber auch einige RIBs und Motorboote nutzen diese Antriebsart. Ein Vorteil ist, dass Jetantriebe auch in sehr geringen Wassertiefen eingesetzt werden können, weshalb Rettungsboote häufig mit dieser Antriebsart ausgestattet sind. Zur Richtungssteuerung kann die Düse seitlich geschwenkt werden und die Rückwärtsfahrt funktioniert nach dem Prinzip der Schubumkehr. Dazu wird eine Deflektorklappe hinter der Düse abgesenkt.

▲ *Jetski mit kleiner Wasserfontäne, die anzeigt, dass Kühlwasser durch den Motor fließt.*

◆ Außenbordmotoren

Ein Außenbordmotor bildet eine in sich geschlossene Antriebseinheit, die am Heck eines Bootes angebracht wird. Bei manchen modernen Modellen kommen gegenläufige Propeller wie das Duoprop-System zum Einsatz. Dadurch kann mehr Schub erzeugt werden, und der Radeffekt, der das Boot unter anderem auch zur Seite neigen lässt, wird eliminiert. Bei größeren Booten mit nur einem Außenbordmotor und nur einem Propeller kann dieser Effekt über die Trimmklappen ausgeglichen werden.

Der Außenbordmotor selbst kann auch in seiner Senkrechten verstellt werden, um den Boots- und Fahreigenschaften angepasst zu werden. Bei Nichtgebrauch kann er aus dem Wasser angehoben werden, damit er vor Korrosion und Bewuchs besser geschützt ist.

Propellersteigung

Die Steigung eines Propellers ist, laienhaft ausgedrückt, die Schrägstellung der Propellerflügel. Genauer gesagt ist es die Strecke, die der Propeller in einem festen Material bei einer Umdrehung, ähnlich einer Schraube, zurücklegen würde. Die Steigung muss zur Motorleistung und der Umdrehungszahl sowie der angestrebten Geschwindigkeit passen. Bei Verdrängerbooten errechnet sich die erreichbare Geschwindigkeit nach einer einfachen Formel, siehe weiter unten. Die Steigung

RADEFFEKT

Der Radeffekt des Propellers versetzt das Heck eines Bootes aus zwei Gründen zur Seite:

1. Die an der Ober- und Unterseite des Propellers zu jeweils einer Seite hin verdrängten Wassermassen wirken unterschiedlich stark.
2. Die vom Propeller verdrängten Wassermassen werden vom Rumpf unterschiedlich stark aufgestaut. Bei Vorwärtsfahrt trifft der Propellerstrahl hauptsächlich auf das Ruder. Es entsteht sofort Steuerwirkung, auch bei langsamer Fahrt. Das zur Seite verdrängte Wasser an der Oberseite des Propellers wird vom Rumpf nur wenig mehr aufgestaut als das seitlich verdrängte Wasser an der Unterseite des Propellers.

Der Radeffekt bei Fahrt voraus ist daher relativ schwach ausgeprägt. Bei Rückwärtsschub trifft der unter den Rumpf gelenkte Propellerstrahl jedoch so auf, dass der obere Teil der rotierenden Wassersäule des Propellerstrahls vom Rumpf wesentlich stärker behindert, das heißt aufgestaut, wird als die Unterseite. Deshalb ist der Radeffekt bei Rückwärtsfahrt wesentlich stärker.

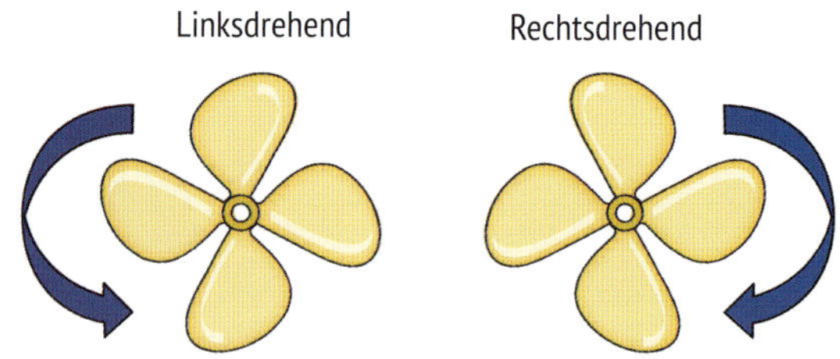

Bei Vorwärtsfahrt dreht der Propeller von hinten gesehen gegen den Uhrzeigersinn. Dabei wirkt der Radeffekt schwach nach Backbord. Bei Rückwärtsfahrt wirkt der Radeffekt stark nach Steuerbord.

Bei Vorwärtsfahrt dreht der Propeller von hinten gesehen im Uhrzeigersinn. Dabei wirkt der Radeffekt schwach nach Steuerbord. Bei Rückwärtsfahrt wirkt der Radeffekt stark nach Backbord.

▲ *Der Radeffekt von rechts- und linksdrehenden Propellern bei Vorwärts- und Rückwärtsfahrt.*

Beim Manövrieren auf engem Raum ist es unerlässlich, den Radeffekt zu kennen und auszunutzen. Geben Sie etwas Schub zurück, während das Boot gut vertäut am Liegeplatz festgemacht ist. Neben dem Heck ist das Wasser auf einer Seite turbulent und auf der anderen Seite glatt. Der Radeffekt versetzt das Boot zur Seite mit glattem Wasser. Die Stärke des Radeffekts hängt sehr stark von der Antriebsart und der Rumpfform ab. Boote mit Saildrive haben kaum Radeffekt, Langkieler mit Wellenanlage können sehr starken Radeffekt haben.

Radeffekt bei Rückwärtsschub

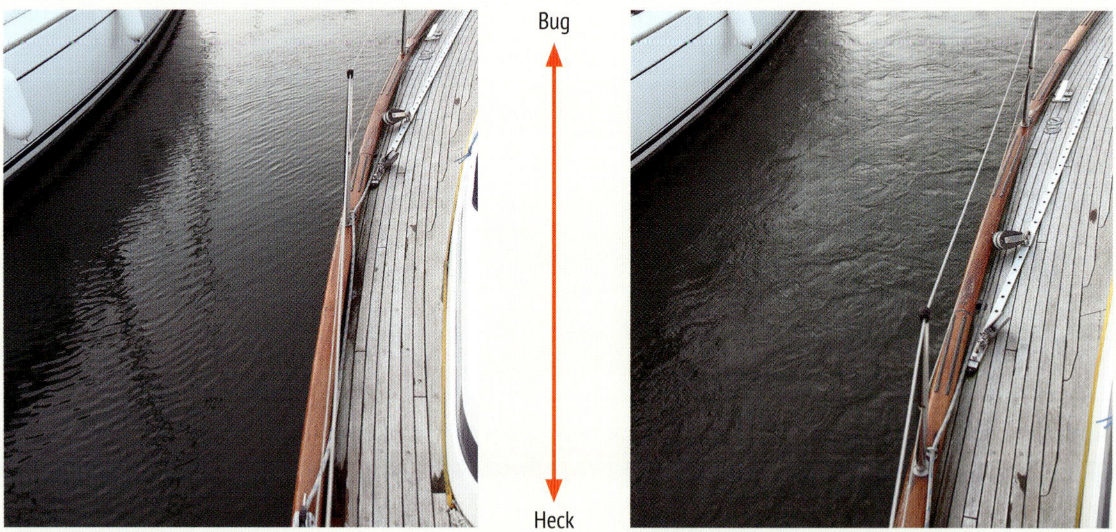

▲ *Bei stillstehendem Propeller ist das Wasser glatt.*

▲ *Bei Rückwärtsschub ist das Wasser an Backbord turbulent. Der Radeffekt versetzt das Heck nach Steuerbord.*

Vergleich der Antriebsarten für schnelle Motorboote

Antriebsart	Preis	Wartungskosten	Effizienz	Manövrierfähigkeit
Wellenanlage	2	1	6	5
Z-Antrieb	3	3	3	2
Jetantrieb	4	4	5	4
Pod-Antrieb	6	6	4	1
Oberflächenantrieb	5	5	2	6
Außenbordmotor	1	2	1	3

Bewertung: 1 = am günstigsten zu kaufen, zu warten, am effektivsten, am manövrierfähigsten 6 = am teuersten zu kaufen, zu warten, am wenigsten effizient, am wenigsten manövrierfähig

bestimmt jedoch auch, ob viel Schub bei geringer Geschwindigkeit vorhanden ist oder ob der Propeller erst bei hoher Bootsgeschwindigkeit effektiv arbeitet. Im ersten Fall wäre eine geringe Steigung, im zweiten Fall eine starke Steigung gewünscht.

Die Propellersteigung muss unbedingt der Leistung des Motors, seinem Drehzahlbereich und dem Getriebe angepasst sein. Bei zu starker Steigung kann der Motor seine vorgeschriebene Maximaldrehzahl nicht erreichen. Anstelle von beispielsweise 6.000 Umdrehungen schafft er dann nur noch 5.000 Umdrehungen pro Minute. Propellersteigung und -größe stellen immer einen Kompromiss dar. Ein Wasserskiboot soll schnell beschleunigen können und benötigt dazu eine geringere Propellersteigung. Dadurch kann es aber auch nur eine geringere Höchstgeschwindig-

WAS BEDEUTET PROPELLERSTEIGUNG?

Je stärker die Propellersteigung, umso weiter ist die Strecke, die der Propeller pro Umdrehung zurücklegt.

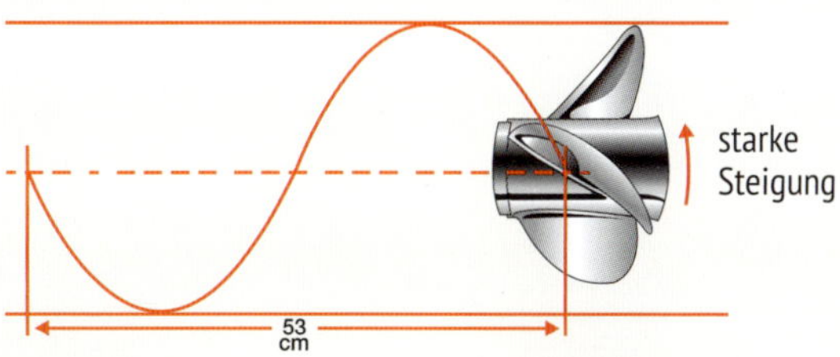

Eine Propellersteigung von 53 cm bedeutet, dass der Propeller bei einer Umdrehung in einem festen Medium (ohne Schlupf) eine Strecke von 53 cm zurücklegen würde.

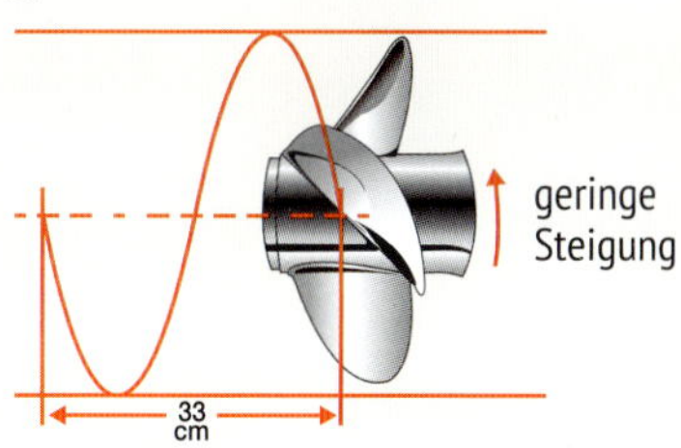

Abhängig von Motordrehzahl und Getriebe bestimmt die Steigung die Geschwindigkeit.

SOLL MAN BEIM SEGELN DEN PROPELLER FESTSTELLEN ODER MITDREHEN LASSEN?

Das ist eine immer wieder aufkommende Debatte, bei der es mehrere Gesichtspunkte zu bedenken gibt. Der Wasserwiderstand ist bei einem mitlaufenden Festpropeller geringer als bei einem feststehenden Festpropeller. Schadet es aber dem Getriebe, wenn die Welle mitdreht? Bei größeren Yachten wird unter Umständen das Getriebe über den Motor gekühlt und darf nicht mitdrehen. Kleinere Getriebe können dagegen durch den entstehenden Anpressdruck beim Festsetzen des Propellers Schaden nehmen. Hier sollte man sich an die Angaben des Herstellers halten.

Ein Faltpropeller kann problemlos festgestellt werden. Bei Wellenanlagen mit Wasserkühlung über den Motor darf der Propeller nicht mitdrehen, ansonsten läuft die Wellenabdichtung heiß, wird zerstört, und Wasser kann ins Boot eindringen.

▲ *Zweitantrieb mit seitlich austretender Wellenanlage. Fällt die Hauptmaschine aus, kann man damit noch den Hafen erreichen.*

▲ *Propeller und Ruder mit speziellem Antifouling.*

keit erreichen, als es von der Motorleistung her möglich wäre.

Bei einem schnellen Motorboot sollte die Propellersteigung so ausgelegt sein, dass ein Kompromiss zwischen möglichst schnellem Angleiten und möglichst hoher Endgeschwindigkeit erzielt wird.

Bug- und Heckstrahlruder

Diese können über einen Propeller in einem Propellertunnel oder mit einem Jetantrieb arbeiten. Der Vorteil bei Jetantrieb ist, dass das Strahlruder leiser ist, nichts in den Propeller geraten kann, der Einbau unkomplizierter ist und weiter außen an den Rumpfenden erfolgen kann.

◆ Warum ein Strahlruder plötzlich ausfallen kann

Das Strahlruder wird genau dann nicht funktionieren, wenn man es braucht. Prüfen Sie daher seine Funktion bereits vor dem Einsatz, um ausreichend Zeit für einen Plan B zu haben.

Strahlruder haben einen Scherstift, der bei Überlastung des Propellers bricht, beispielsweise wenn Treibgut in den Propellertunnel geraten ist. Dann ist nur der hochdrehende Motor zu hören, weil sich der Propeller nicht mitdreht. Am Motor sind meist Scherstifte in Reserve angebracht, die auch mit dem Boot im Wasser eingesetzt werden können, nachdem der Propeller klariert wurde. Lokalisieren sie auch die Sicherung des Strahlruders, die sich in der Nähe der Batterien befindet. Bei Überlastung löst normalerweise erst die Sicherung aus, wonach der Motor ganz stillsteht. Achten Sie auch auf gute Kontakte an der Batterie.

▲ Bugstrahlruder. *▼ Heckstrahlruder.*

◆ Verwendung des Bugstrahlruders

Oft wird das Bugstrahlruder nur stoßweise für die Dauer von jeweils einer Sekunde eingesetzt, weil man fürchtet, der Antrieb könnte überhitzen. Nach Auskunft von *Vetus* muss man das Bugstrahlruder aber erst nach durchgehendem Gebrauch von zweieinhalb Minuten eine Stunde lang abkühlen lassen. Die Sorgen sind also meist unbegründet.

Verdränger und Gleiter

Das Seegangsverhalten und die maximale Geschwindigkeit hängen stark von der Rumpfform ab.

◆ Verdränger

Bei dieser Rumpfform wird eine dem Gewicht des Bootes entsprechende Wassermenge während der Fahrt verdrängt oder bildlich gesprochen zur Seite geschoben. Die maximal erreichbare Geschwindigkeit ist begrenzt und kann mit der Formel $1{,}34 \times \sqrt{LWL}$ berechnet werden, wobei LWL die Länge der Wasserlinie in Fuß ist. Für die Länge der Wasserlinie in Meter lautet die Formel $2{,}43 \times \sqrt{LWL}$. Diese sogenannte Rumpfgeschwindigkeit bezieht sich auf den Abstand zwischen der erzeugten Bug- und Heckwelle. Bei einer 40-Fuß-Yacht mit einer Wasserlinie von 35 Fuß ergibt sich eine Rumpfgeschwindigkeit von $1{,}34 \times \sqrt{35} =$ 8 Knoten (gerundet). Um schneller als Rumpfgeschwindigkeit zu fahren, muss das Boot sein selbst erzeugtes Wellensystem verlassen und, bildlich gesprochen, auf die eigene Bugwelle klettern. Gleichzeitig sinkt das Heck in das Wellental zwischen Bug- und Heckwelle.

◆ Halbgleiter

Der Rumpf eines Halbgleiters ist so konstruiert, dass er auf der eigenen Bugwelle fahren kann, ohne mit dem

▲ *Verdrängerrumpf.*

▲ *Dieses Boot fährt schneller als seine Rumpfgeschwindigkeit. Der Bug klettert auf die Bugwelle, das Heck sinkt ins Wellental.*

▲ *Dieser Halbgleiter fährt auf seiner Bugwelle, überspannt aber zwei Wellen.*

▲ *Ein Boot in Gleitfahrt.*

Heck im Wellental zu vertrimmen. Halbgleiter können somit schneller als Rumpfgeschwindigkeit fahren, das Ausmaß hängt jedoch stark von der Rumpfform und der Motorisierung ab. Als groben Anhaltspunkt kann man 1,5- bis 2,5-fache Rumpfgeschwindigkeit veranschlagen, bei einem Boot mit einer Wasserlinielänge von 35 Fuß wären das 12 bis 20 Knoten (1,5 x 8 = 12 kn, 2,5 x 8 = 20 kn).

◆ Gleiter

Der Rumpf eines Gleiters kann sich so weit aus dem Wasser heben, dass er über die Wasseroberfläche gleitet, wobei sich der Widerstand im Wasser stark reduziert. Allerdings ist sehr viel Energie nötig, um ein Boot ins Gleiten zu bringen, weshalb diese Boote große und leistungsstarke Maschinen benötigen. Sobald jedoch Gleitfahrt erreicht ist, genügt ein Bruchteil dieser Energie, um den dynamischen Auftrieb für die Gleitfahrt aufrecht zu halten.

Typischerweise wird die Gleitfahrt bei einer Motordrehzahl von circa 2.500 Umdrehungen und einer Geschwindigkeit von ungefähr 18 Knoten erreicht. Die Drehzahl sollte jedoch auf 3.000–3.500 Umdrehungen erhöht werden, um deutlich über die Schwelle zur Gleitfahrt zu kommen. Dann können die Trimmklappen auch wieder angehoben werden und das Boot fährt wirtschaftlicher.

Gleitfahrt mit Vollgas ist am unwirtschaftlichsten. Der Verbrauch ist ungefähr doppelt so hoch wie bei Gleitfahrt mit minimaler Geschwindigkeit bei ungefähr 2.500 Umdrehungen, was aber auch nicht zu den wirtschaftlichsten Fahrweisen zählt.

FORMEL FÜR RUMPFGESCHWINDIGKEIT

1,34 x √ LWL in Fuß = Geschwindigkeit in Knoten
2,43 x √ LWL in Meter = Geschwindigkeit in Knoten

KRAFTSTOFFVERBRAUCH

Von wirtschaftlich zu unwirtschaftlich:

1. Verdrängerfahrt, Rumpfgeschwindigkeit
2. Gleitfahrt, Marschfahrt
3. Gleitfahrt, minimale Geschwindigkeit
4. Verdrängerfahrt über Rumpfgeschwindigkeit
5. Gleitfahrt, maximale Geschwindigkeit

Verdrängerfahrt
Abstand von Bug- zur Heckwelle
= Länge der Wasserlinie
= Rumpfgeschwindigkeit
= wirtschaftlich

Halbgleitfahrt
Bug klettert auf Bugwelle
Heck sinkt ins Wellental
= unwirtschaftlich

Gleitfahrt
Rumpf weitgehend aus dem Wasser
geringe benetzte Oberfläche
wirtschaftlicher als nur mit dem Bug auf der Bugwelle

Kraftstoffverbrauch (1 = am wirtschaftlichsten, 5 = am unwirtschaftlichsten)

Fahrweise	Bootstyp		
	Verdränger	**Halbgleiter**	**Gleiter**
Rumpfgeschwindigkeit	1	1	1
Auf der Bugwelle, Halbgleitfahrt	n. a.	4	4
Gleitfahrt, minimale Geschwindigkeit	n. a.	n. a.	3
Gleitfahrt, Marschfahrt	n. a.	n. a.	2
Gleitfahrt, maximale Geschwindigkeit	5	5	5

Verbrauchsdaten einer *Bavaria 32* (Gleiter):

	Geschwindigkeit	Kraftstoffverbrauch
Verdrängerfahrt	7,0 kn	9,3 l/h 0,75 sm/l
Halbgleitfahrt	9,4 kn	24,3 l/h 0,39 sm/l
Gleitfahrt	22,2 kn	38,1 l/h 0,58 sm/l
Gleitfahrt Vollgas	32,8 kn	87,5 l/h 0,37 sm/l

▲ *Eine Princess 52 Flybridge in Verdrängerfahrt.*

Jonathan berichtet

Von einer 55-Fuß-*Sunseeker* in Yarmouth auf der Isle of Wight kam die Meldung: Wassereinbruch! Die Bilgepumpen laufen, aber sie schaffen es nicht mehr!

Als ich in Yarmouth eintraf, sah ich, wie die große Motoryacht von mehreren kleinen Booten des Hafenmeisters umringt war. Ein dicker Schlauch ragte aus ihr heraus, aus dem das Wasser schoss. Ich realisierte, dass nicht nur die Bilgepumpen der Motoryacht es nicht mehr schafften, sondern dass sie auch zusammen mit der starken, benzinbetriebenen Pumpe, die der Hafenmeister auf das Boot gebracht hatte, die *Sunseeker* nur gerade noch über Wasser halten konnten.

Niemand wusste, wo das Wasser eindrang. Das musste ich als Erstes herausfinden, als ich an Bord war. Es hatte den Anschein, dass das Wasser irgendwo im Maschinenraum eindrang, aber wo? Schwer zu sagen, denn das Wasser stand bereits kniehoch.

Auf unseren Booten haben wir elektrische Pumpen, die mit einer Leistung von 3.000 Litern pro Stunde auch nicht ganz schwach sind. Ich stellte zusätzlich auch diese Pumpe an Bord und langsam begann der Pegel zu sinken. Jetzt konnte man erkennen, dass das Wasser an den Wellenabdichtungen der beiden Propellerwellen eindrang.

Ich erfuhr, dass das Boot gerade erst im zwei Meilen entfernten Lymingten ins Wasser gekrant worden war und dass man es gleich darauf hierher nach Yarmouth gefahren hatte. Gleich nach dem Ablegen ertönte der Bilgenalarm. Die Motoren liefen scheinbar einwandfrei.

Ich untersuchte die Wellenabdichtung an Steuerbord. Seitlich an der Dichtung befindet sich ein 10-mm-Schlauchanschluss. Hier wird Kühlwasser vom Motor in die Dichtung geleitet. Der Schlauch war ab! Ohne Kühlwasser wurde die Welle so heiß, dass die Lippendichtung aus Gummi zerstört wurde. Während das Boot unterwegs war, gelangte aufgrund der Sogwirkung des Fahrwassers nur wenig Wasser über das Stevenrohr und an der zerstörten Lippendichtung vorbei bis ins Innere. Aber der Motor pumpte die ganze Zeit eifrig Kühlwasser über den losen Schlauch ins Boot. Das hörte zwar auf, als das Boot am Liegeplatz festgemacht hatte und die Motoren abgestellt waren, doch jetzt strömte das Wasser ungehindert durch das Stevenrohr und an der Lippendichtung vorbei.

Um die Sache zu verschlimmern, leckte auch die Wellenabdichtung an Backbord. Auch hier war die Lippendichtung zerstört, aber der Schlauch für die Kühlung war korrekt angeschlossen. Die Maschine an Backbord musste die Dichtung gekühlt haben. Warum leckte sie dann? Ich folgte dem Schlauch für das Kühlwasser. Er führte über ein Ventil, das ihn mit dem Kühlwasserschlauch an Steuerbord verband. Dieses Ventil dient dazu, den Kühlwasserfluss von einem Motor auch zur Wellenanlage auf der jeweils anderen Seite leiten zu können, falls ein Motor ausfällt. Denn fährt man in diesem Fall mit nur einer Maschine weiter, muss die mitdrehende Welle des ausgefallenen Motors weiter gekühlt werden. Nur in diesem Fall würde man das Ventil öffnen. Auf der *Sunseeker* stand das Ventil in geöffneter Stellung, als man in Lymington ablegte. Warum aber wurde die Welle an Backbord nicht richtig gekühlt? Ganz einfach, weil der Schlauch an der Dichtung an Steuerbord abgegangen war. Das Kühlwasser, das an beide Dichtungen gepumpt wurde, nahm den Weg des geringsten Widerstandes und strömte aus dem losen Schlauch an Steuerbord. An der Wellendichtung an Backbord kam nicht mehr genug Kühlwasser an, und sie lief heiß.

Das bedeutete, dass beide Motoren während der Fahrt ihr Kühlwasser über den abgegangenen Schlauch in die Bilge entleert hatten. Wäre das Überbrückungsventil geschlossen gewesen, wie es eigentlich hätte sein müssen, dann wäre nur Kühlwasser von der Steuerbordmaschine am losen Schlauchende ausgetreten. Die Wellenanlage und der Motor an Backbord wären isoliert gewesen, und die Wellenabdichtung hätte keinen Schaden genommen.

Das Boot hatte V-Antriebe, sodass die Motoren andersherum als üblich eingebaut waren und sich die Wellenabdichtungen unter den Motoren befanden. Es war schwierig, überhaupt an die Dichtungen zu kommen, und gleichzeitig strömte immer noch Wasser nach. Ich verband zwei Schlauchschellen miteinander zu einer großen, damit sie über das dicke Schlauchstück der Wellenabdichtung passte und zog sie fest, bis sich der Schlauch an die Welle presste. Das war nicht ganz einfach, denn ich kam nur mit einer Hand an die Dichtung, aber wozu ist man schließlich Mechaniker? Jetzt ließ sich die Welle zwar nicht mehr drehen, aber es kam auch nur noch ein kleines Rinnsal Wasser durch die Dichtung. Jetzt konnte ich die Dichtung an ihrem Ende öffnen, den beschädigten Simmering der Lippendichtung herauspulen, ihn durchschneiden und entfernen.

Meist befindet sich auf der Welle bereits eine Reserve-Lippendichtung, und zu meinem Glück war das auch hier der Fall.

Zuvor hatte ich das Loch am abgebrochenen Schlauchanschluss verschlossen und das Überbrückungsventil zugedreht. Die einfachste Lösung wäre natürlich gewesen, das Boot sofort zu kranen, aber der einzige Travellift, der groß genug war, befand sich in Lymington, wo das Boot ja auch zu Wasser gelassen worden war.

Nachdem ich den Wassereinbruch unter Kontrolle gebracht hatte, indem ich das Schlauchstück der Dichtung mit einer Schlauchschelle auf die Welle presste, überlegten wir, das Boot nach Lymington zu schleppen, doch dabei hätten sich die Propellerwellen mitgedreht und mit dem angepressten Schlauch hätte alles ganz schnell noch viel schlimmer werden können.

Es gab auch die Überlegung, einfach den Gang einzulegen und das Boot mit festgestellten Propellern zu schleppen. Doch die hydraulischen Getriebe hätten die Propeller wahrscheinlich nicht blockieren können, und – was noch viel gefährlicher war – die Propeller hätten die Motoren ungewollt starten können, wenn sie sich plötzlich doch mitdrehten. Ein Fall von unfreiwilliger Starthilfe sozusagen.

Da machte es mehr Sinn, die beiden Reserve-Lippendichtungen, die praktischerweise vorhanden waren, an Ort und Stelle einzubauen.

Nachdem ich das geschafft hatte, konnten wir das Boot vorsichtig und langsam nach Lymington schleppen, immer mit einem Auge auf die neuen Dichtungen an den mitdrehenden Wellen, und dort in die Gurte des wartenden Travellifts bugsieren.

Was ist die Lehre aus dieser Geschichte? Wird ein Boot zu Wasser gelassen, sollte man, während das Boot noch in den Gurten hängt, auf mögliche Leckagen achten, den Motor laufen lassen und Motorraum und Bilge auf eindringendes Wasser überprüfen.

4 Das Kraftstoffsystem

Selbstverständlich wird man immer bemüht sein, den bestmöglichen Kraftstoff zu tanken und alle Verunreinigungen sowie Wasser oder Luft im Kraftstoff zu vermeiden. Dennoch ist es unerlässlich, das Kraftstoffsystem an Bord gut zu kennen und überprüfen zu können.

Wie die Kraftstoffversorgung funktioniert

Eine vom Motor oder elektrisch angetriebene Kraftstoffförderpumpe saugt den Kraftstoff aus dem Tank an und pumpt ihn mit einem Druck von ungefähr einem Bar bis zur Einspritzanlage. Das Diagramm zeigt die Ansaugleitung der Kraftstoffversorgung eines Dieselmotors bis zur Förderpumpe und die Leitung von der Pumpe zur Einspritzpumpe innerhalb der gestrichelten grünen Linie. Bei 90 Prozent aller Boote ist ein Vorfilter mit einem Wasserabscheider installiert. Da Wasser schwerer als Diesel und Benzin ist, kann angesammeltes Wasser an der Unterseite des Wasserabscheiders abgelassen werden. Manche Motoren haben keinen Vorfilter und den Wasserabscheider am Feinfilter des Motors. Im Zweifel finden sich diese Angaben im Handbuch des Motors. Wasserabscheider sind wichtig, um Korrosion im Inneren der Einspritzanlage zu verhindern.

Dieselkraftstoff dient gleichzeitig auch als Schmiermittel für die Einspritzanlage. Die Förderpumpe liefert mehr Diesel an die Einspritzpumpe, als diese benötigt,

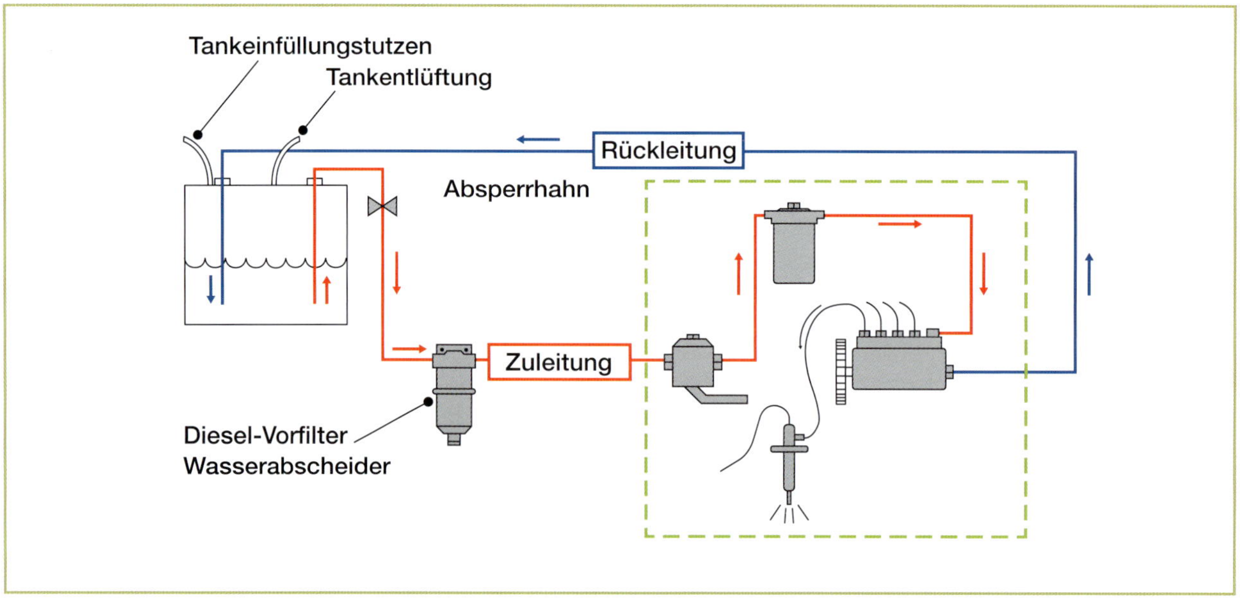

▲ *Bei einem Dieselmotor wird der Kraftstoff aus dem Tank meist über einen Vorfilter und Wasserabscheider angesaugt.*

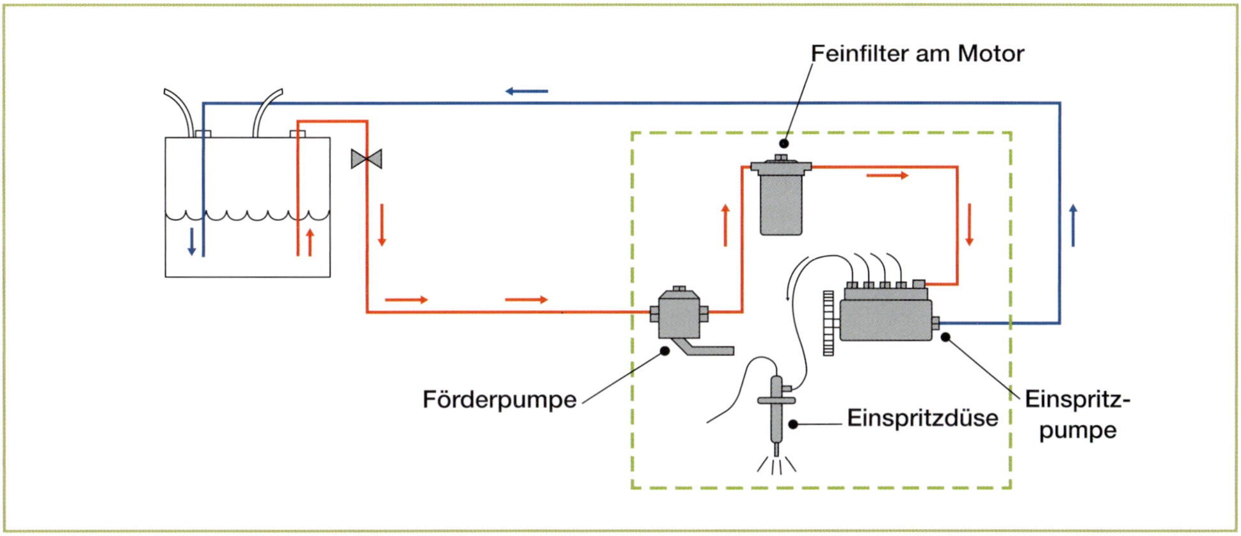

▲ *Von der Förderpumpe wird der Kraftstoff über den Feinfilter zur Einspritzpumpe gepumpt.*

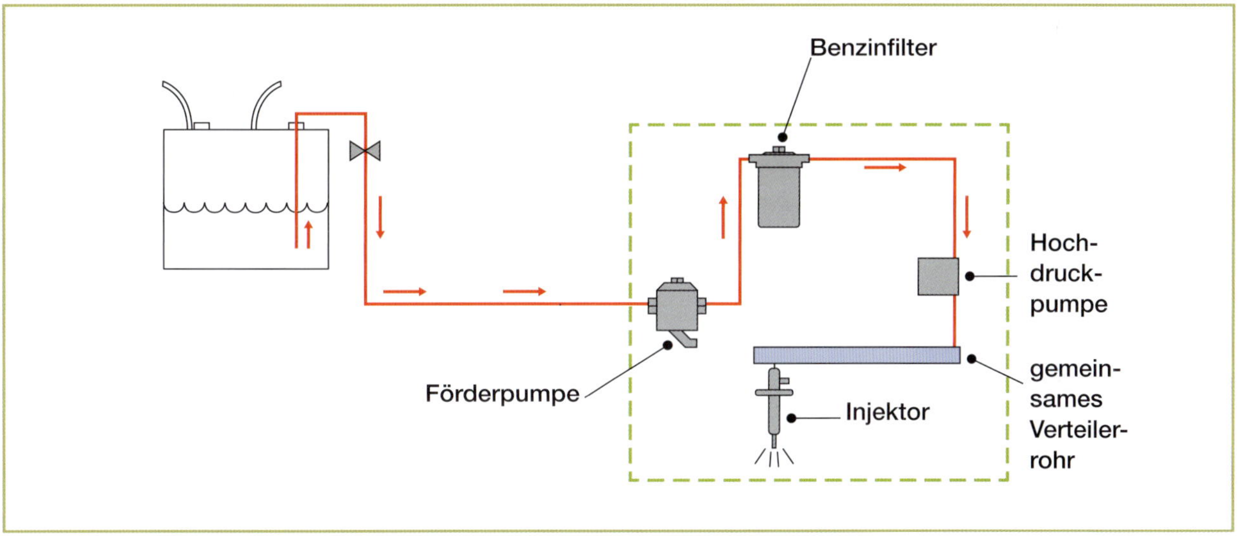

▲ *Bei einem Benzinmotor mit moderner Common-Rail-Einspritzung wird der Kraftstoff über ein gemeinsames Verteilerrohr zu den Injektoren geleitet. Benzinmotoren haben keine Kraftstoffrückleitung.*

sodass ein Teil über die Rückleitung zum Tank zurückfließt.

Bei manchen Motorinstallationen ist die Rücklaufleitung (blaue Linie) nicht bis zum Tank, sondern nur bis zum Feinfilter zurückgeführt.

Benzinmotoren wie im obigen Diagramm haben dagegen keine Rücklaufleitung. Bei der modernen Common-Rail-Einspritzung werden die Injektoren elektronisch gesteuert. Bei älteren Benzinmotoren finden sich Verteilereinspritzpumpen oder andere Systeme oder es erfolgt eine äußere Gemischbereitung über einen Vergaser.

Die meisten Benzinmotoren haben keinen Vorfilter, ein Wasserabscheider kann im Benzinfilter integriert sein. Viele Außen- und Innenbordmotoren haben einen Alarmgeber für Wasser im Treibstoff. Sammelt sich Wasser am Boden des Filters, schließt das elektrisch leitende Wasser zwei Kontaktflächen kurz, und ein Alarm ertönt.

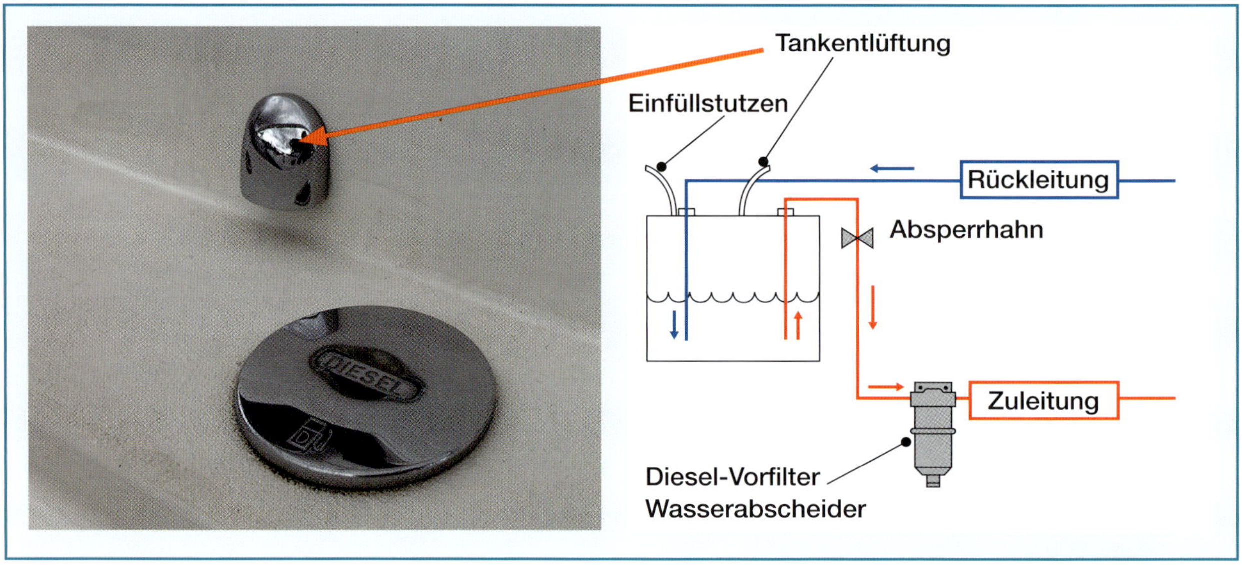

Kraftstofftank

Der Tank wird über den Einfüllstutzen gefüllt. Dabei muss die Luft im Tank über die Entlüftungsleitung entweichen können. Das Endstück der Entlüftungsleitung ist nach unten offen. Überprüfen Sie es auf etwaige Verstopfung.

Bei Booten sammelt sich oft Wasser im Treibstofftank an. Dafür kann es unterschiedliche Gründe geben.

1. Häufig ist die Dichtung am Einfüllstutzen beschädigt, alt oder sie fehlt ganz, sodass See- und Regenwasser eindringen können.
2. Bei der Decksreinigung mit einem Schlauch kann Wasser durch die Entlüftungsleitung gedrückt werden.
3. Durch Kondensation können sich Wassertropfen an den Innenwänden des Tanks bilden. Das kann auch zu Bakterienbefall bei Dieselkraftstoff führen.
4. Menschliches Versagen. Es ist gar nicht selten, dass jemand, meist nicht der Eigner, den Einfüllstutzen für Wasser mit dem für Diesel verwechselt.
5. Im Vorratstank der Tankstelle befindet sich aus den gleichen Gründen wie den zuvor genannten bereits Wasser, das beim Tanken den Weg in den eigenen Kraftstofftank findet.

Bei einem Tank aus Stahl kann sich Rost bilden, der abblättern und zu Verstopfungen der Kraftstoffleitungen und Filter führen kann, was wiederum den Ausfall der Maschine bedeuten kann. Lassen Sie ihren Tank daher auf einwandfreien Zustand überprüfen.

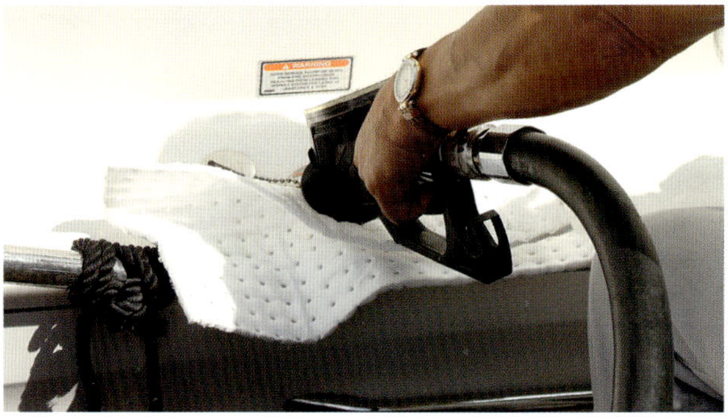

▲ *Tanken am Einfüllstutzen.*

Absperrhahn

Ein Absperrhahn nahe am Tank dient als Sicherheitseinrichtung, um in einem Notfall, besonders bei einem Motorbrand, die Zuleitung unterbrechen zu können. Schwerkrafttanks müssen immer über einen Absperrhahn verfügen. Bei Reparaturen oder Filterwechsel am Motor lässt es sich jedoch auch durch Schließen des Absperrhahns nicht vermeiden, dass etwas Kraftstoff austritt. Dieser muss mit einem geeigneten Gefäß aufgefangen werden.

Vorfilter mit Wasserabscheider

Von Tank und Absperrhahn führt die Kraftstoffleitung gewöhnlich als Erstes zu einem Vorfilter mit Wasserabscheider, der in der Regel nicht am Motor, sondern an einem Schott montiert ist. Seltener führt die Kraftstoffleitung auch direkt zum Feinfilter am Motor. Zwischen dem Vorfilter und dem Motor sollte die Kraftstoffleitung gleichmäßig ansteigen oder abfallen, damit sich keine Luft an dem Scheitelpunkt in der Leitung halten kann. Der Tank befindet sich in der Regel tiefer als der Motor. Schwerkrafttanks tragen dagegen das Risiko in sich, dass Kraftstoff auch ohne die Förderpumpe auslaufen kann. Die Sportbootrichtlinie (CE-Norm) legt die konstruktiven Anforderungen bei Tanks und Kraftstoffleitungen fest. Bei einem kleinen Lufteinschluss kann ein Dieselmotor unter Umständen bei geringen Drehzahlen laufen, weil der Kraftstoff unter der Luftblase in der Leitung durchfließen kann.

Bei höheren Drehzahlen kann diese Luftblase jedoch mitgerissen werden und zum Absterben des Motors führen. Zur Entlüftung von Dieselleitungen befinden sich eine oder mehrere Entlüftungsschrauben in der Leitung und am Motor.

▲ *Absperrhahn zur Unterbrechung der Kraftstoffleitung.*

Vorfilter mit Wasserabscheider

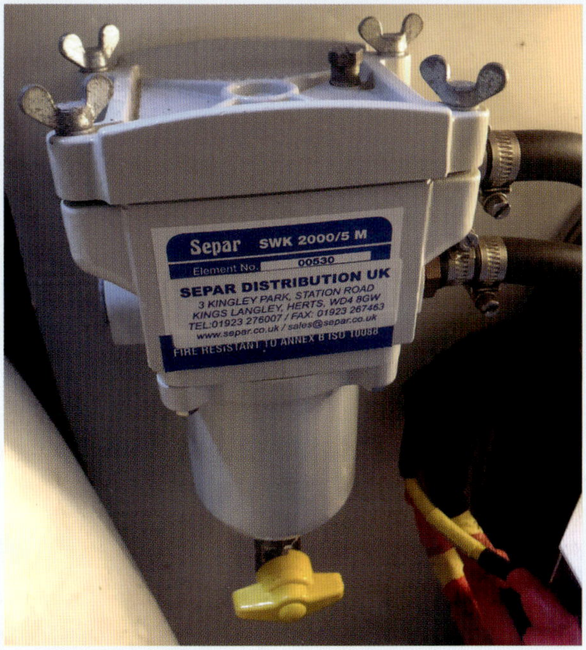

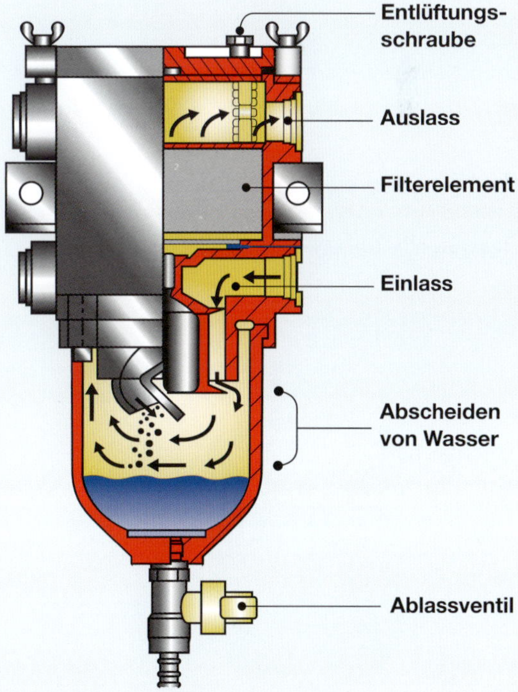

◆ Kraftstofffilter

Vom Vorfilter und Wasserabscheider führt die Kraftstoffleitung zum Motor und kann dort unterschiedlich angeschlossen sein:

1. an einer vom Motor angetriebenen Förderpumpe, die den Kraftstoff weiter zum Feinfilter pumpt.
2. an einer elektrisch angetriebenen Förderpumpe mit der gleichen Aufgabe.
3. direkt am Feinfilter des Motors, bei Einspritzmotoren mit elektronischer Motorsteuerung und Hochdruckpumpe.

Der Feinfilter am Motor stellt das letzte Bollwerk gegen mögliche Verunreinigungen im Kraftstoff dar.

Bei Dieselmotoren führt die Kraftstoffleitung als Nächstes zur Einspritzpumpe und von dort unter sehr hohem Druck in Metallrohren zu den Einspritzdüsen an den Zylindern. Die Einspritzpumpe wird mechanisch vom Motor über ein Getriebe oder eine Steuerkette oder einen Zahnriemen oder direkt von der Nockenwelle angetrieben.

Die Einspritzpumpe

- liefert eine genau dosierte Menge Kraftstoff unter hohen Druck (circa 200 bar) an die Einspritzdüse.
- liefert den Kraftstoff im exakt richtigen Moment am Ende des Verdichtungshubs des Kolbens an die Einspritzdüsen.
- ist sehr empfindlich gegenüber Verunreinigungen und Wasser im Kraftstoff.
- kann in der Regel nur von einem Spezialisten gewartet werden.

Bei einem Common-Rail-Dieselmotor herrscht sogar ein Druck von über 2.000 bar im Gegensatz zu 200 bar bei einer konventionellen Einspritzanlage.

Ein Common-Rail-Diesel:

- steuert den Einspritzzeitpunkt und die Kraftstoffmenge elektronisch.

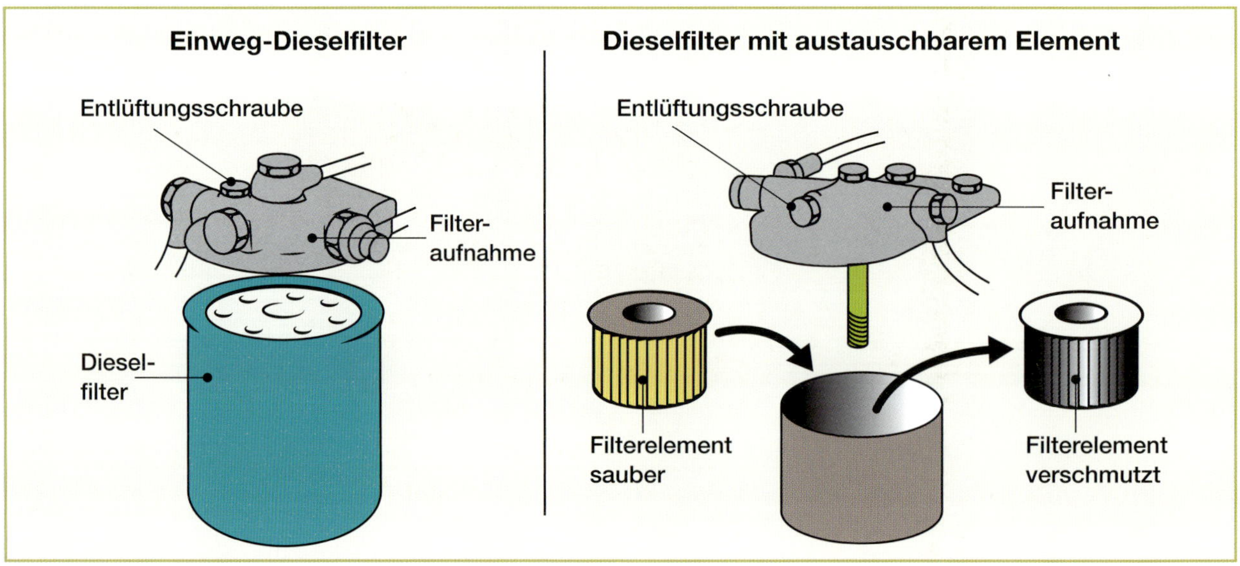

Kraftstofffilter am Motor und Austauschelement

Filtergehäuse.

Neues Filterelement.

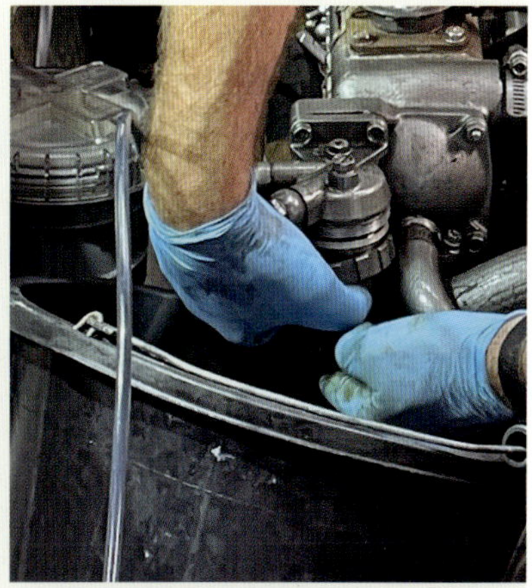

Vor dem Öffnen ein Gefäß unterstellen, um auslaufenden Kraftstoff aufzufangen.

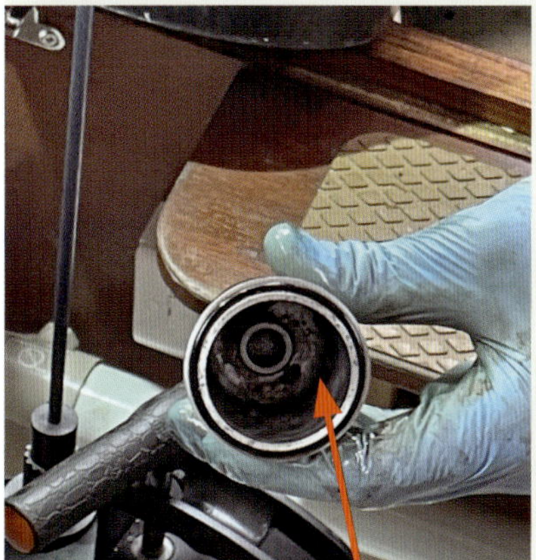

Filtergehäuse reinigen.

Neues Filterelement einsetzen.

◀ *Gereinigtes Gehäuse mit neuen Filterelement anschrauben.*

- trennt die Druckerzeugung über die Hochdruckpumpe von der elektronisch geregelten Einspritzung an den Injektoren.
- verwendet ein gemeinsames Verteilerrohr, über das alle Injektoren mit Kraftstoff unter hohem Druck versorgt werden. Die Einspritzung erfolgt an den über die Motorsteuerung elektronisch geregelten Injektoren. Die Common-Rail-Technik findet sowohl bei Diesel- als auch bei Benzinmotoren Anwendung.

An einem konventionellen Dieselmotor erfolgt die Einspritzung über die Einspritzdüsen.

Eine Einspritzdüse:

- versorgt den Brennraum des Zylinders mit einer exakt dosierten Menge Kraftstoff in Form eines Spühnebels.
- öffnet sich unter dem Druck der Einspritzpumpe.
- stellt eine möglichst gleichmäßige und vollständige Verbrennung sicher.
- ist sehr empfindlich gegenüber Verunreinigungen und Wasser im Kraftstoff.

Benzinmotoren haben einen Vergaser für eine äußere Gemischbereitung oder sind als Einspritzmotoren konstruiert. In letzterem Fall haben sie eine Einspritzpumpe, die hohen Druck erzeugt.

Die Einspritzung wird in der Regel elektronisch gesteuert, während die älteren Vergasermotoren eine Vielzahl bewegter Teile aufweisen, deren komplizierte Mechanik anfällig gegenüber Schmutz ist.

BAKTERIEN IM DIESEL

Mikroben und Bakterien können zu einer Schleimbildung im Diesel führen. Das Bakterienwachstum wird durch Wasser im Diesel verstärkt. Dieselkraftstoff, der lange Zeit im Tank verbleibt, ist besonders gefährdet. Der entstehende Schleim kann zu Verstopfungen der Dieselleitung noch vor dem ersten Filter und zum Ausfall des Motors führen. Mit der Beigabe von Additiven kann man die Bakterienbildung, die besonders durch den zunehmenden Einsatz von Biodiesel immer häufiger auftritt, verhindern. Zusätzlich zu der immer wichtiger werdenden Beigabe von Additiven sollte man:

1. für einen regelmäßigen Austausch des Dieselkraftstoffs sorgen.
2. Bei längerer Standzeit auf einen vollen Tank achten, damit sich möglichst kein Kondenswasser an den Innenwänden des Tanks bilden kann.
3. sicherstellen, dass kein Wasser durch einen undichten Einfüllstutzen eindringen kann.

Besonders die Punkte 2 und 3 sind sehr wichtig und können gar nicht stark genug betont werden.

Kraftstofffilter wechseln

Filter müssen in der Regel jährlich oder nach 100 Motorstunden gewechselt werden.

Vorfilter mit Wasserabscheider

1. Schließen Sie den Absperrhahn am Tank, falls vorhanden.
2. Stellen Sie ein Gefäß zum Auffangen von auslaufendem Diesel und Wasser unter den Filter. Öffnen Sie das Ablassventil an der Unterseite des Filters.
3. Lösen Sie die Entlüftungsschraube an der Oberseite des Filters, damit Luft eindringen und der Kraftstoff an der Unterseite des Filters leichter auslaufen kann.
4. Schrauben oder nehmen Sie das alte Filterelement ab, um es gegen ein neues auszutauschen. Füllen Sie den Filter soweit möglich mit Kraftstoff, und setzen Sie ihn mit neuen Dichtungen wieder zusammen.

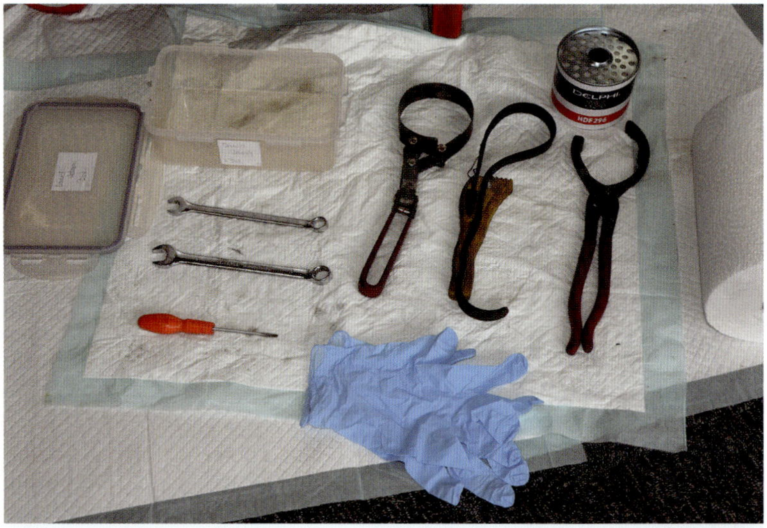

▲ *Werkzeuge für den Filterwechsel – darunter Bandschlüssel verschiedener Größe, um den Filter abzuschrauben sowie ein wiederverschließbares Gefäß, um austretenden Kraftstoff aufzufangen.*

▲ *Wasserabscheider abgenommen.*

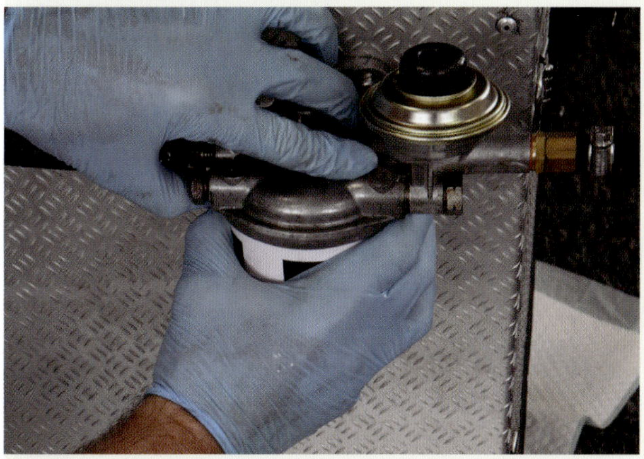

▲ *Alten Filter abnehmen.*

▲ *Alter und neuer Filter.*

▲ *Neuen Filter anbringen.*

▲ *Alles wieder zusammengebaut und mit Diesel gefüllt.*

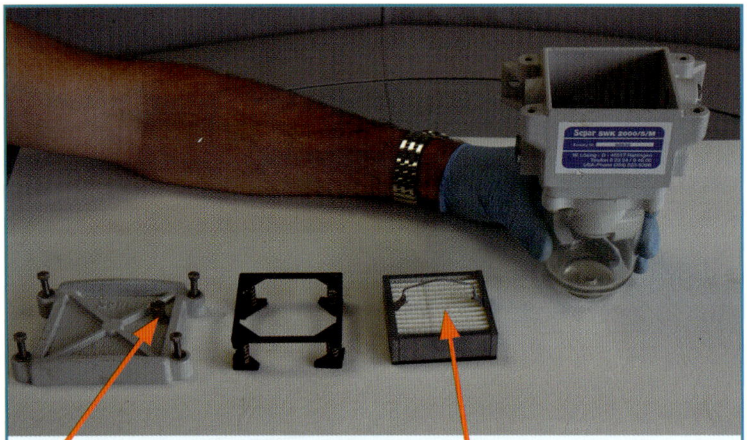

Einzelteile eines Vorfilters von Separ.

TIPP

Aufbewahrungsbehälter für Diesel oder alte Filter müssen absolut dicht sein. Bei den engen Platzverhältnissen an Bord kann leicht etwas verschütt gehen.

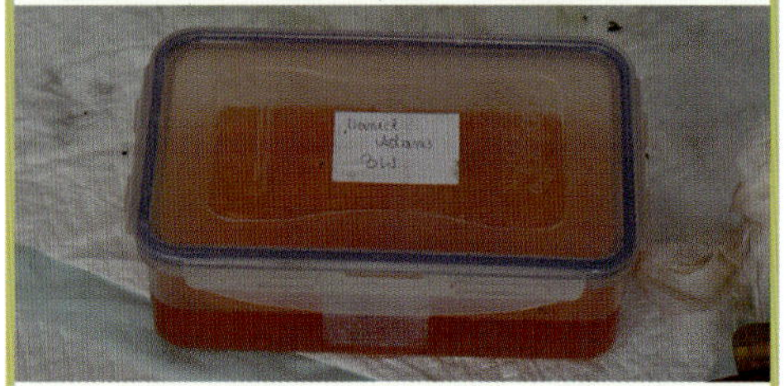

Box voller Diesel.

◆ Dieselfilter am Motor

Beim Feinfilter am Motor wird entweder der komplette Filter in Form einer Kartusche gewechselt oder nur das Filterelement im Gehäuse ausgetauscht. Normalerweise haben diese Filter keinen Wasserabscheider, es sei denn, es befindet sich eine Ablassschraube an der Unterseite.

1. Schließen Sie den Absperrhahn am Tank, falls vorhanden. Stellen Sie ein Auffanggefäß unter den Filter. Schrauben Sie den Filter ab, der noch voll Diesel sein dürfte.
2. Bei einem Filter mit auswechselbarem Filterelement wechseln Sie nur dieses, und schrauben Sie das Gehäuse wieder fest.
3. Andernfalls ersetzen Sie den gesamten Filter durch eine neue Filterkartusche.
4. Achten Sie auf eine umweltgerechte Entsorgung des alten Filters oder Filterelements.
5. Füllen Sie vor dem Zusammenbau keinen Diesel in den Filter, es sei denn, es steht so im Betriebshandbuch. Es soll schließlich kein ungefilterter Diesel an der Einspritzpumpe ankommen.
6. Öffnen Sie den Absperrhahn am Tank, falls vorhanden.
7. Lösen Sie die Entlüftungsschrauben am Vorfilter und Feinfilter. Neuere Dieselmotoren haben häufig keine Entlüftungsschrauben und sind selbstentlüftend, das gilt auch für die meisten Benzinmotoren.
8. Betätigen Sie den Pumphebel an der Förderpumpe.
9. Oder schalten Sie die Zündung ein, um eine elektrische Benzinpumpe zu aktivieren.
10. Oder betätigen Sie die Handpumpe über dem Filter, oder pumpen Sie mit dem Gummi-Pumpball in der Benzinleitung.
11. In jedem Fall muss gepumpt werden, bis der Kraftstoff blasenfrei an den Entlüftungsschrauben austritt. Ziehen Sie dann die Entlüftungsschrauben wieder vorsichtig fest, ohne dabei das Gewinde abzudrehen, was leicht passieren kann.
12. Bei Benzinmotoren muss in der Regel nur am Pumpball gepumpt werden, bis sich dieser hart anfühlt.
13. Starten Sie den Motor. Sollte er nicht anspringen oder gleich wieder ausgehen, wiederholen Sie den gesamten Vorgang ab Punkt 6.

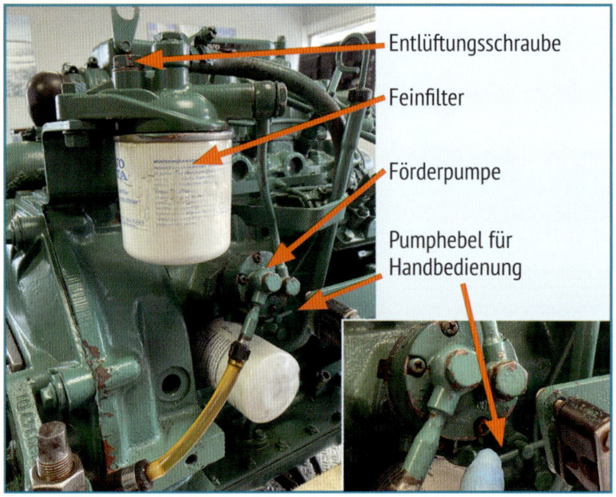

Einfache,

mittlere,

starke Ausführung.

▲ *Verschiedene Bandschlüssel für den Filterwechsel.*

▲ *Den alten Filter abnehmen und durch einen neuen ersetzen.*

▲ *Ein Stück Küchenrolle hilft, den austretenden Diesel an der Entlüftungsschraube aufzufangen.*

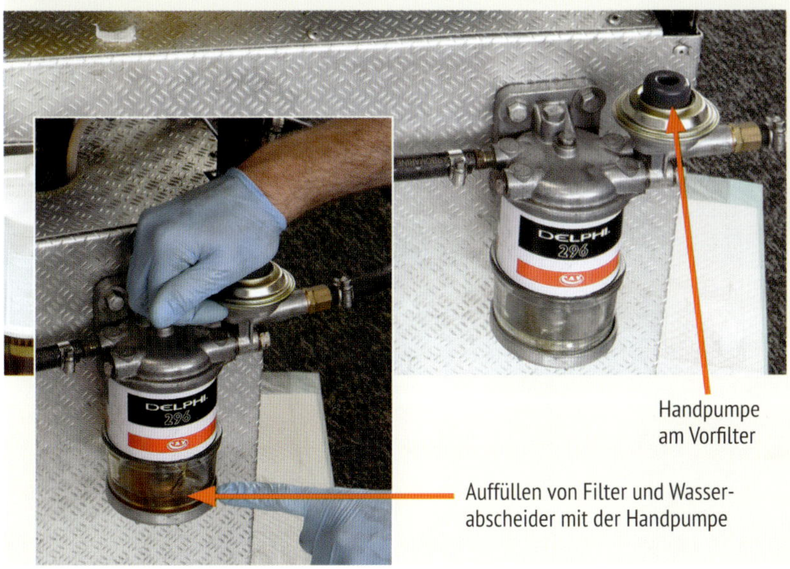

Scannen Sie diesen QR-Code, um ein Video über das Entlüften eines Motors zu sehen.

Scannen Sie diesen QR-Code, um ein Video über das Wechseln des Vorfilters und Wasserabscheiders zu sehen.

Scannen Sie diesen QR-Code, um ein Video über das Wechseln des Feinfilters am Motor zu sehen.

Symptome bei Problemen im Kraftstoffsystem

Symptome: Der Motor verliert Leistung und stirbt ab. Er lässt sich jedoch meist wieder starten, weil immer noch eine kleine Restmenge Kraftstoff an den Zylindern ankommt. Dann läuft er kurze Zeit und geht wieder aus.

Vorausgesetzt, dass der Absperrhahn am Tank geöffnet ist, es befindet sich Kraftstoff im Tank, und der Motor startet, wird dann jedoch langsamer und geht schließlich aus, deutet alles darauf hin, dass nicht genug Kraftstoff an den Zylindern ankommt.

Ursachen: Es könnte sich um eine Verstopfung in der Kraftstoffleitung zwischen dem Tank und dem ersten Filter handeln. Das kann der Vorfilter mit Wasserabscheider sein oder der Feinfilter am Motor.

- Der Filtereinsatz kann so stark verschmutzt sein, dass kein Kraftstoff mehr durchkommt. Überprüfen Sie das als Erstes.
- Es kann aber auch das Ansaugrohr im Tank sein, das von der Tankoberseite senkrecht hinunter bis knapp über den Tankboden führt und an dessen Ende sich meist ein Saugkorb befindet, der ebenfalls verstopfen kann.
- Verstopfungen können auch an den Stellen in der Kraftstoffleitung entstehen, wo eine Verengung besteht. Dazu zählen insbesondere die Übergänge zwischen Rohren und Schläuchen in der Leitung sowie Schlauchanschlüsse am Absperrhahn und Filter.

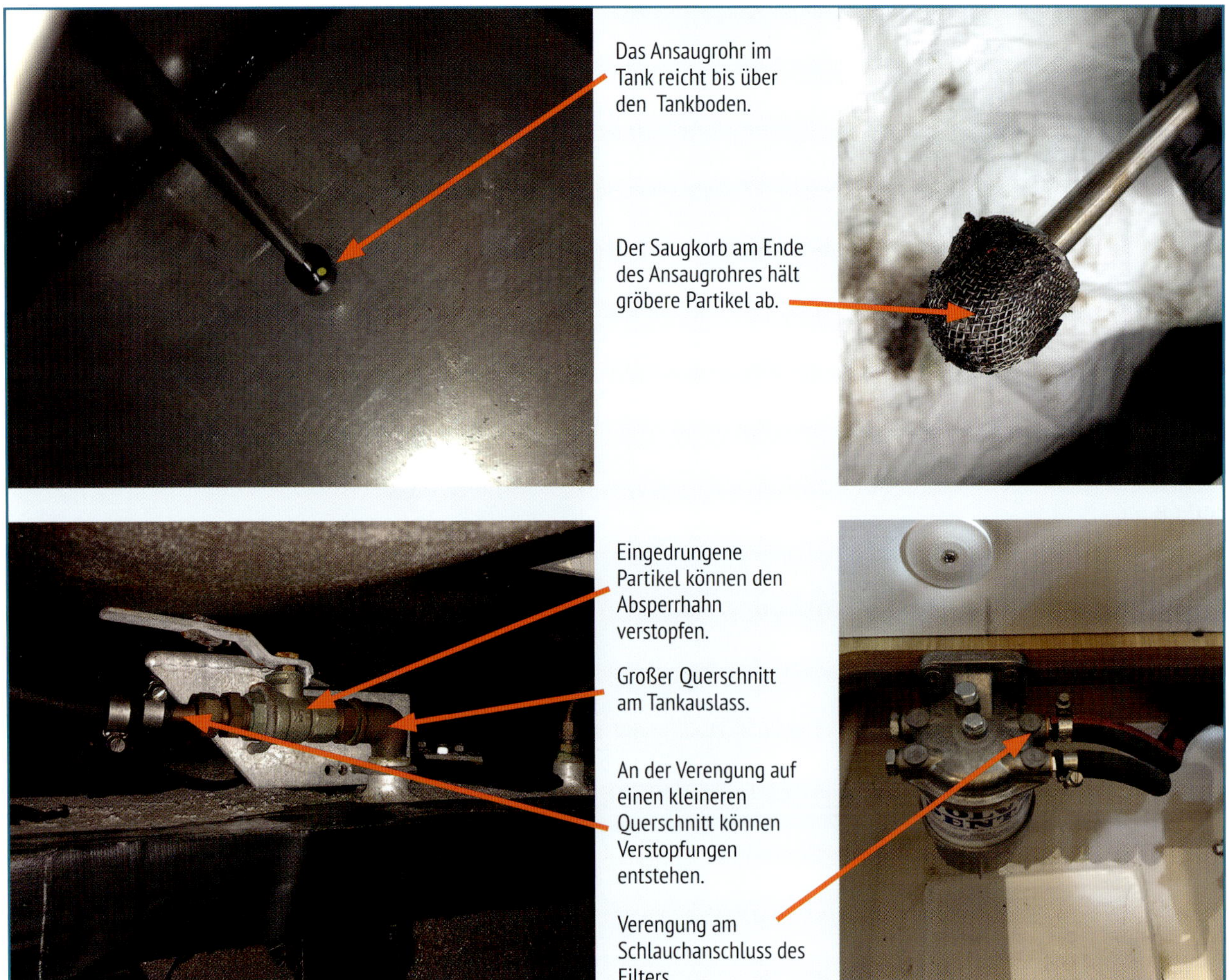

TIPP: WIE MAN EINEN TANK ABSAUGEN KANN, OHNE ETWAS IN DEN MUND ZU BEKOMMEN!

1. Führen Sie das eine Ende eines Schlauchs (1) bis auf den Boden des Tanks oder Kanisters, den Sie absaugen wollen und das andere Ende in das Behältnis, in das Sie den Kraftstoff transferieren wollen.
2. Stellen Sie sicher, dass das Ansaugende des Schlauchs höher ist als das Ausflussende.
3. Führen Sie einen kurzen zweiten Schlauch (2) in den Tank oder Kanister, der abgesaugt werden soll. Das Ende des Schlauchs darf aber nicht in den Kraftstoff eintauchen, sondern muss sich in der Luft über dem Kraftstoff befinden.
4. Verschließen Sie die Öffnung des Tanks oder Kanisters rund um die beiden Schläuche so gut wie möglich mit einem Tuch.
5. Blasen Sie in den kurzen Schlauch (2). Der entstehende Überdruck drückt den Kraftstoff durch den anderen Schlauch und die Siphonwirkung lässt ihn vom einen in das andere Behältnis fließen.
6. Sobald der Kraftstoff fließt, können Sie aufhören zu blasen und den kurzen Schlauch (2) sowie das Tuch zum Abdichten entfernen. Die Siphonwirkung lässt den Treibstoff weiter fließen.

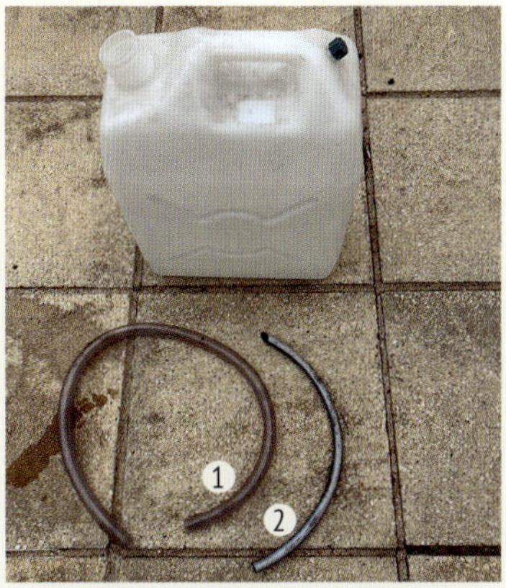

▲ *Ein Kanister, ein kurzes und ein langes Schlauchstück.*

▲ *Führen Sie den langen Schlauch bis zum Kanisterboden, den kurzen nur bis oberhalb der Flüssigkeit. Verschließen Sie möglichst gut die Kanisteröffnung, und blasen Sie in das kurze Schlauchstück.*

Scannen Sie diesen QR-Code, um ein Video über das Absaugen eines Kanisters in einen Tank zu sehen.

Weitere mögliche Probleme

Symptome: Wenn der Anlasser eines Dieselmotors den Motor drehen kann, es aber zu keiner Zündung kommt, kann ein mechanisches oder elektrisches Problem vorliegen. Bei einem Benzinmotor richtet sich der Verdacht auf die Zündung oder die Benzinpumpe.

Ursachen:

- Defekte Kraftstoffpumpe(n).
- Benzinhahn geschlossen, Reißleine nicht eingesetzt, Notaus-Schalter betätigt.
- Motorschaden, beispielsweise Zahnriemen oder Steuerkette gerissen.
- Bei Benzinmotoren, defekte Zündanlage.
- Durchgebrannte Sicherung in der Motorelektrik.

Luft im System

Symptome: Bei einem Motor, der anspringt und gleich wieder ausgeht, liegt der Verdacht nahe, dass Luft in die Kraftstoffleitung gekommen ist. Besonders, wenn

TIPP

Bei einem Dieselmotor ohne elektronische Motorsteuerung kann man die Einspritzdüsen etwas aufschrauben, den Motor drehen und genau beobachten:

- Tritt kein Diesel aus, liegt es an der Kraftstoffzufuhr.
- Kommt jedoch Diesel an der Einspritzdüse an, könnte ein Motorschaden im Inneren vorliegen.
- Bevor man aber den Motor in seine Einzelteile zerlegt, sollte man genau prüfen, ob auch wirklich Diesel an der Einspritzdüse austritt. Es könnte auch Wasser oder Benzin sein, weil jemand den falschen Treibstoff getankt hat. Bedenken Sie, dass ein Diesel keine Zündkerzen hat; er braucht nur Treibstoff und Luft und zündet von selbst.

der Tank tiefer als der Motor liegt, kann der Kraftstoff aufgrund der Schwerkraft in den Tank zurücklaufen und Luft durch ein kleines Leck in die Leitung ziehen. Diese Leckstelle zu finden, ist jedoch in den meisten Fällen nicht ganz einfach.

Ursachen:

Luft kann eindringen, wenn:

- der Tank leer ist!
- die Dichtungen am Kraftstofffilter falsch eingelegt wurden oder beschädigt sind.
- die Kupfer-Dichtscheibe an der Entlüftungsschraube beschädigt ist.
- Schlauchschellen an Schlauchverbindungen lose sind.
- die Kraftstoffleitung Scheuerstellen oder Risse hat.

▲ *Pumpball aus Gummi, wie er auch bei Außenbordmotoren verwendet wird.*

Die beste Methode, um ein Leck in der Kraftstoffleitung zu finden, ist:

1. Schließen Sie den Absperrhahn am Tank.
2. Lösen Sie den Kraftstoffschlauch von der Förderpumpe oder, falls nicht vorhanden, vom Feinfilter am Motor.
3. Schließen Sie einen Pumpball so am Schlauch an, dass die Pumprichtung zurück zum Tank weist.

▲ *1. Schließen Sie den Absperrhahn am Tank.*

▲ *2. Benötigte Hilfsmittel bei der Lecksuche.*

▲ *3. Lösen Sie den Schlauch von der Förderpumpe.*

▲ *4. Schließen Sie an diesem Schlauchende den Pumpball an.*

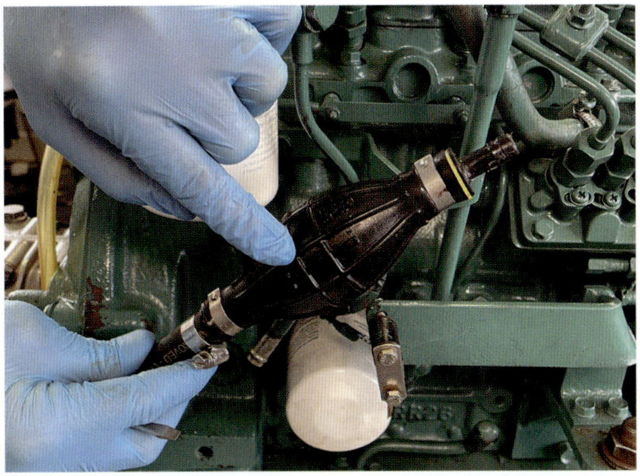

▲ *5. Schließen Sie den Pumpball so an, dass der Pfeil zurück zum Tank weist.*

▲ *6. Pumpen Sie, bis sich der Pumpball hart anfühlt, um die Leitung unter Druck zu setzen.*

Pumpbälle sind beim Ausrüster vor Ort erhältlich. Der Pfeil auf dem Pumpball zeigt die Pumprichtung an, er muss zum Tank zeigen.

4. Pumpen Sie, um die gesamte Kraftstoffleitung vom Motor über den Vorfilter und Wasserabscheider bis hin zum Tank unter Druck zu setzen.
5. Sollte ein Leck in der Leitung sein, sieht man jetzt, wie dort Luft oder Kraftstoff austritt.
6. Reparieren Sie die undichte Stelle, schließen Sie dann den Schlauch wieder an der Förderpumpe an, und entlüften Sie die Kraftstoffleitung.

▶ *7. Beim Pumpen können Blasen im Wasserabscheider aufsteigen. An diesem Punkt sollte Kraftstoff an etwaigen Leckstellen bereits sichtbar austreten.*

Kraftstofftanks und Füllstandanzeigen

Es gibt gute Gründe, warum ein Kraftstofftank bei längerer Standzeit möglichst voll oder zumindest mehr als halbvoll sein sollte:

- Es kann sich weniger Kondenswasser an den Innenwänden des Tanks bilden und dann in die Kraftstoffleitung geraten.
- Tankanzeigen sind sehr ungenau und zeigen häufig mehr an, als noch im Tank ist.
- Bei sehr geringem Füllstand werden Sedimente aufgewirbelt, die die Filter verstopfen können.
- Bei sehr geringem Füllstand kann das Ansaugrohr im Tank bei Krängung des Bootes für einen Moment austauchen und Luft ansaugen. Die Luft in der Leitung würde den Motor absterben lassen. Achten Sie deshalb vor jedem Törn auf ausreichend Treibstoff im Tank.

◆ Tankgeber

Es gibt zwei Arten von Tankgebern mit Schwimmer:

1. Der Schwimmer befindet sich an einem Gelenkarm. Wandert der Gelenkarm nach unten, verändert sich ein elektrischer Widerstand. Der Füllstand im Tank kann auf diese Weise stufenlos und vergleichsweise zuverlässig angezeigt werden.

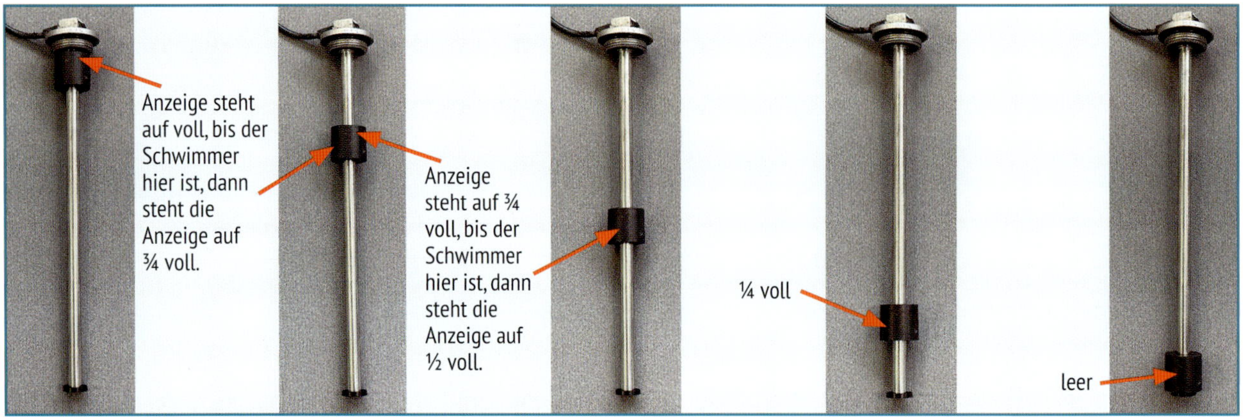

▲ *Tauchrohrgeber von Wema mit sehr grober Messauflösung.*

2. Der Schwimmer bewegt sich an einem senkrechten Tauchrohr auf und ab, wobei sich ebenfalls ein elektrischer Widerstand je nach Höhe am Tauchrohr verändert. Manche Tauchrohrgeber haben jedoch eine geringe Messauflösung und zeigen den Füllstand nur in groben Schritten an.

Leider sind Tauchrohrgeber mit grober Auflösung weit verbreitet, da sie im Vergleich zu Gebern mit einem Gelenkarm robuster sind und keine offenen Kontakte haben, die korrodieren können.

Solche Tauchrohrgeber zeigen den Tankinhalt manchmal nur in Achteln oder, noch schlimmer, in Vierteln an. Dann kann es passieren, dass man bei einer halbvollen Tankanzeige ablegt, der Tank in Wirklichkeit aber nur wenig mehr als zu einem Viertel voll ist. Das kann zu unangenehmen Überraschungen führen.

◆ Kraftstoffverbrauch überwachen

Es ist unerlässlich, den Kraftstoffverbrauch zu notieren, um eine Kontrolle zu haben. Füllen Sie den oder die Tanks immer bis zum Rand voll. Notieren Sie sich immer die Motorstunden und die getankten Liter und berechnen Sie so nach jedem Tanken ihren durchschnittlichen Kraftstoffverbrauch pro Motorstunde.

Auf diese Weise können Sie die Tankanzeige gegenprüfen. Die Motorstunden multipliziert mit der durchschnittlich verbrauchten Literzahl pro Stunde gibt genau Auskunft, wie viel Kraftstoff seit dem letzten Tanken verbraucht wurde. Ziehen Sie diese Literzahl vom Tankvolumen ab, und Sie wissen genau, wie viele Liter noch im Tank sind.

◆ Messstab

Einen Messstab in den Tank zu tauchen und die Füllmenge nach der benetzten Länge am Messstab zu berechnen, kann fehlerhaft sein. Besonders bei Segelyachten ist der Tank häufig der Rumpfform angepasst und verengt sich nach unten. Im Gegensatz zu einem quaderförmigen Tank können bei einem V-förmigen Tank 30 Zentimeter am Messstab eine nur ganz geringe Füllmenge bedeuten. Um eine aussagekräftige Skalierung des Messstabs zu erhalten, können Sie ihn kalibrieren. Das ist zwar ein wenig Spielerei und nur für kleinere Boote überhaupt geeignet, aber füllen Sie dazu zehn Liter in den leeren Tank und markieren Sie den Messstab entsprechend. Zehn Liter geben bei einem Verbrauch von beispielsweise drei Litern in der Stunde eine Reserve, um noch gut drei Stunden motoren zu können. Füllen Sie dann weitere 25 Liter in den Tank und markieren Sie wieder den Messstab. Jetzt können Sie in 50-Liter-Schritten weitermachen. So haben Sie ausreichend Markierungen sowie eine 35-Liter- und eine 10-Liter-Warnung an ihrem Messstab. Es ist wie gesagt eine Spielerei, aber viel genauer als ein alter Tauchrohrgeber.

◆ Dieselaufbereitung

Die Reinigung des Kraftstoffs durch Filter und Wasserabscheider wird bei modernen Dieselmotoren immer wichtiger und in der Regel im Zuge einer Tankreinigung vorgenommen. Der Tankinhalt wird abgesaugt, der Kraftstoff gereinigt und dann in den gereinigten Tank zurückgefüllt. Zusätzlich wird ein Mittel gegen die Dieselpest beigegeben.

▲ *Tankanzeige von Wema.*

▶ *Da der Tankgeber nur die Höhe des Pegels im Tank misst, ist der tatsächliche Tankinhalt stark von der Tankform abhängig.*

Was bedeutet die Tankanzeige wirklich?

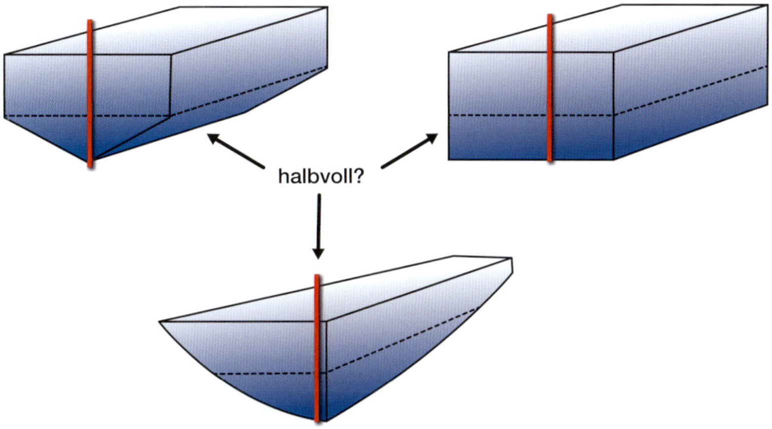

unterschiedliche Formen bei Kraftstofftanks

Was bedeutet die Messung mit einem Messstab wirklich?

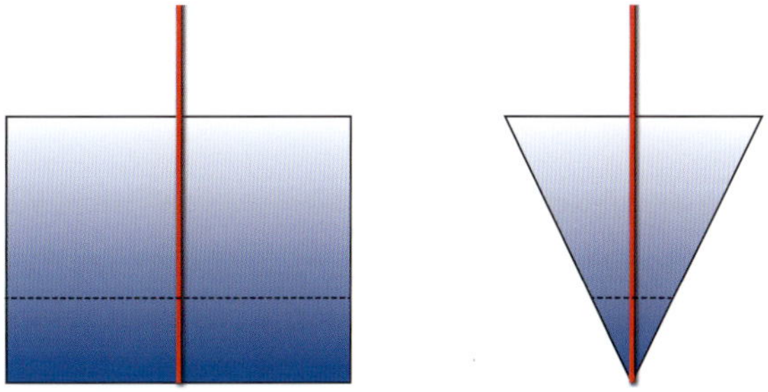

quaderförmiger Tank

V-förmiger Tank, der Rumpfform angepasst

Ein solches Additiv gegen Bakterien und Schleimbildung sollte bei jedem Tankvorgang beigegeben werden. Gleichzeitig ist darauf zu achten, dass der Tank immer möglichst voll ist, damit sich wenig Kondenswasser bilden kann. Eine Reinigung des Tanks sollte alle fünf Jahre vorgenommen werden.

Falsch getankt!

Was passiert, wenn man statt Diesel Benzin oder statt Benzin Diesel getankt hat?

Als Erstes wird der Motor ausgehen, denn die beiden Kraftstoffe sind grundverschieden. Diesel ist ein sehr feines Öl, das neben seinem Brennwert auch Schmiereigenschaften aufweist. Diesel verdunstet nicht an der Luft, weshalb ausgelaufener Diesel besonders umweltgefährdend ist, und Diesel ist auch vergleichsweise schwer entflammbar. Wirft man ein brennendes Streichholz in ein offenes Gefäß mit Diesel, passiert wahrscheinlich gar nichts – aber bitte probieren Sie das aus naheliegenden Gründen nicht aus!

Benzin verdunstet dagegen sehr stark und ist hochentzündlich.

Diesel in einem Benzinmotor

Der Zündfunke der Zündkerze schafft es nicht, den Dieselkraftstoff zu entzünden. Zudem bedeckt das Öl im Diesel die Zündkerze, sodass sie gar keinen Zündfunken mehr abgibt. Sie müssen:

1. Den Tank entleeren.
2. Die Zündkerzen herausschrauben und reinigen.
3. Die Kraftstoffleitungen säubern.
4. Alle Benzinfilter und Wasserabscheider reinigen oder wechseln.

Dann den Tank mit Benzin volltanken, und der Motor sollte wieder laufen.

Benzin in einem Dieselmotor

Das sollten Sie nun wirklich vermeiden, denn die Schäden können schwerwiegend sein. Auch in diesem Fall wird der Motor ausgehen, da sich das Benzin bei der hohen Verdichtung eines Dieselmotors viel zu früh von selbst entzündet. Die Kolben werden noch während des Verdichtungshubs zurück nach unten gedrückt, der Motor macht einen Knall und bleibt stehen.

Da Benzin im Gegensatz zu Diesel so gut wie keine Schmiereigenschaften hat, kann es zu Beschädigungen der Einspritz- oder Hochdruckpumpe und an weiteren Stellen im Motor kommen. Bei einem Dieselmotor dient der Kraftstoff gleichzeitig auch der Schmierung wichtiger Komponenten. Sie müssen:

1. Den Tank entleeren.
2. Die Kraftstoffleitungen reinigen.
3. Alle Dieselfilter und Wasserabscheider reinigen oder wechseln.
4. Dann den Tank mit Diesel füllen.

Bevor Sie den Motor wieder starten können, müssen Sie noch die Kraftstoffleitung entlüften. Das gilt übrigens auch, wenn Sie den Tank leergefahren haben. Benzinmotoren können eingedrungene Luft aus der Kraftstoffleitung verdrängen, aber die meisten älteren Dieselmotoren müssen über die Entlüftungsschrauben entlüftet werden. Neuere Dieselmotoren mit Hochdruckpumpe sind meist selbstentlüftend.

Um einen Dieselmotor zu entlüften, müssen Sie:

1. Den Pumphebel oder Gummibalg für die Handbedienung der Förderpumpe ausfindig machen.
2. Die Entlüftungsschraube am Dieselfilter ein paar Umdrehungen weit aufschrauben, damit die Luft entweichen kann.
3. An der Förderpumpe von Hand pumpen, bis blasenfreier Diesel an der Entlüftungsschraube austritt.
4. Die Entlüftungsschraube wieder festziehen.
5. Den Motor starten.
6. Startet der Motor innerhalb von ungefähr 15 Sekunden nicht, ist wahrscheinlich immer noch Luft in der Leitung. Wiederholen Sie den Vorgang zum Entlüften, und versuchen Sie es erneut.

▲ *Förderpumpen mit Handbedienung.*

▲ *Entlüftungsschrauben.*

Jonathan berichtet

Eine Familie mietet ein schnelles RIB, legt vom Liegeplatz in einem Fluss ab und kann wenige hundert Meter weiter nur knapp einen Unfall vermeiden, weil plötzlich der Motor ausgeht. Sie können an einem anderen Boot, das im Fluss ankert, längsseits festmachen. Als Nächstes geht bei mir ein Anruf ein: Ich soll rausfahren und helfen.

Dort angekommen probiere ich, den Motor zu starten. Der Motor dreht, springt aber nicht an, abgesehen von ein paar Fehlzündungen. Ich will gerade die Abdeckung des Außenbordmotors abnehmen, als mein Telefon erneut klingelt. Es ist der Eigner des Bootes.

Doch zunächst muss ich noch erwähnen, dass das Boot am vorigen Tag ebenfalls vermietet worden war, und zwar an ein Ehepaar, das so gut wie keine Erfahrung mit Booten besaß und zuvor noch nie ein Boot gemietet hatte. Vor der Rückgabe des Bootes steuerten sie die Tankstelle an, um das Boot mit einem vollen Tank zurückzugeben. An der Bootstankstelle wurde ihnen die Zapfpistole gereicht. Sie nahmen sie und tankten, ohne weiter Fragen zu stellen. Was sollten sie auch groß fragen, die Angestellte an der Tankstelle übte doch ihren Beruf aus und wird sicher wissen, was sie tut. Nach dem Tanken starteten sie den Motor und fuhren die letzten 300 Meter zum Liegeplatz des Bootes, wo sie es dem Vermieter zurückgaben.

Jetzt aber zurück zum Telefonanruf des Eigners. Dieser hatte gerade die gestrige Tankrechnung vor sich liegen und war stutzig geworden. Da stand Diesel drauf!

Während der letzten, kurzen Fahrstrecke von 300 Metern war der Motor mit dem Benzin gelaufen, das sich noch in den Benzinleitungen befunden hatte. Da der Motor scheinbar einwandfrei lief, hatte der Vermieter keinen Verdacht geschöpft.

Als nun klar wurde, wo der Hase im Pfeffer liegt, nahm ich das Boot an den Haken und schleppte es zurück zur Mietstation. Dort musste es aus dem Wasser gekrant werden, um an alle Teile des Motors zu kommen. 150 Liter Diesel mussten aus dem Tank abgepumpt werden. Dann spülten wir die Benzinleitungen durch, tauschten alle Filter und tankten voll, diesmal mit Benzin.

Die ganze Sache kostete eine Stange Geld. Es stellte sich heraus, dass die Angestellte an der Tankstelle erst seit Kurzem dort arbeitete und nicht wusste, dass der Außenborder des Bootes Benzin benötigte. Sie reichte freundlich die Zapfpistole unter der Annahme, dass der Fahrer des Motorbootes ihr etwas sagen würde, sollte es die falsche Zapfpistole sein. Doch der ebenso unerfahrene Mieter des Motorbootes vertraute darauf, dass ein Tankwart weiß, welche Zapfpistole die richtige ist, und stellte keine Fragen.

Die Lehre dieser Geschichte: Vertrauen ist gut, Kontrolle ist besser!

5 Das Kühlsystem

Bei Bootsmotoren kann man zwei Kühlsysteme unterscheiden.

Einkreiskühlung

Das Wasser, in dem das Boot schwimmt – sei es Seewasser oder Süßwasser –, wird von einer Impellerpumpe durch die Kühlkanäle des Motors gepumpt. Das Kühlwasser muss permanent fließen, nicht nur, um die bewegten Teile des Motors auf Betriebstemperatur zu halten, sondern auch um den Impeller aus Gummi sowie den Auspuff zu kühlen. Das von außenbords angesaugte Wasser wird nach der Impellerpumpe aufgeteilt. Ein Teil fließt durch die Kühlkanäle des Motors und dann zum Auspuff, der andere Teil fließt direkt zum Auspuff. Das gesamte Kühlwasser wird über den Auspuff wieder ausgestoßen. In geschlossenem Zustand zirkuliert das Wasser in den Kühlkanälen, in geöffneter Position wird kühleres Wasser zugeführt. Der Thermostat kann je nach Bedarf in Abhängigkeit von Last und Drehzahl des Motors schnell öffnen und schließen, hat aber immer die Funktion, den Motor auf einer möglichst konstanten Betriebstemperatur zu halten.

Einkreiskühlung

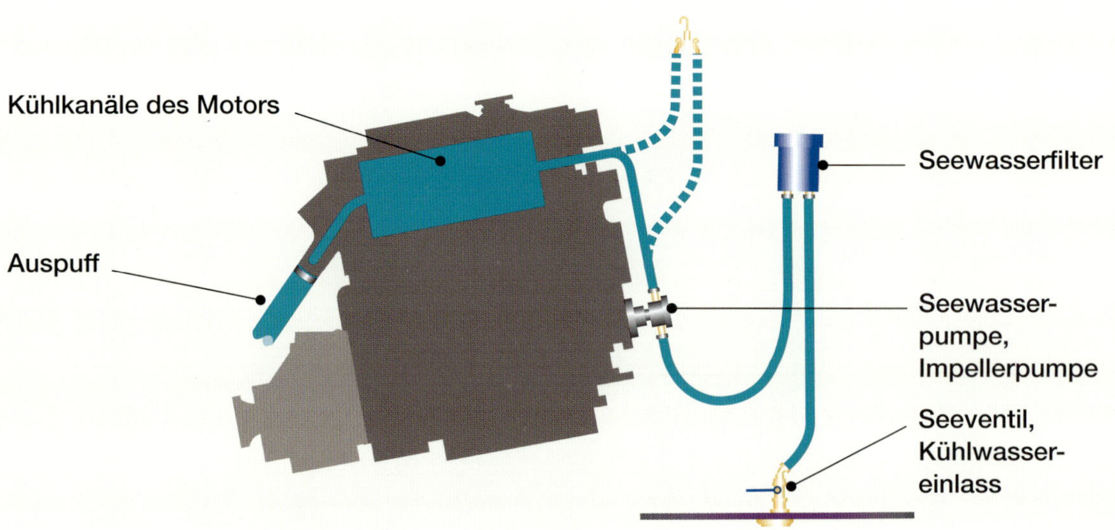

Der Seewasserfilter

▲ *Seewasserfilter mit Drahtsieb. Achten Sie beim täglichen Motorcheck darauf, dass der Seewasserfilter nicht verstopft ist, und achten Sie besonders darauf, dass der O-Ring oder die Dichtung korrekt eingelegt ist, bevor Sie den Deckel wieder aufschrauben. Andernfalls ist der Seewasserfilter undicht, und die Impellerpumpe saugt an dieser Stelle Luft anstelle von Wasser an. Die Folge wäre, dass kein Kühlwasser durch den Motor fließt und der Motor überhitzt.*

Zweikreiskühlung

Bei der Zweikreiskühlung wird das Seewasser von der Impellerpumpe nicht direkt durch den Motor, sondern durch einen Wärmetauscher gepumpt. Im Wärmetauscher wird das Seewasser durch viele, eng nebeneinander angebrachte Rohre, ein sogenanntes Rohrbündel, geleitet. Dabei kühlt es das außen um das Rohrbündel strömende Kühlmittel für den Motor ab. Das Kühlmittel, meist mit Frostschutzmittel versetzt, bildet somit einen geschlossenen, vollständig vom Seewasser getrennten, zweiten Kühlkreislauf. Es wird von einer Wasserpumpe, die über den Motor angetrieben wird, durch die Kühlkanäle des Motors gepumpt. Befüllt wird

Kühlkreislauf am Vorratsbehälter oder Kühler. Meist ist auch noch ein Ausgleichsbehälter aus Kunst-

Zweikreiskühlung

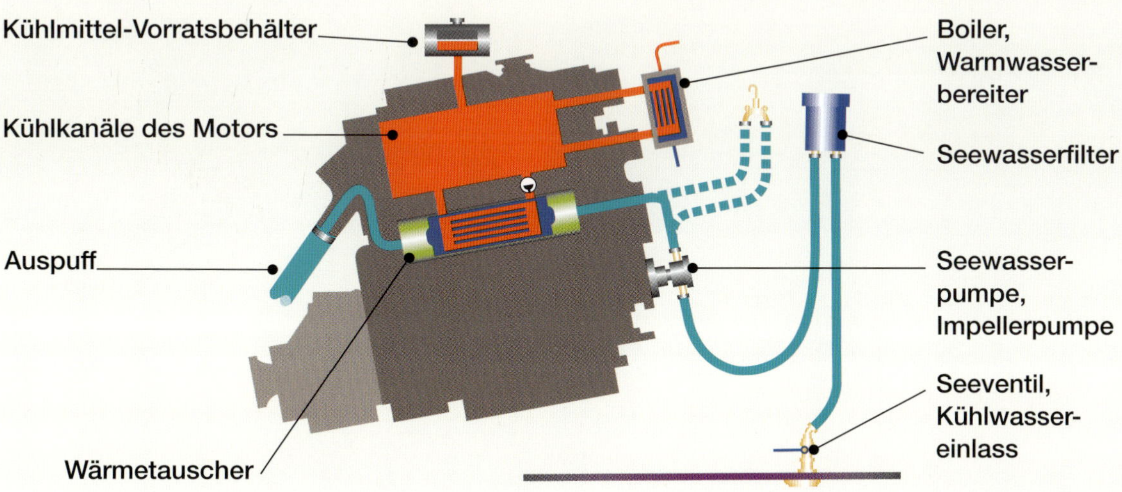

stoff mit Markierungen für maximalen und minimalen Kühlmittelstand vorhanden.

Das Kühlmittel erreicht hohe Temperaturen und kann bei Überhitzung des Motors sogar zu kochen anfangen. In diesem Fall kann Wasserdampf durch ein Ventil am Kühlerdeckel entweichen. Ein Thermostat regelt den Kühlmittelfluss und sorgt dafür, dass der Motor auf konstanter Temperatur bleibt. Der Wärmetauscher eines Bootsmotors entspricht dem Kühler beim Auto. In beiden wird das Kühlmittel für den Motor abgekühlt, beim Wärmetauscher durch das durchströmende Seewasser, beim Autokühler durch den Fahrtwind und gegebenenfalls den Kühlerventilator.

Aufbau einer Zweikreiskühlung

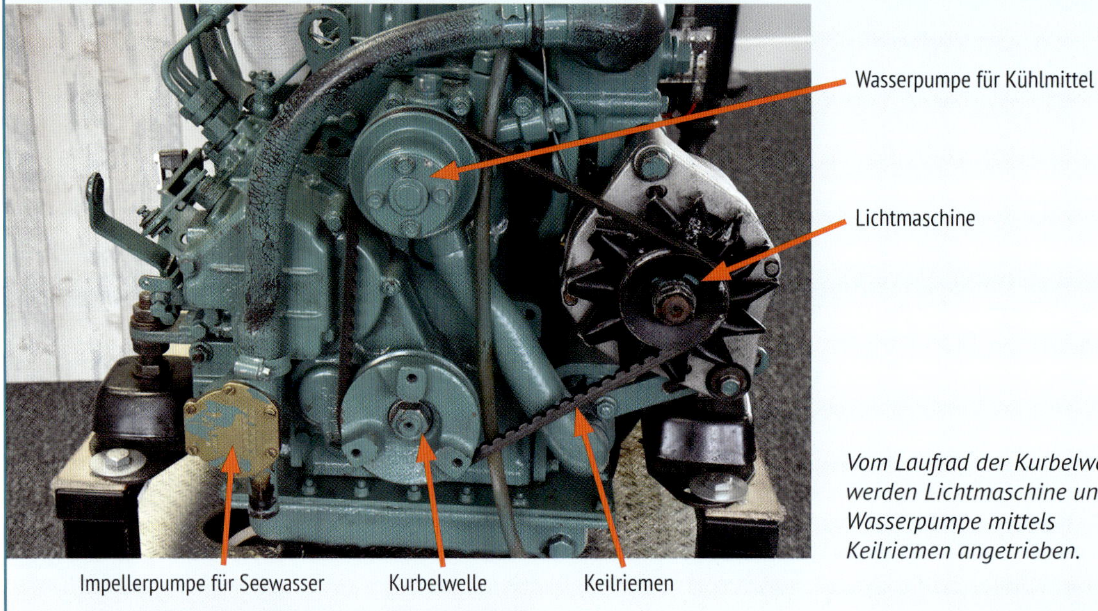

Vom Laufrad der Kurbelwelle werden Lichtmaschine und Wasserpumpe mittels Keilriemen angetrieben.

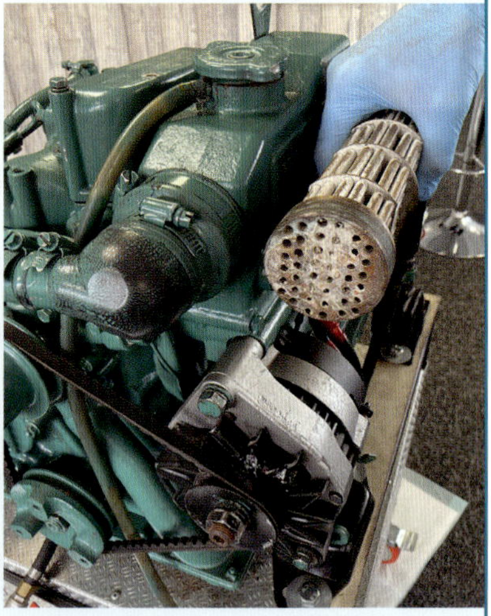

Bei geöffnetem Wärmetauscher ist das Rohrbündel sichtbar. Beachten Sie, dass einige Öffnungen verstopft sind – das ist nicht gut.

Auf einem Boot steht Fahrtwind nicht in ausreichendem Maß zur Verfügung, weshalb in der Regel Seewasser für die Kühlung verwendet wird. Am Motor können sich noch weitere Wärmetauscher befinden, doch dazu später mehr.

Typische Ursachen bei Überhitzung

Folgende Warnhinweise deuten auf ein Heißlaufen des Motors hin:

- Akustisches Alarmsignal für Motortemperatur ertönt.
- Anzeige der Motortemperatur ist höher als normal.
- Übermäßig viel Wasserdampf am Auspuff sichtbar.
- Es kommt kein Kühlwasser aus dem Auspuff.
- Motor strahlt übermäßig stark Hitze ab (fühlt sich heißer als normal an und riecht auch so)

Überhitzt ein Motor immer weiter, bricht die Schmierung ab, Dichtungen versagen, der Motor bleibt stehen und kann sich festfressen. Es droht ein kapitaler Motorschaden.

◆ Verstopfung am Kühlwassereinlass

Seegras, Muscheln, Platiktüten und anderes Treibgut können das Seeventil verstopfen.

Was ist zu tun?
Bei einem Kühlwasserfilter über der Wasserlinie:

1. Nehmen Sie die Luftpumpe vom Schlauchboot
2. Schrauben Sie den Wasserfilter auf, nehmen Sie das Sieb heraus und säubern Sie es.
3. Stecken Sie den Schlauch der Luftpumpe in die Einlassöffnung des Wasserfilters.
4. Halten Sie ein Tuch über den offenen Wasserfilter, falls der Schlauch der Luftpumpe nicht gut abdichtet, und pumpen Sie. Sobald Sie die Luftblasen außen am Rumpf aufsteigen hören, haben Sie die Verstopfung gelöst. Pumpen Sie aber noch einige Male, um auch wirklich sicher zu sein, dass das Seeventil frei ist.

Setzen Sie dann das Sieb wieder ein, und schrauben Sie den Deckel des Wasserfilters wieder auf. Vergewissern Sie sich, dass Sie den O-Ring ordnungsgemäß eingelegt haben. Starten Sie den Motor, und geben Sie etwas Gas, damit die Impellerpumpe die Luft aus den Schläuchen pumpen und Wasser ansaugen kann. Alternativ kann man die Kühlwasserschläuche auch entlüften. Gehen Sie dazu wie folgt vor:

1. Schließen Sie das Seeventil.
2. Füllen Sie den Wasserfilter bis oben mit Wasser.
3. Schrauben Sie den Deckel zu, und achten Sie dabei auf den O-Ring. Jetzt ist keine Luft mehr in den Schläuchen. Da das Seeventil geschlossen ist, kann das nachgefüllte Wasser nicht absinken, obwohl der Wasserfilter über der Wasserlinie ist.
4. Öffnen Sie das Seeventil, und starten Sie den Motor.

SCHWANENHALS

Ein Schwanenhals soll verhindern, dass Seewasser von außenbords durch den Hebeeffekt (Siphonwirkung) angesaugt wird. Wenn der Impeller leicht beschädigt ist und nicht mehr gut abdichtet, kann Seewasser bei stehendem Motor am Impeller vorbei in den Auspuff fließen und von dort zurück in den Motor und durch ein offenstehendes Auslassventil sogar in den Zylinder gelangen. Schon hat man Wasser im Motor!

Ein Schwanenhals kann mit oder ohne Ventil ausgestattet sein. Die Belüftungsventile sollten jährlich überprüft werden, da sie verstopfen können. Tauschen Sie das Belüftungsventil bei Bedarf gegen ein neues mit gleicher Einstellung des Öffnungsdrucks aus.

Bei einem Kühlwasserfilter unter der Wasserlinie:

1. Nehmen Sie die Luftpumpe vom Schlauchboot.
2. Schließen Sie das Seeventil, damit kein Wasser ins Boot fließen kann.
3. Öffnen Sie den Kühlwasserfilter, nehmen Sie das Sieb heraus, und vergewissern Sie sich, dass es frei von Schmutz ist.
4. Stecken Sie den Schlauch der Luftpumpe in die Einlassöffnung des Wasserfilters oder sogar noch weiter bis in den Schlauch.
5. Halten Sie ein Tuch über den offenen Wasserfilter, falls der Schlauch der Luftpumpe nicht gut abdichtet, und pumpen Sie. Durch den Druck kann die Verstopfung bereits gelöst werden.
6. Öffnen Sie das Seeventil.
7. Wenn Sie Luftblasen aufsteigen hören, pumpen Sie noch einige Male weiter, um auch wirklich sicher zu sein, dass alles frei ist.
8. Schließen Sie das Seeventil.

Dann können Sie das Sieb einsetzen und den Wasserfilter schließen, wobei immer sorgsam auf die Dichtung geachtet werden muss. Starten Sie den Motor, und geben Sie etwas Gas, damit das Kühlwasser wieder gut fließt.

WECHSELN DES KEILRIEMENS

Lösen Sie den oberen und unteren Bolzen. Drücken Sie die Lichtmaschine in diesem Fall nach links, um den alten Keilriemen zu entspannen und abzunehmen. Setzen Sie den neuen Keilriemen ein, und drücken Sie die Lichtmaschine nach rechts, um den Keilriemen zu spannen. Er darf insgesamt höchstens 1 cm Spiel haben. Schrauben Sie die beiden Bolzen fest.

▲ *Luftpumpenschlauch in der Einlassöffnung des Wasserfilters.*

◆ Keilriemen gerissen

… oder so lose, dass die Wasserpumpe nicht angetrieben wird? Ein gerissener Keilriemen ist kaum zu übersehen.

Was ist zu tun?

Überprüfen Sie als Erstes, warum der Keilriemen gerissen sein könnte.

- Sind die Laufräder fest?
- Sind die Laufräder lose aufgrund eines Lagerschadens?
- Fluchten die Laufräder nicht richtig?
- Sind Schrauben oder Muttern an den Befestigungen der Laufräder lose?

Ist die Antwort nein, ist der Keilriemen vermutlich aufgrund von Verschleiß gerissen und kann durch einen neuen ersetzt werden. Im Betriebshandbuch des Motors findet sich eine genaue Anleitung, wie der Keilriemen gewechselt und wie die korrekte Spannung eingestellt wird.

Spannen Sie den Keilriemen keinesfalls zu stark, um Schäden an den Lagern der Laufräder zu vermeiden.

Zur einfachen Kontrolle der Spannung drückt man mittig zwischen zwei Laufrädern gegen den Keilriemen. Er darf sich nicht mehr als 0,5 cm eindrücken lassen. Eine weitere Methode zur Prüfung der korrekten Spannung ist, am Ventilator der Lichtmaschine zu drehen. Bewegt sich der Keilriemen mit dem Laufrad, ist die Spannung in Ordnung. Rutscht der Keilriemen jedoch durch, muss die Spannung erhöht werden.

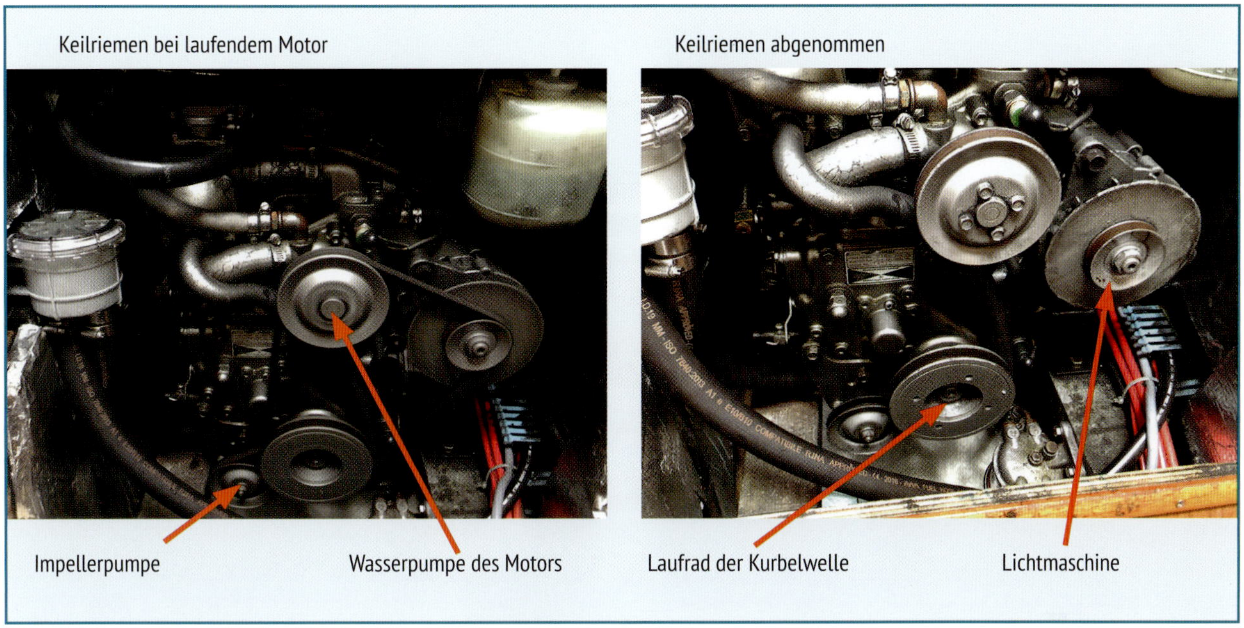

▲ *Keilriemen und Laufräder.*

▲ *Drehen Sie die Lichtmaschine bei stehendem Motor am Ventilatorrad. Rutscht dabei der Keilriemen durch, muss er nachgespannt werden.*

◆ Impeller beschädigt

In diesem Fall muss die Impellerpumpe geöffnet und der Impeller inspiziert werden.

Was ist zu tun?

1. Vergewissern Sie sich, dass das Kühlwasser-Seeventil geschlossen ist.
2. Schrauben Sie die Abdeckplatte der Impellerpumpe ab.
3. In seltenen Fällen muss eine Arretierung am Impeller gelöst werden.
4. Nehmen Sie die Dichtung der Abdeckplatte ab.
5. Ziehen Sie den Impeller mit einem Abzieher oder einer Zange heraus.
6. Reinigen Sie die Dichtflächen an der Abdeckplatte und am Pumpengehäuse von Rückständen.
   Tipp: Ein kleiner Schaber, WD-40 und ein grünes Scheuerflies sind gut geeignet. Achten Sie darauf, die Dichtflächen nicht zu zerkratzen!
7. Bestreichen Sie den neuen Impeller mit etwas Vaseline oder Spülmittel, und setzen Sie ihn ein. So ist er beim ersten Start des Motors bereits geschmiert.
   Tipp: Machen Sie ein Foto des alten Impellers, bevor Sie ihn herausnehmen, um die Impellerschaufeln beim Einsetzen des neuen Impellers gleich in die richtige Laufrichtung zu biegen.
8. Legen Sie eine neue Dichtung, bestrichen mit etwas Maschinenfett, auf das Pumpengehäuse. Durch das Fett wird sie gleichzeitig in Position gehalten.
9. Schrauben Sie die Abdeckplatte wieder auf.
10. Öffnen Sie das Seeventil, bevor Sie den Motor starten.
11. Am wichtigsten ist aber, zu überprüfen, ob Kühlwasser am Auspuff herauskommt. So erkennen Sie, dass die Impellerpumpe funktioniert. Falls Sie den neuen Impeller mit Spülmittel eingesetzt haben, steigen ein paar Seifenblasen am Auspuff auf.

▲ *Impeller mit der Zange herausziehen.* ▼ *Dichtflächen reinigen.*

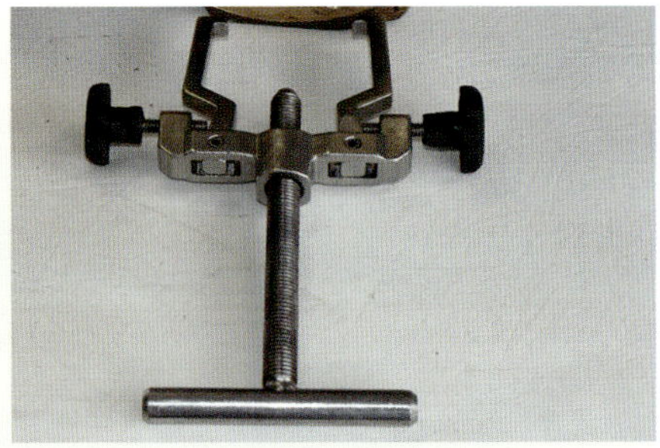

▲ *Manchmal benötigt man einen Impeller-Abzieher wie diesen, …*

▼ *… besonders bei großen Impellern.*

Scannen Sie diesen QR-Code, um ein Video über das Wechseln eines Impellers zu sehen.

▲ *Abdeckplatten mit Rändelschrauben sind als Zubehör erhältlich (hier: Speedseal) und lassen sich schneller ab- und anschrauben (Foto: Sea Start).*

▲ *Kühlwasser tritt am Auspuff einer Segelyacht mit einem Innenbord-Dieselmotor aus.*

▲ *Diese Impeller müssen ausgetauscht werden.*

▲ *So sollte ein Impeller aussehen.*

Abgebrochene Impellerschaufeln sind unter Umständen im Kühlwassersystem weitergespült worden. Wurde der Impeller jedoch aufgrund fehlenden Kühlwassers beschädigt, können die Bruchstücke durch die Schwerkraft nach unten in die Zuleitung gefallen sein. Diese sollte man zu finden versuchen.

Sind die Impellerpumpe, der Wasserfilter und die dazugehörigen Schläuche unter der Wasserlinie, nehmen Sie die Zuleitung zur Impellerpumpe ab, und halten Sie einen Eimer parat, um austretendes Wasser aufzufangen. Öffnen Sie dann das Seeventil, sodass etwaige Bruchstücke des Impellers in den Eimer ausgespült werden.

Befindet sich der Wasserfilter jedoch über der Wasserlinie, schrauben Sie ihn bei geschlossenem Seeventil auf, und nehmen Sie die Zuleitung an der Impellerpumpe ab. Füllen Sie dann Wasser in den geöffneten Wasserfilter, um die Bruchstücke aus dem Schlauch zu spülen.

Falls keine abgebrochenen Stücke des Impellers in der Zuleitung zur Pumpe waren, schließen Sie das Seeventil, und schließen Sie die Zuleitung wieder an der Pumpe an. Nehmen Sie jetzt den Schlauch zwischen Impellerpumpe und Wärmetauscher an beiden Enden ab, und spülen Sie ihn durch. Wird hier auch nichts gefunden, sind die Bruchstücke wahrscheinlich im Wärmetauscher. Versuchen Sie, mit einer Taschenlampe in den Wärmetauscher zu leuchten und gegebenenfalls mit einem kleinen Haken die Bruchstücke herauszuziehen. Sollte das nicht gelingen, muss der Wärmetauscher geöffnet werden. Das ist der Moment, an dem man wahrscheinlich einen Mechaniker zur Hilfe holen wird.

In neun von zehn Fällen liegt es am Seeventil oder am Wasserfilter, wenn der Motor überhitzt. Zwei lohnende Ausrüstungsgegenstände sind ein Infrarotthermometer, besonders, um bei Doppelmotoranlagen festzustellen, ob

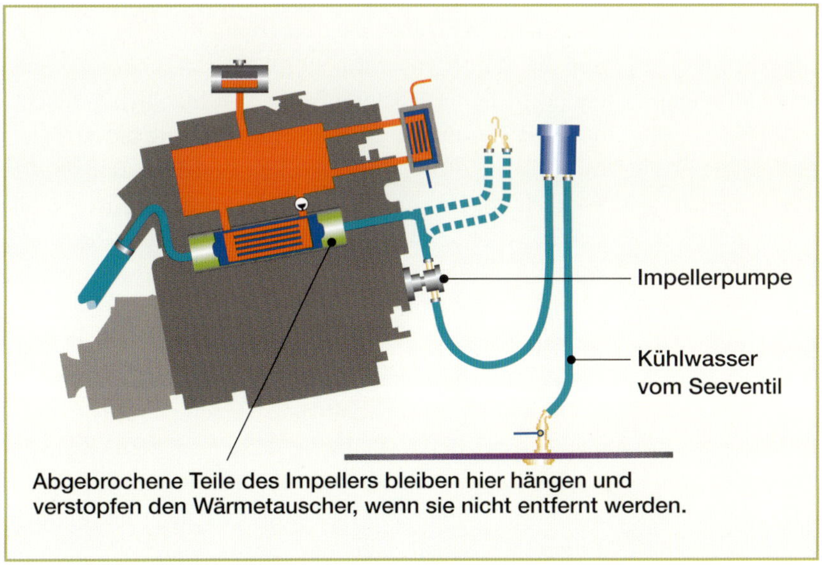

Abgebrochene Teile des Impellers bleiben hier hängen und verstopfen den Wärmetauscher, wenn sie nicht entfernt werden.

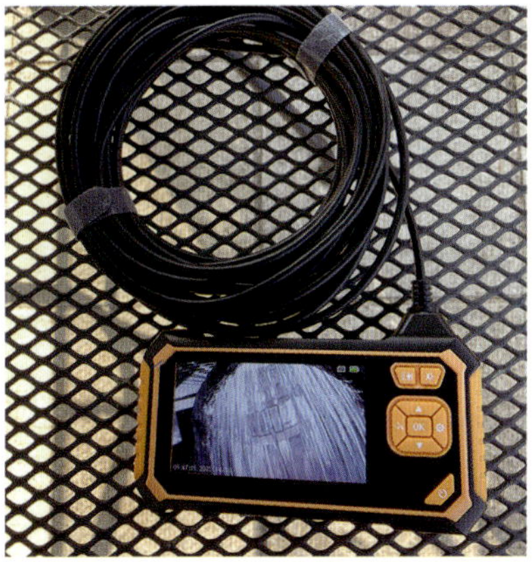

▲ *Ein Endoskop ist nützlich, um Schläuche und Rohre zu überprüfen. Es ist in der Regel mit mehreren Werkzeugen zum Entfernen von Fremdkörpern ausgestattet.*

WÄRMETAUSCHER

Auf einer Segelyacht hat der Motor meist nur einen Wärmetauscher für die Zweikreiskühlung. Größere Bootsmotoren können aber weitere Wärmetauscher für das Motoröl, das Getriebeöl, das Hydrauliköl und für die Ladeluft des Turboladers haben. Die Ladeluft wird durch die Verdichtung heiß und muss gekühlt werden. Es gibt sogar Wärmetauscher für den Kraftstoff, denn bei sehr leistungsstarken Motoren darf auch der Kraftstoff nicht zu heiß sein.

FUNKTIONIERT DER WÄRMETAUSCHER ORDNUNGSGEMÄSS?

Messen Sie die Temperatur des zu kühlenden Mediums am Einlass und Auslass des Wärmetauschers. Es sollte ein merklicher Temperaturunterschied erkennbar sein. Bei einer Wasser- oder Getriebeölkühlung sollte er bei ungefähr 6 °C liegen, bei einer Motorölkühlung ist mit einer Temperaturdifferenz von 6–12 °C zu rechnen. Sollte die Messung geringer ausfallen, ist der Wärmetauscher oder das Rohrbündel im Inneren verstopft.

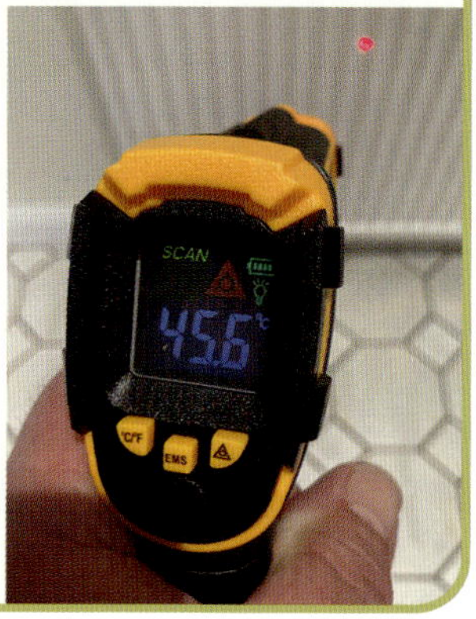

Ein Infrarotthermometer mit Laserpointer zeigt 45,6 °C für den Heizkörper an.

ein Motor heißer als der andere ist, und ein Endoskop, mit dem man in Schläuche, Wärmetauscher und dergleichen blicken und lose Teile entfernen kann. Dazu sind Endoskope mit einem Licht, einem Greifer und einem Magneten ausgestattet.

Defekter Thermostat bei Ein- und Zweikreiskühlung

Bei beiden Kühlsystemen dient der Thermostat dazu, das Kühlwasser bis zum Erreichen der korrekten Betriebstemperatur am Motor einzuschließen und dann den Kühlwasserfluss so zu regulieren, dass die Motortemperatur konstant bleibt. Ein Thermostat ist im Prinzip ein Ventil, das öffnet und schließt. Er ist wartungsfrei, kann aber bei einer Einkreiskühlung durch Korrosion in Mitleidenschaft gezogen werden. Bei einer Zweikreiskühlung ist im geschlossenen Kreislauf meist ein Frostschutzmittel beigemengt, das zugleich auch Korrosion verhindert.

Bei einem defekten Thermostat fließt kein Kühlwasser, sodass der Motor immer heißer wird, bis man merkt, dass die Temperaturanzeige viel zu hoch ist oder der Temperaturalarm ertönt und man den Motor stoppt. Andernfalls würde der Motor bis zu einem kapitalen Motorschaden überhitzen.

In seltenen Fällen steht ein defekter Thermostat in geöffneter Stellung. Das kann am ehesten bei einer Einkreiskühlung durch Korrosion passieren. Dann wird der Motor zwar gekühlt, aber die Motortemperatur schwankt erheblich. Erhöht man die Motordrehzahl, wird vermehrt kaltes Wasser zugeführt, das auf einen heißen Motor trifft. Die zu große Temperaturdifferenz kann dem Motor schaden. Beim Vermindern der Motordrehzahl wird entsprechend weniger Wasser durch die Kühlung gepumpt, und die Motortemperatur steigt. Sie steigt aber nie über die normale Betriebstemperatur. Hat man den Verdacht, dass der Thermostat in geöffneter Stellung blockiert ist, kann man die Drehzahl verringern und die Temperatur beobachten. Die Aufgabe der Motorkühlung ist es, die sich bewegenden Metallteile im Inneren des Motors auf konstanter Temperatur zu halten, damit sie sich gleichmäßig und innerhalb der vorgesehenen Toleranzen ausdehnen. Bei zu starker Ausdehnung kann sich der Motor festfressen, bei zu geringer ist der Verschleiß erhöht.

Deshalb ist die konstante Betriebstemperatur so wichtig. Bei einer Einkreiskühlung sollte der Thermostat wegen der Gefahr der Korrosion alle drei Jahre ausgetauscht werden, bei einer Zweikreiskühlung hält er gewöhnlich die gesamte Lebensdauer des Motors.

WARUM DIE MOTORTEMPERATUR SO WICHTIG IST

Verbrennungsmotoren haben eine optimale Betriebstemperatur. Abweichungen nach oben oder unten erhöhen den Verschleiß des Motors. Deshalb sollte die Zeit, die ein Motor bis zum Erreichen der optimalen Betriebstemperatur benötigt, so kurz wie möglich sein, denn beim Warmlaufen ist der Verschleiß besonders hoch.

Kuppeln Sie nach dem Anlassen eines kalten Motors bereits am Liegeplatz den Propeller ein, und erhöhen Sie die Drehzahl auf 1.000 bis 2.000 Umdrehungen. Unter leichter Last wird der Motor am schnellsten warm und wird umso länger halten. Wenn der Propeller eingekuppelt und der Motor unter leichter Last ist, wird mehr Kraftstoff verbrannt, wodurch auch mehr Wärme entsteht, was wiederum den Motor schneller auf Temperatur bringt. Im Leerlauf würde der Motor dagegen nur sehr langsam warm werden und nach 30 Minuten noch nicht auf optimaler Temperatur sein. Ein Dieselmotor muss unter Last sein, um schnell warm zu werden. Starten Sie den Motor, und legen Sie nach einer Minute den Gang ein, sobald er gleichmäßig rund läuft. So erreicht er nach ungefähr 15 Minuten seine Betriebstemperatur.

Kühlsystem bei Außenbordmotoren

Kleinere Außenbordmotoren haben oft eine Einkreiskühlung. Um an den Impeller zu gelangen, muss das Getriebe abgenommen werden. Als ambitionierter Hobbyschrauber kann man das selbst machen, wird jedoch die Anleitung aus dem Betriebshandbuch oder besser noch die Hilfe eines erfahrenen Mechanikers benötigen, damit man nichts beschädigt.

Auspuffanlagen

Die Auspuffanlage kann über 500 °C heiß werden, doch die Gummischläuche werden ab 120 °C weich und können bei höherer Temperatur sogar schmelzen. Deshalb muss die Auspuffanlage gekühlt werden, was durch das eingeleitete Kühlwasser geschieht, das zusammen mit den Abgasen am Auspuff austritt. Zur Auspuffanlage können noch Schalldämpfer und Wassersammler gehören, die häufig aus Kunststoff bestehen und bei ausbleibendem Kühlwasser schnell Schaden nehmen.

▲ *Gummischlauch und Kunststoff-Wassersammler.*

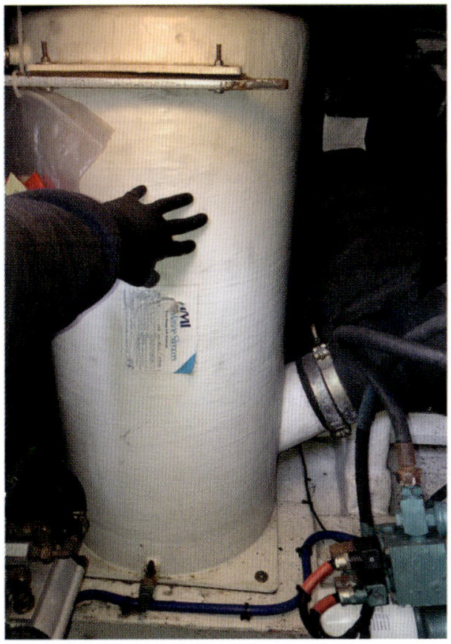

▲ *Großer Wassersammler aus GFK.*

TIPP: AUSPUFFSYSTEM PRÜFEN

Wenn der Motor heiß wurde, weil kein Kühlwasser aus dem Auspuff kam, sollte das Auspuffsystem überprüft werden. Besonders kritisch ist der Gummischlauch direkt am Motor, wo es am heißesten wird. Achten Sie auf undichte Stellen, sobald das Problem mit dem Kühlwasser behoben ist. Durch die übermäßige Hitze könnten besonders die Schlauchanschlüsse der Auspuffanlage am Motor sowie am Wassersammler undicht geworden sein.

TIPP: AUSSENBORDER-KONTROLLSTRAHL

Viele Außenbordmotoren haben einen kleinen Wasserstrahl zur Sichtkontrolle, ob das Kühlwasser ordnungsgemäß durch den Motor gepumpt wird. Die Öffnung dieses kleinen Kontrollstrahls kann leicht verstopfen, was den Eindruck erweckt, der Motor würde nicht gekühlt werden, obwohl die Kühlung funktioniert. Um die Verstopfung zu lösen, kann man mit einer aufgebogenen Büroklammer in die Öffnung stechen. Kommt dann immer noch kein Wasser heraus, sollten die Kühlwassereinlässe beiderseits hinter dem Propeller und unter der Antiventilationsplatte überprüft werden. Tritt dann immer noch kein Kontrollstrahl aus, könnte ein größeres Problem vorliegen, und man sollte sich gegebenenfalls abschleppen lassen. Als Nächstes wäre der Impeller zu überprüfen, aber dazu muss, wie zuvor bereits erwähnt, das Getriebe abgenommen werden. Der längere Betrieb des Motors ohne Kühlung kann zu schweren Schäden führen.

Kontrollstrahl eines Außenbordmotors.

Jonathan berichtet

Was heiß gelaufene Motoren betrifft, so kann man nur staunen, was alles passieren kann, wenn man bei den ersten Anzeichen nicht gleich die richtigen Schritte unternimmt.

Ich wurde zu einer Segelyacht gerufen, deren Motor wegen Überhitzung ausgefallen war. Als ich längsseits kam, rief der Skipper: »Können Sie einen Schaden am Rumpf sehen?« Eine seltsame Frage, dachte ich, aber da war tatsächlich eine eingedrückte Stelle mittschiffs bei dieser nur wenige Jahre alten 45-Fuß-Yacht. »Warum fragen Sie?«, erwiderte ich, doch der Skipper sagte nur: »Kommen Sie an Bord, dann erkläre ich es Ihnen«.

Das Boot war zu diesem Zeitpunkt auf Drift, weshalb wir als Erstes den Anker ausbrachten. Unter Deck sah ich, dass die Arbeitsplatte der L-förmigen Galley mittig durchgebrochen war und die Schapps lose von der Bordwand hingen. »Wie haben Sie denn das hinbekommen?«, fragte ich ungläubig. »Weil wir die Segel nicht hochbekamen«, lautete die kleinmütige Antwort, und der Skipper erklärte, dass man unter Maschine fuhr, als der Motoralarm ertönte. Es waren vier Personen an Bord und eine nach der anderen ging nun unter Deck, um nach dem Motor zu sehen, bis alle unter Deck waren. Fünf Minuten später bekam die Yacht eine ordentliche Breitseite ab, als sie gegen eine große Fahrwassertonne krachte. »Warum war denn niemand an Deck als Ausguck?«, fragte ich, doch wie sich herausstellte, fühlte sich einer nach dem anderen berufen, unter Deck zu gehen, um den Motor zu reparieren. Im Nachhinein war ihnen sicherlich klar, dass das keine gute Idee war, besonders, da das Boot schnell abtrieb.

Also gut, jetzt mussten wir den überhitzen Motor in Ordnung bringen. Ich vermutete einen verstopften Wasserfilter – das ist immer das Erste, wonach man schaut. Ich nahm den Deckel ab, doch das Sieb war sauber. Allerdings fehlte die schwarze Gummidichtung für den Deckel.

Ich sah sie unten in der Bilge liegen. Ich fragte den Charterskipper, was er nach Übernahme des Bootes getan hätte, und er erzählte, er hätte einige Motorchecks durchgeführt, genau so wie er es in einem Kurs gelernt habe. Dabei hatte er den Deckel des Wasserfilters kurz abgeschraubt, wobei die Dichtung unbemerkt in die Bilge gefallen war. Ohne Dichtung saugte die Impellerpumpe am Filter Luft anstelle von Wasser an. »Haben Sie denn nicht geprüft, ob Wasser am Auspuff herauskommt, nachdem Sie den Motor gestartet hatten?« Nach Arbeiten am Kühlsystem und nach jedem Motorstart ist der erste Blick immer zum Auspuff, um festzustellen, ob Kühlwasser herauskommt. Ein Motor ohne Kühlung läuft nicht sofort heiß. Erst dauert es ungefähr 10 bis 15 Minuten, bis ein Motor unter leichter Last überhaupt auf Betriebstemperatur kommt und dann dauert es nochmals 5 bis 10 Minuten, bis er zu heiß wird. Dann erst ertönt der Alarm am Steuerstand, und das war das erste Zeichen, das der Skipper bemerkt hatte. Bis dahin war die Yacht bereits 20 Minuten unter Maschine unterwegs gewesen. In dieser Zeit kamen nur die heißen Abgase aus der Auspuffanlage, weshalb es diese als Nächstes zu untersuchen galt. Kaum verwunderlich: Sowohl der Gummischlauch als auch der Wassersammler aus Kunststoff waren geschmolzen. Eine Überprüfung des Impellers ergab, dass auch dieser völlig zerstört war. Alle Schaufeln waren abgebrochen. Wenn der Impeller trockenläuft, wird die Impellerpumpe extrem heiß. In diesem Fall war der Aufkleber an der Pumpe völlig versengt. Ohne Ersatzteile für die Auspuffanlage ergab es wenig Sinn, einen neuen Impeller einzusetzen, und es blieb nur, die Yacht zurückzuschleppen.

Es stellte sich heraus, dass der Skipper vor vier Jahren einen Kurs belegt hatte, der es ihm erlaubte, die Yacht zu chartern. Noch während ich die Yacht zurückschleppte, fragte mich der Skipper, ob ich ihm nach erfolgter Reparatur einmal zeigen könnte, wie man die Segel setzt. »Ich denke, das machen wir nicht«, erwiderte ich, »ich werde der Charterfirma vielmehr empfehlen, Ihnen das Boot nicht mehr zu überlassen, denn Sie kennen weder die einfachsten Schritte bei der Bedienung des Motors noch wissen Sie irgendetwas vom Segeln.«

Der entstandene Schaden, weil die heruntergefallene Dichtung und das ausbleibende Kühlwasser am Auspuff nicht bemerkt wurden, war erheblich: Schläuche, Impeller und die Auspuffanlage mussten erneuert werden, gar nicht zu reden von dem strukturellen Schaden am Rumpf und der geborstenen Galley. Die Yacht musste aus dem Wasser gekrant werden, und ein Gutachter musste den Rumpf untersuchen.

Die Lehre aus der Geschichte: Machen Sie sich mit den regulären Überprüfungen des Motors vertraut. Und vernachlässigen Sie niemals die Pflicht, gehörig Ausguck zu halten! In Artikel 5 der Kollisionsverhütungsregeln heißt es:

»Jedes Fahrzeug muss jederzeit durch Sehen und Hören sowie durch jedes andere verfügbare Mittel, das den gegebenen Umständen und Bedingungen entspricht, gehörigen Ausguck halten, der einen vollständigen Überblick über die Lage und die Möglichkeit der Gefahr eines Zusammenstoßes gibt.«

▲ *Ein Ramming mit einem Seezeichen wie diesem kann zu erheblichen Schäden am Boot führen.*

6 Die Luftzufuhr

Warum ist die Luftzufuhr für einen Motor so wichtig? Weil der Kraftstoff zur Verbrennung Sauerstoff benötigt, und den bekommt er nur über die Luft!

Wie funktioniert die Luftzufuhr?

Beim Ansaughub eines Viertaktmotors wird Luft über einen Luftfilter in die Ansaugbrücke und weiter durch das Einlassventil in den Zylinder gesaugt.

Müssen Luftfilter regelmäßig gewechselt werden?

Das hängt vom Motor ab. Zumindest muss man sie regelmäßig überprüfen. Bei den meisten Luftfiltern wird ein Papierelement gewechselt. Ältere und kleine Dieselmotoren haben unter Umständen gar keinen Luftfilter. Manche Luftfilter bestehen lediglich aus einem feinen Metallgitter, das nur gröbere Partikel abhalten kann, andere bestehen aus Schaumstoff. Bootsmotoren sind im Gegensatz zu Automotoren kaum Staub ausgesetzt.

▲ *Luftfilter aus einem Drahtgitter.*

Der Weg der Luft bis in den Zylinder

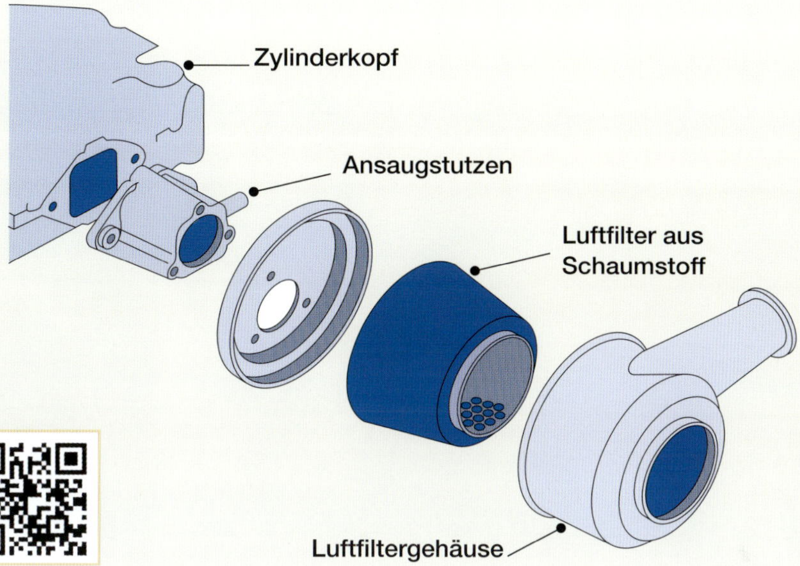

Scannen Sie diesen QR-Code, um ein Video über das Wechseln eines Luftfilters zu sehen.

Luftzufuhr und Luftfilter

▲ *Dieselmotor mit Luftfilter aus Schaumstoff.*

Kurbelgehäuseentlüftung bei Benzinmotoren

▲ *Benzinmotor mit 4,3 Liter Hubraum von Mercury.*

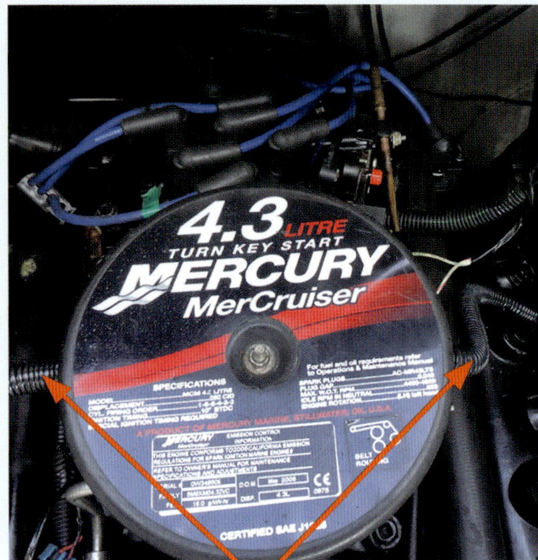

Über die Entlüftungsschläuche gelangt heißer Ölnebel vom Kurbelgehäuse in den Luftfilter (geschlossene Kurbelgehäuseentlüftung).

Volvo Penta TAMD 122 mit offener Kurbelgehäuseentlüftung

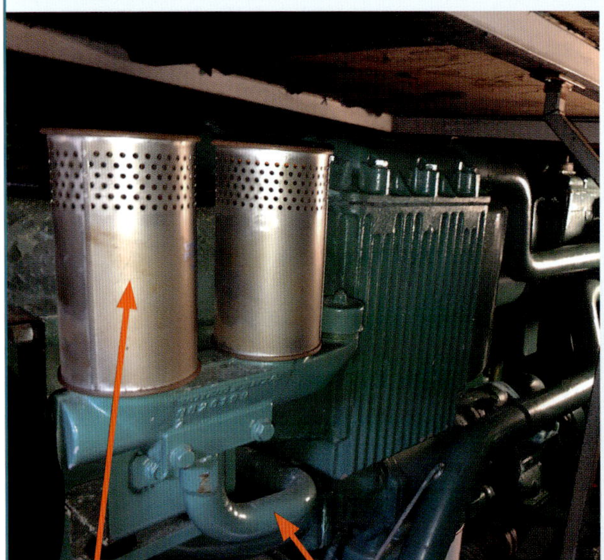

Ölnebelabscheider

Ölleitung zur Ölwanne

Luftfilter

Vom Ölnebelabscheider wird Öl aus dem Ölnebel der Kurbelgehäuseentlüftung abgesondert und in den Motor zurückgeführt. Die übrigen Dämpfe treten ins Freie aus, werden aber zum großen Teil über den Luftfilter wieder angesaugt (offene Kurbelgehäuseentlüftung).

WIE VIEL LUFT BENÖTIGT EIN MOTOR?

Ein Motor benötigt eine Menge Luft. Grob vereinfacht kann man vom Hubraum ausgehen, wobei ein 2-Liter-Saugmotor bei 2.000 Umdrehungen 2.000 Liter Luft in der Minute ansaugt, denn als Viertaktmotor saugt er nur bei jeder zweiten Umdrehung der Kurbelwelle Luft an. Das macht 120 Kubikmeter Luft in der Stunde, also ein Volumen von zehn mal vier mal drei Metern – so groß wie ein kleiner Bungalow.

Und das ist der Verbrauch pro Stunde bei nur 2.000 Umdrehungen. Man stelle sich vor, wie viel Luft dann ein 4-Liter-Turbomotor bei 4.000 Umdrehungen verbrauchen muss. Es könnte viermal so viel sein, also das Volumen eines Einfamilienhauses. Und diese ganze Luft muss in den Motorraum, der gerade mal so groß wie ein Puppenhaus ist!

WAS BEDEUTET DIE SCHWARZE RAUCHWOLKE AUS DEM AUSPUFF BEIM ANLASSEN DES MOTORS?

Sie zeigt an, dass die Zylinder noch kalt sind und der Kraftstoff unvollständig verbrennt. Sobald die Zylinder nach den ersten Umdrehungen des Motors warm werden, nimmt der schwarze Rauch ab und verschwindet schließlich.

Bei kaltem Wetter braucht der Motor etwas länger, um warm zu werden, weshalb beim Anlassen auch mehr schwarzer Rauch als bei warmem Wetter am Auspuff austritt. Sollte die schwarze Rauchwolke jedoch früher nicht zu beobachten gewesen sein oder sollte sie mit der Zeit immer stärker auftreten, kann dies folgende Gründe haben:

- Die Kaltstartvorrichtung ist defekt. Dieselmotoren haben Glühkerzen, um den Brennraum vorzuwärmen. Bei Benzinmotoren kann der automatische Choke defekt sein.
- Die Kompression im Zylinder eines Dieselmotors ist aufgrund verschlissener Kolbenringe oder undichter Ventile zu gering für eine ausreichende Erwärmung der Luft. Auch bei einem Benzinmotor kann es durch verminderte Kompression zur unvollständigen Verbrennung des Kraftstoffs kommen. Auf jeden Fall ist etwas nicht in Ordnung, und eine Kompressionsmessung ist angebracht. Bei älteren Motoren mit vielen Betriebsstunden ist mit verminderter Kompression zu rechnen.
- Zu viel Kraftstoff gelangt in den Zylinder. Das kann an einer defekten Einspritzdüse liegen, die den Kraftstoff nicht richtig zerstäubt oder zwischen den Verdichtungshüben Kraftstoff in den Zylinder gelangen lässt.

Typische Ursachen bei fehlerhafter Luftzufuhr

◆ Undichter Auspuff

Der Grund für einen verstopften Luftfilter ist häufig ein undichter Auspuff. Der Motor saugt Auspuffgase an, die schmutzig sind und den Luftfilter verstopfen.

◆ Probleme bei der Motorentlüftung

Zunächst: Was ist die Motorentlüftung?

Im Motor befindet sich Luft, sowohl im Kurbelgehäuse, mit der Kurbelwelle über der Ölwanne, als auch an der Oberseite des Motors, wo sich die Ventile auf und ab bewegen. Diese Luft beinhaltet Feuchtigkeit, die bei Erwärmung verdunsten und zu einem Überdruck im Motor führen würde. Die Feuchtigkeit könnte sich auch mit dem Motoröl zu einer weißlichen Emulsion verbinden, die man typischerweise beim Öffnen des Öldeckels feststellen kann. Damit Luft und Feuchtigkeit entweichen können, befindet sich ein Entlüftungsschlauch an der Oberseite des Motors, der in die Kurbelgehäuseentlüftung mündet. Beim Service des Motors wird diese Entlüftung ebenfalls überprüft. Über die Kurbelgehäuseentlüftung wird die Feuchtigkeit in den Luftfilter und von dort zusammen mit der angesaugten Luft in den Motor geleitet, während Öltröpfchen zurück in die Ölwanne fließen können. Diese geschlossene Kurbelgehäuseentlüftung verhindert, dass Ölnebel im Motorraum verdunstet und einen schmierigen Ölfilm sowie einen unangenehmen Ölgeruch hinterlässt.

Ältere Motoren haben häufig nur einen Schlauch von der Oberseite zum Luftfilter, sodass Öl aus dem Ölnebel nicht zurückfließen kann. Dadurch setzt sich der Luftfilter schneller zu und sollte bei älteren Motoren häufiger überprüft werden.

◆ Nicht genug Luft im Motorraum

Meist ist es sehr eng im Motorraum, und das Luftvolumen ist zu gering, um den Motor zu versorgen. Deshalb sind häufig Gebläse oder Lufteinlässe installiert, um dem Motor mehr Luft zuzuführen und die Luft im Motorraum umzuwälzen. Auf Segelyachten ist der Motorraum meist besonders klein.

Gebläse sind oft nötig, da die anderen Lufteinlässe erst mit ausreichend hoher Fahrtgeschwindigkeit genügend Luft in den Motorraum leiten können.

Die meisten Motorboote haben Gebläse, die folgenden Zweck erfüllen:

1. Den Motor mit ausreichend Luft versorgen.
2. Möglicherweise explosionsfähiges Benzin-Luft-Gemisch aus dem Motorraum abzuführen, bevor der Motor gestartet wird.
3. Den Motorraum mit sauerstoffreicher Frischluft zu füllen, bevor der Motor gestartet wird. Das ist besonders beim Kaltstart von Benzinmotoren wichtig.

◆ Was passiert, wenn der Motor nicht genügend Luft bekommt?

Zu wenig Luft bedeutet zu wenig Sauerstoff für eine optimale Verbrennung. Das Ergebnis ist schwarzer Rauch aus dem Auspuff eines Dieselmotors sowie Rußpartikel auf der Wasseroberfläche. Bei zu wenig Sauerstoff hat der Motor weniger Leistung und erreicht eine geringere Maximaldrehzahl. Gibt man weniger Gas, erreicht der Motor einen Punkt, an dem er nicht mehr raucht. So erkennt man, bis zu welcher Drehzahl die Luftzufuhr ausreichend ist.

Versucht man die Drehzahl über diesen Punkt hinaus zu erhöhen, bekommt der Motor nicht

genügend Luft und kommt nur schwer auf Touren, wobei sich viel schwarzer Rauch und Ruß im Auspufftrakt bilden. Das kann dem Motor sogar dauerhaft schaden, zumindest aber seine Leistung beeinträchtigen.

Luft ist genauso wichtig wie Kraftstoff!

Kommt schwarzer Rauch aus dem Auspuff, sollten Sie den Luftfilter überprüfen, ob er sich zugesetzt hat und gewechselt werden muss. Vergewissern Sie sich auch, dass vorhandene Gebläse im Motorraum einwandfrei funktionieren. Für schwarzen Qualm kann es viele Gründe geben, siehe dazu auch: *Die Farbe der Abgase und ihre Bedeutung* in Kapitel 12 *Was tun bei einer Motorpanne?*.

Jonathan berichtet

Einmal wurde ich zu einer 30-Fuß-Regattayacht gerufen. Der Skipper hatte die Yacht gechartert. Sie hatte einen kleinen Motor mit vielleicht 20 PS. Bei Segelbooten hat man oft den Eindruck, dass an den Motor als Letztes gedacht wurde. Früher sprach man von Segelbooten mit Hilfsantrieb. Der Motor sollte das Boot nur in den Hafen und auch daraus bringen.

Gerufen wurde ich, weil der Motor auf der gecharterten Regattayacht auf dem Weg den Fluss hinunter ausgefallen war und das Boot jetzt am Schwimmsteg des Hafenmeisters lag. Dort traf ich auf den Skipper. Der Motor sprang problemlos an, und ich inspizierte den Motorraum. Ich konnte kein Problem entdecken und nahm die Seitenwände des Motorraums ab. Alles schien tadellos, der Motor lief absolut gleichmäßig. Ich bemerkte jedoch, wie eng der Motor eingebaut war. Rundherum war der Motor eingeschlossen, an der Vorderseite des Niedergangs, seitlich der abnehmbaren Wände und hinter dem Motor war auch kaum Platz. Die Innenseite des Motorraums war zudem mit dickem Schallschutz versehen, der bis auf wenige Zentimeter an den Motor heranreichte. Viel Luft blieb da nicht übrig. Von oben führten zwei Luftschächte in den Motorraum, wobei einer ein Gebläse hatte, das nicht funktionierte. Es schien, dass das Kabel an der Rückseite abgebrochen war, doch bei genauerem Hinsehen, kam es mir so vor, als wäre es abgezwickt worden.

Ich rief bei der Charterfirma an, wo man mir sagte, dass der letzte Kunde ein seltsames Geräusch aus dem Motorraum vernommen und, nachdem er das Gebläse als Ruhestörer ausfindig gemacht hatte, einfach das Kabel durchtrennt hätte. Das war noch nicht repariert worden und als der jetzige Kunde den River Hamble mit voller Motordrehzahl hinunterfuhr, hat der Motor über die beiden Lufteinlässe ohne das Gebläse einfach zu wenig Luft bekommen und war ausgegangen.

Da jedoch der Gebläsemotor auch gewechselt werden musste, war es in der Situation das einfachste, eine der Seitenwände offen zu lassen, damit genügend Luft an den Motor gelangen konnte.

So lief der Motor einwandfrei. Das Durchtrennen des Kabels aber hatte dem Motor die nötige Luftzufuhr verwehrt. Man glaubt gar nicht, wie viel Luft ein Motor ansaugen muss, um den Kraftstoff zu verbrennen. Siehe dazu auch: *Wie viel Luft benötigt ein Motor?* auf Seite 77.

7 Die Motorschmierung

Warum die Motorschmierung wichtig ist

Zwischen den sich bewegenden Metallteilen des Motors muss sich ein Schmierfilm aus Motoröl befinden. Die Hauptlager der Kurbelwelle bestehen üblicherweise aus flachen Gleitlagerschalen, in die die Ölpumpe das Motoröl aus der Ölwanne unter hohen Druck pumpt, sodass kein direkter Kontakt mehr zwischen Kurbelwelle und Hauptlager besteht, sobald der Motor läuft. Die Kurbelwelle ist meist hohl gebohrt, um Öl auch an die Wellenzapfen und Pleuellager zu leiten. So dreht sich die Kurbelwelle praktisch in einem hydrostatischen Schmierfilm. Das ist nötig, um Verschleiß, Reibungshitze und Geräuschemission zu reduzieren.

Das Öl tritt seitlich an den Lagerschalen aus, fließt zurück in die Ölwanne, von wo es über den Ölfilter gereinigt und wieder in den Kreislauf gepumpt wird. Jeglicher Abrieb durch Verschleiß und andere Partikel werden durch das Motoröl abtransportiert und bleiben im Ölfilter hängen.

Das Motoröl gelangt auch unter Druck an die Lager der Nockenwelle, sowie, falls vorhanden, an die Nockenstößel und durch die hohlen Stoßstangen in den Zylinderkopf zu den Kipphebeln und Ventilfedern.

Das Motoröl wird auch von unten an die Zylinder gesprüht, wo sich die Kolben auf und ab bewe-

Die Motorschmierung

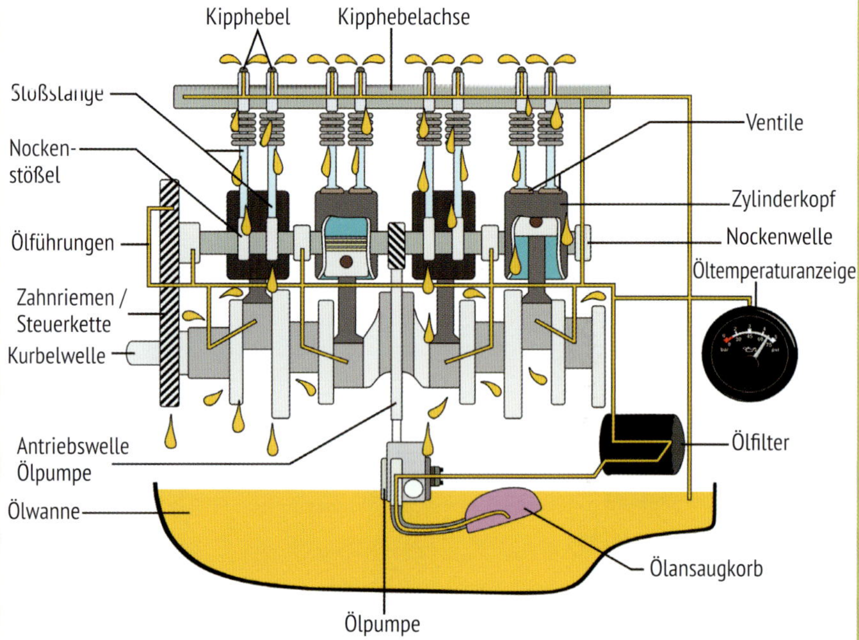

Die Ölpumpe saugt das Motoröl aus der Ölwanne und über den Ölfilter an und pumpt es unter hohen Druck an die bewegten Teile des Motors.

Stirnradgetriebe einer Nockenwelle. Die Zahnräder werden von der Ölpumpe geschmiert, um Verschleiß zu vermeiden.

gen, um die Kolbenringe und die Laufbuchsen der Zylinder zu schmieren. An der Oberseite der Zylinder werden die Ventilschäfte mit Öl zur Schmierung versorgt. Auch manche Kraftstoffpumpen müssen geschmiert werden. Zwar hat Dieselkraftstoff auch Schmiereigenschaften, die für die Einspritzpumpe ausreichend sind, doch in manchen Fällen ist eine separate Schmierung mit einem speziellen Öl in einem eigenen Vorratsbehälter verbaut, an dem sich der Ölstand überprüfen lässt. Bei einem Stirnradgetriebe für die Nockenwelle müssen die Zahnräder mit Motoröl zur Schmierung versorgt werden.

▲ *Obenliegende Nockenwellen werden meist über eine Steuerkette oder einen Zahnriemen angetrieben.*

Steuerkette und Zahnriemen

Der Antrieb der Nockenwelle kann auch über einen Zahnriemen oder eine Steuerkette erfolgen. Steuerketten müssen mit Öl geschmiert werden, um Verschleiß zu vermeiden. Ein Zahnriemen besteht dagegen aus einem Gummiverbundwerkstoff und bedarf keiner Schmierung, muss aber in den vorgeschriebenen Intervallen von meist fünf Jahren bei älteren Motoren und zehn Jahren bei moderneren Motoren gewechselt werden. Steuerketten befinden sich meist unter einer Abdeckung aus Metall, wohingegen die Abdeckung eines Zahnriemens meist aus Kunststoff besteht.

Getriebeschmierung

Das Getriebe hat eine eigene Schmierung, und auch das Getriebeöl muss regelmäßig überprüft und bei Bedarf nachgefüllt werden.

In den meisten Fällen befindet sich ein Ölmessstab am Getriebe, um den Ölstand zu kontrollieren. Das Getriebeöl wird nicht schwarz wie das Motoröl, weil im Getriebe keine Verbrennung stattfindet. Es sollte so hell wie neues Öl bleiben. Das Getriebe muss meist nur alle zwei Jahre überprüft werden. Der Ölstand sollte aber regelmäßig kontrolliert werden, und ein Ölwechsel sollte idealerweise erfolgen, bevor das Öl durch Abrieb unrein wird.

Bootmotoren haben meist ein Wendegetriebe mit einem Vorwärts- und einem Rückwärtsgang und einer Neutralstellung zwischen den Gängen.

Dabei kann eine Kegelkupplung zum Einsatz kommen, bei der ein Kegelelement axial von der Neutralstellung nach vorn und nach hinten für den Vorwärts- und Rückwärtsgang verschoben werden kann. Das sind sehr einfache Getriebe, die keinen Ölfilter benötigen und bei kleinen Booten meist nur einen Viertelliter Getriebeöl beinhalten.

Bei komplizierteren Getrieben erfolgt die Schaltung hydraulisch. Das unter Druck stehende Hydrauliköl benötigt einen Ölfilter und muss regelmäßig gewechselt werden.

Die Schaltung kann auch elektrisch erfolgen, und auch bei der Kupplung gibt es weitere Ausführungen als die simple Kegelkupplung. Kompliziertere Getriebe benötigen meist höherwertiges Getriebeöl mit einem größeren Temperaturbereich.

Getriebeöle reichen von einfachem Allzwecköl bis hin zu dem meist rot eingefärbten, speziellen Automatikgetriebeöl. Vergewissern Sie sich beim Nachfüllen, das richtige Getriebeöl zu verwenden.

WARUM SIND ÖLWECHSEL SO WICHTIG FÜR MOTOREN UND GETRIEBE?

Mit dem Ölwechsel werden auch Rückstände und Partikel, die sich in der Ölwanne angesammelt haben, entfernt. Mit frischem Öl und einem neuen Ölfilter besteht daher auch kein Risiko mehr, dass Partikel aus der Ölwanne angesaugt werden, die den Filter verstopfen oder Motor und Getriebe schädigen könnten.

Getriebe eines Volvo Penta D2

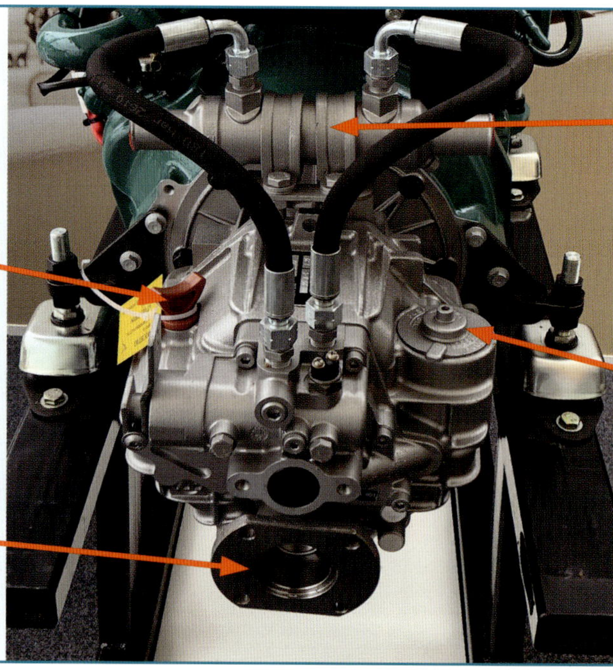

Gut erreichbarer Getriebeölbehälter für den Z-Antrieb eines Benzinmotors von Mercury

▼ *Ölmessstab an einem Z-Antrieb von Volvo Penta, nur erreichbar, wenn das Boot aus dem Wasser ist.*

Aufschrauben des Ölmessstabs

Ölmessstab herausnehmen

maximal zulässiger Ölstand

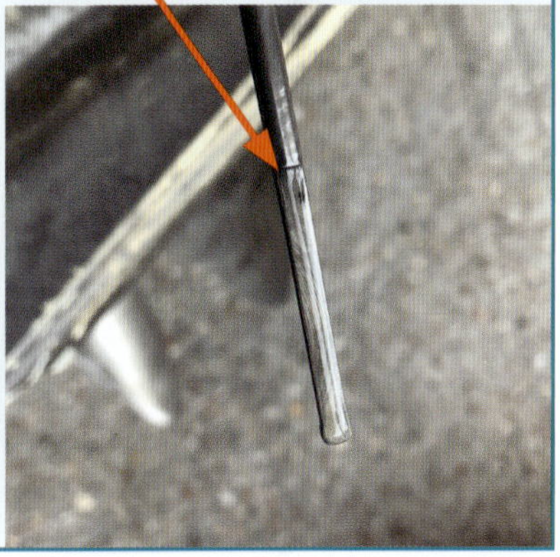

◆ Die Farbe des Getriebeöls

Die Farbe des Getriebeöls kann sich aus unterschiedlichen Gründen verändern, meist aber aufgrund von eingedrungenem Wasser. Manche Getriebe benötigen keine Kühlung, andere sind über einen Wärmetauscher im Inneren seewassergekühlt. Einige Getriebe befinden sich selbst unter Wasser, wie beispielsweise der untere Teil eines Saildrive bei einer Segelyacht.

Auch bei einem Z-Antrieb und bei Außenbordmotoren befinden sich die Getriebe während des Einsatzes größtenteils unter Wasser.

In all diesen Fällen besteht die Gefahr, dass Wasser in das Getriebe eindringt und mit dem Getriebeöl eine Emulsion bildet. Das Getriebeöl an einem Z-Antrieb und auch an einem Saildrive kann meist nur überprüft werden, wenn das Boot aus dem Wasser gehoben wird. Bei manchen Z-Antrieben wie beispielsweise von Mercury und Volvo kann das Getriebeöl auch im Inneren des Bootes an einem kleinen Vorratsbehälter überprüft und nachgefüllt werden.

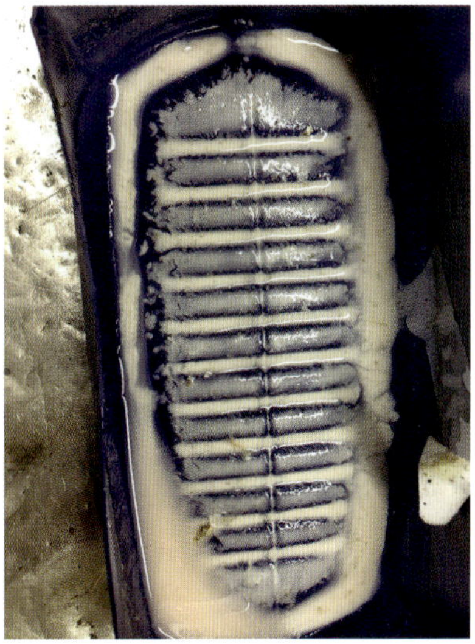

▲ *Emulsion aus Getriebeöl und Wasser.*

Sollten Sie bemerken, dass das Getriebeöl in einem Saildrive oder Z-Antrieb leicht nebelig oder schlierenhaft wirkt, ist das ein Anzeichen für eine undichte Stelle, an der Wasser eindringt. Es ist noch nicht so viel, dass sich eine weißliche, cremige Emulsion bildet, aber das ist nur eine Frage der Zeit, und die undichte Stelle muss repariert und das Öl gewechselt werden. Es kann sich um eine alte Flanschdichtung oder eine Wellendichtung handeln. Das Getriebe besteht aus einzelnen Segmenten, die aneinander geflanscht sind. Wellendichtungen finden sich dagegen an der Propellerwelle und am Schaltgestänge. Diese Dichtungen unterliegen normalen Verschleißerscheinungen, es können sich aber auch Angelschnüre um den Propeller und die Welle eines Saildrive, Außenborders oder Z-Antriebs wickeln und bis in die Dichtung gedrückt werden.

Wo auch immer das Wasser in das Getriebe gelangt – die Stelle muss gefunden und abgedichtet werden. Sollte das Getriebeöl jedoch schwarz verfärbt sein, deutet das auf übermäßigen Verschleiß und Abrieb an Zahnrädern, Lagern oder auf eine durchrutschende Kupplung hin. Achten Sie immer auf Farbe und Qualität des Getriebeöls, denn es liefert erste Anzeichen für mögliche Probleme.

Überprüfen der Motorschmierung

Die Motorschmierung sollte ein Teil der regelmäßigen Überprüfungen am Motor sein. Wenn man nach längerer Zeit an Bord kommt, sollte man:

- Ölstand und Qualität des Motoröls prüfen.
- Ölstand und Qualität des Getriebeöls prüfen – bei Z-Antrieben meist nur möglich, wenn das Boot an Land ist.
- Hydrauliköl für hydraulische Steuerung prüfen, falls vorhanden.
- Hydrauliköl für den Trimm des Z-Antriebs prüfen, falls vorhanden.
- Hydrauliköl für Trimmklappen prüfen, falls vorhanden.
- Hydrauliköl für Kompressor prüfen, falls vorhanden.
- Auf austretendes Öl achten und feststellen, wo es herkommt.
- Führen Sie immer alle benötigten Ölsorten für alle Systeme an Bord in Reserve mit, um nachfüllen zu können.
- Halten Sie den Motorraum und die Bilge sauber, um austretende Flüssigkeiten sofort bemerken zu können.
- Wechseln Sie das Öl in jedem System innerhalb der vorgeschriebenen Intervalle, um übermäßigen Verschleiß zu verhindern.

Indem man die Ölstände und die Qualität der Öle regelmäßig kontrolliert, kann man Probleme bereits im Ansatz erkennen, bevor ernste Schäden entstehen oder es gar zum Versagen eines Systems kommt.

Öl und Ölfilter wechseln

Werfen Sie auch einen Blick in das Betriebshandbuch des Motors, aber die wesentlichen Arbeitsschritte sind wie folgt:

1. Lassen Sie den Motor laufen, bis er seine Betriebstemperatur erreicht. Dadurch wird das Motoröl dünnflüssiger und kann leichter abgesaugt werden.
2. Nehmen Sie den Öldeckel ab, und ziehen Sie den Ölmessstab heraus, damit Luft ein- und das Öl leichter ausfließen können.
3. Führen Sie den Schlauch der Absaugpumpe an der vorgeschriebenen Stelle ein; häufig ist es die Öffnung für den Ölmessstab.
4. Saugen Sie das Öl ab.
5. Wechseln Sie den Ölfilter.
6. Füllen Sie neues Motoröl bis zum vorgeschriebenen Pegel ein.
7. Lassen Sie den Motor zehn Minuten lang laufen, und messen Sie erneut den Ölstand.
8. Schrauben Sie den Öldeckel wieder auf.

▼ *Ölfilter und Bandschlüssel.*

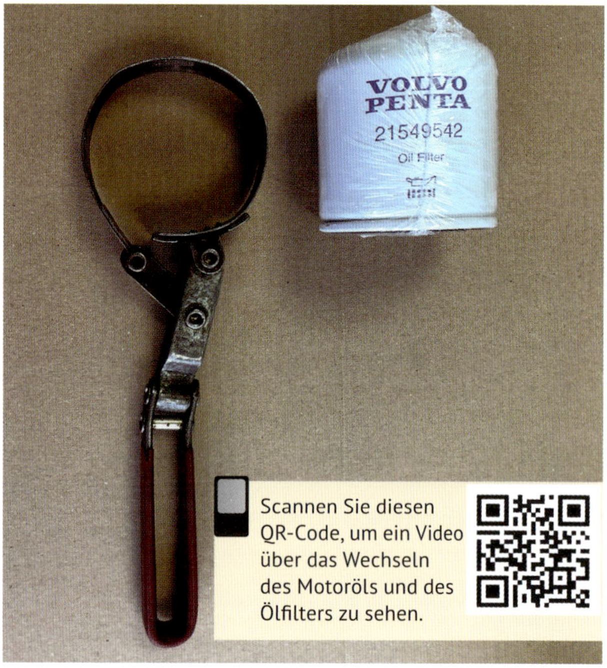

Scannen Sie diesen QR-Code, um ein Video über das Wechseln des Motoröls und des Ölfilters zu sehen.

Jonathan berichtet

Das Motoröl und den Ölstand zu kontrollieren, ist sehr wichtig. Ohne regelmäßige Überprüfung kann es zu übermäßigem Verschleiß gefolgt von einem Totalausfall kommen.

Das erinnert mich an ein Arbeitsboot, mit dem ich während meiner Zeit bei Sea Start unterwegs war. Es hatte zwei 150-PS-Außenbordmotoren und wurde eingesetzt, um zu Booten, die eine Panne hatten, hinauszufahren. Nach Möglichkeit wurden die Probleme sofort vor Ort behoben oder das jeweilige Boot musste abgeschleppt werden. Die beiden Außenbordmotoren mussten alle 100 Betriebsstunden gewartet werden.

Es war Sommer und die geschäftigste Zeit im Jahr mit den meisten Einsätzen. Das Boot war den ganzen Tag unterwegs, und da kamen schnell viele Betriebsstunden zusammen. An dem Tag, an dem die Motoren in den Service sollten, hatte ich besonders viele Einsätze. Es müssen ungefähr 120 Seemeilen in zwölf Stunden gewesen sein. Die Motoren liefen den ganzen Tag einwandfrei, und wir hatten entschieden, das Boot erst am darauffolgenden Tag kranen zu lassen und den Service für die Motoren zu machen.

Alles schien normal, bis wir das Getriebeöl abließen. Bei dem ersten Motor war es wunderbar klar und gelblich, genau wie es sein sollte, aber bei dem zweiten Motor war es noch viel klarer! Denn alles, was da herauskam, war reines Seewasser. So etwas hatte ich noch nie erlebt. Wasser im Öl ist nichts Ungewöhnliches. Das Öl verfärbt sich dann zu einer weißlichen, dickflüssigen Emulsion. In unserem Fall war aber nur reines Wasser im Getriebe und kein Tropfen Öl. Erstaunlicherweise hatte es keine Probleme gegeben, das Getriebe hatte noch einwandfrei funktioniert. Die Lager machten keine Geräusche, und wir konnten keinen Verschleiß erkennen.

Uns war bewusst, dass wir gerade eine Menge Salzwasser aus dem Getriebe entleert hatten, dessen innere Komponenten zu korrodieren drohten. Deshalb spülten wir es sofort gründlich erst mit Frischwasser, dann mit einem leichten Öl aus, bevor wir es randvoll mit Getriebeöl auffüllten und zur Inspektion einschickten. Dort wurde das Getriebe in seine Einzelteile zerlegt und sorgsam untersucht. Zu meiner Überraschung war es aber in einwandfreiem Zustand geblieben, und kurze Zeit später hatten wir es zurück und konnten es wieder einbauen. Seitdem hat es keine Probleme bereitet und läuft bis heute tadellos.

Die Lehre aus dieser Geschichte lautet, die Wartungsarbeiten nicht auf die lange Bank zu schieben und unbedingt rechtzeitig durchzuführen. Man kann nie wissen, wann es zu Problemen kommt, und manchmal gibt es auch keine Vorwarnung. Hätten wir den Service nicht durchgeführt, wäre das Getriebe mit Sicherheit wenig später ausgefallen. Das hätte eine lange und kostspielige Reparatur bedeutet. Ganz zu schweigen von der peinlichen Situation, wenn unser Einsatzboot selbst zum Pannenfall auf See geworden wäre.

8 Die Motorelektrik

Grundlagen des elektrischen Systems

Um die Elektrik an Bord näher zu erklären, kann man von den Batterien ausgehen. Häufig werden zwei unterschiedliche Arten von Batterien eingesetzt:

1. Eine Starterbatterie für den Motor, die kurzzeitig eine hohe Stromstärke liefern kann, um den Motor zu drehen und gleich darauf über die Lichtmaschine wieder aufgeladen wird.
2. Eine oder mehrere Verbraucherbatterien, die über lange Zeit eine geringere Stromstärke liefern müssen, um die elektrischen Bordsysteme wie Licht, Navigationsinstrumente, Frischwasserpumpen und andere zu versorgen. Diese Batterien sind tiefentladesicher und können über viele Ladezyklen hinweg bis auf 50 % ihrer Nennkapazität entleert werden, bevor sie wieder vollgeladen werden. Dabei dauert das Aufladen meist doppelt so lang wie die Entladung.

Alle Batterien haben einen Pluspol, der mit einem + Zeichen und gegebenenfalls der Farbe rot gekennzeichnet ist, während der Minuspol ein – Zeichen aufweist und mit der Farbe schwarz gekennzeichnet ist. Oft hat der Pluspol einen

ELEKTRISCHE GRUNDGRÖSSEN

Spannung: Die Spannung wird in Volt angegeben. Meist haben Boote ein 12-Volt-Bordnetz, bei größeren Yachten sind häufig 12-Volt-Batterien in Serie geschaltet, sodass sich ein 24-Volt-Bordnetz ergibt. Batterien liefern immer Gleichstrom (DC).

Stromstärke: Die Stromstärke wird in Ampere angegeben. Während die Spannung im Bordnetz immer bei 12 Volt liegt, hängt die Stromstärke vom Verbraucher ab. Geräte mit hohem Stromverbrauch ziehen mehr Ampere aus der Batterie als kleinere Verbraucher.

Leistung: Die Leistung wird in Watt angegeben. Sie ist das Produkt aus Spannung und Stromstärke. Ein Verbraucher, der mit einer Spannung von 12 Volt läuft und einen Strombedarf von 40 Ampere hat, hat eine Leistung von 480 Watt (40 A × 12 V = 480 W).

Hinweis: Je höher die Stromstärke, desto größer muss der Kabelquerschnitt sein. Bei einem dünnen Kabel entstünde zu viel Widerstand, was Leistung kosten würde und das Kabel heiß werden ließe. Reduziert man dagegen die Stromstärke auf die Hälfte und verdoppelt dafür die Spannung, um auf dieselbe Leistung zu kommen (20 A × 24 V = 480 W), kann man einen kleineren Kabelquerschnitt verwenden und größere Verbraucher mit weniger Verlust versorgen. Das ist der Grund, warum auf größeren Yachten, bei denen auch die Länge der Kabel viel größer ist, ein 24-Volt-Bordnetz verwendet wird.

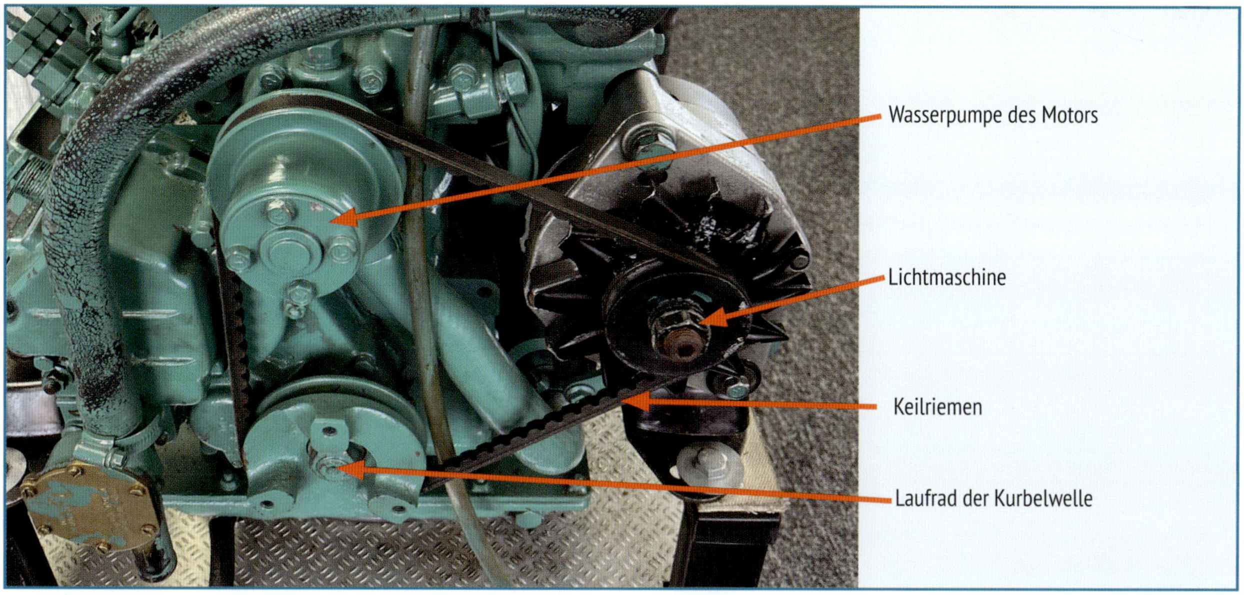

etwas größeren Durchmesser, damit es beim Anschluss der Batterieklemmen nicht zu Verwechslungen kommen kann.

Die Starterbatterie

Vom Pluspol der Starterbatterie führt ein Kabel zu:

1. einem Batterie-Hauptschalter
2. zum Magnetschalter des Anlassers
3. zum Zündschloss
4. und zur Instrumententafel des Motors.

Vom Minuspol der Batterie führt meist ein Kabel zum Motorblock, der dann als Masse für alle am Motor befindlichen elektrischen Verkabelungen fungiert. Manche Bordnetze verwenden jedoch den Motorblock nicht als Masse, sodass elektrische Geräte eine eigene Minusleitung zurück zur Batterie benötigen. Oft ist auch ein zweipoliger Trennschalter anstelle des klassischen Batterie-Hauptschalters installiert, der sowohl die Plus- als auch die Minusleitung unterbricht.

Mit dem Zündschloss werden gleichzeitig die Motorinstrumente eingeschaltet. Dann kann der Motor entweder auch über das Zündschloss oder mittels eines Tastschalters gestartet werden. Bei manchen alten Dieselmotoren muss man vor einem Kaltstart noch die Glühkerzen ungefähr zehn Sekunden lang vorglühen lassen.

Am Motor ist die Lichtmaschine angebracht, die unter anderem die Batterien auflädt. Sie wird vom Laufrad der Kurbelwelle mithilfe eines Keilriemens angetrieben. Die Ladung der Starter- und Verbraucherbatterien wird von einem Regler in der Lichtmaschine oder einem externen Regler gesteuert.

Der Unterschied zwischen Starter- und Verbraucherbatterien

Eine 12-Volt-Batterie besteht aus sechs einzelnen Zellen zu je 2,1 Volt, die zusammen 12,6 Volt ergeben. Dies entspricht einer geladenen Batterie. Jede Zelle ist wie eine kleine Batterie und besteht aus mehreren metallenen Platten, die von Batteriesäure umgeben sind. Je mehr Platten eine Zelle hat, desto größer ist die von der Batteriesäure benetzte Oberfläche, und umso größere Stromstärken können der Batterie entnommen werden.

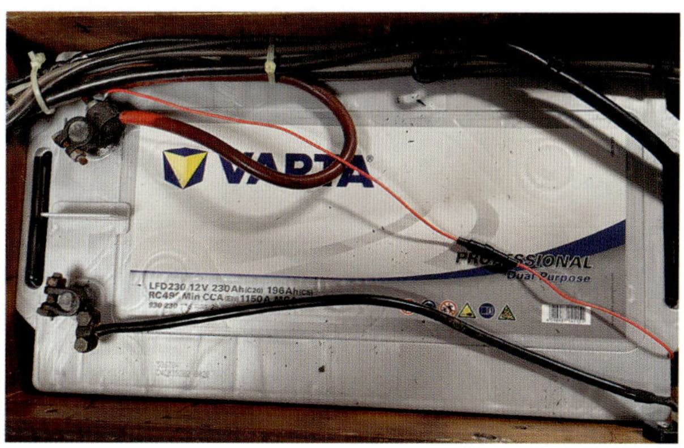

▲ *Tiefentladesichere 12-Volt-Verbraucherbatterie, 230 Ah.*

LADEZUSTAND DER BATTERIE

Spannung	Ladezustand
12,60+	100 %
12,50	90 %
12,42	80 %
12,32	70 %
12,20	60 %
12,06	50 %
11,90	40 %
11,75	30 %
11,58	20 %
11,31	10 %
10,50	0 %

Nahe oder an der Schalttafel des Bordnetzes sollte sich eine Anzeige für die Spannung der Verbraucherbatterie befinden. Dort kann auch eine Anzeige für die Starterbatterie sein, andernfalls ist sie an der Instrumententafel des Motors zu finden. Diese Voltmeter sind nicht immer sehr genau. Zur Kontrolle sollten Sie daher die Spannung direkt an den Batteriepolen mit einem Multimeter messen und sich die Differenz für die Zukunft merken. Der Unterschied kann durch Kabelwiderstände und Ungenauigkeit der Anzeige entstehen. Achten Sie darauf, die Batteriepole nicht versehentlich mit einem Metallteil oder ähnlichem kurzzuschließen.

Voltmeter zeigt 13,5+ Volt für die Starterbatterie.

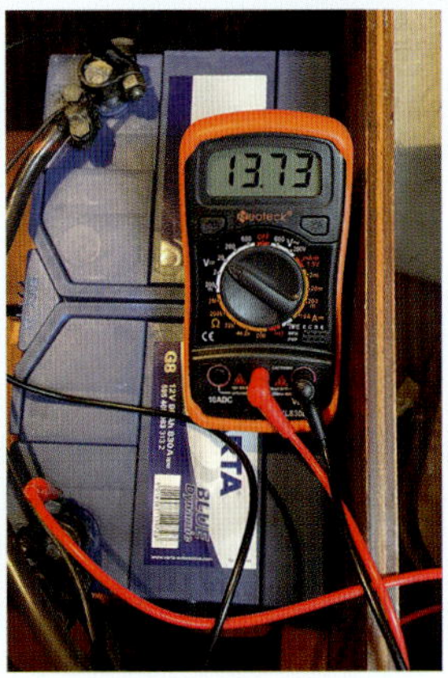

An der Batterie werden 13,73 Volt gemessen – alles ok.

Voltmeter zeigt 13 Volt für die Verbraucherbatterie.

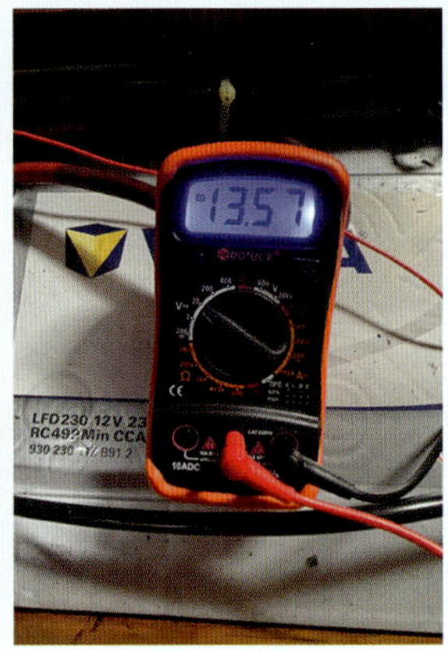

Direkt an der Batterie werden 13,57 Volt, also etwas mehr, gemessen.

Voltmeter zeigt 27 Volt für die Starterbatteriebank.

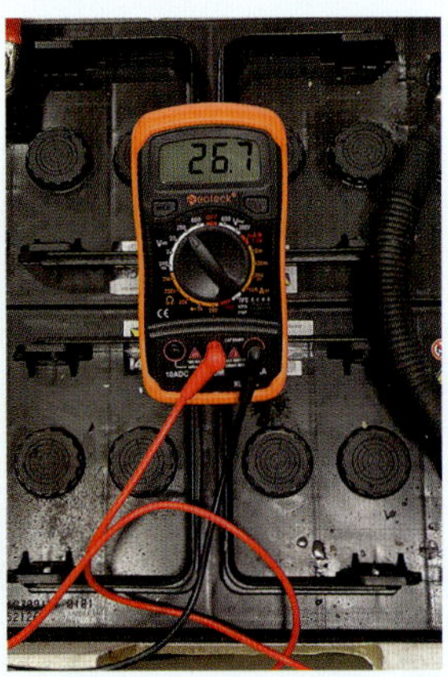

An der Batteriebank werden 26,7 Volt gemessen – stimmt mit Voltmeter fast überein.

Voltmeter zeigt 28,5 Volt für die Verbraucherbatteriebank.

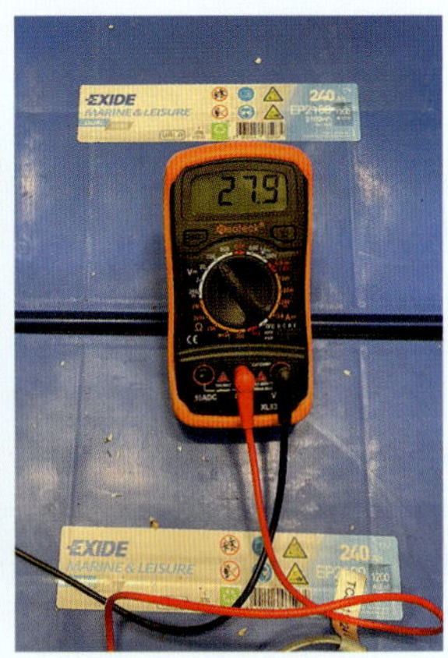

Direkt an der Batteriebank werden 27,9 Volt, also etwas weniger, gemessen.

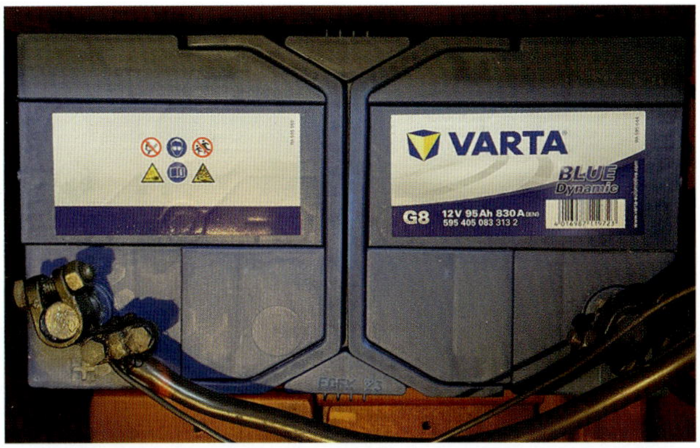

▲ *12-Volt-Starterbatterie, 95 Amperestunden, 830 Ampere Kaltstartstrom.*

Starterbatterien, die hohe Stromstärken für kurze Zeit liefern müssen, haben eine hohe Anzahl an Platten pro Zelle. Die Platten sind dafür vergleichsweise dünn.

Den Verbraucherbatterien werden dagegen geringere Stromstärken, dafür aber über längere Zeiträume, entnommen. Sie haben dickere Platten und das aus gutem Grund. Denn das tiefe Entladen und längere Laden beansprucht die Platten. Um viele Ladezyklen zu liefern, müssen die Platten dick sein.

Verbraucherbatterien sollten tiefentladesicher sein. Wenn jedoch eine solche Batterie stark genug ist, um den Motor zu starten, kann sie auch als Starterbatterie verwendet werden.

Umgekehrt sollte aber keine Starterbatterie für die Versorgung der Verbraucher an Bord eingesetzt werden. Die dünneren Platten würden den tieferen Ladezyklen nicht lange standhalten. Daher sollte man für den jeweiligen Einsatzzweck auch den richtigen Batterietyp wählen. Oft wird angenommen, dass die Starterbatterie größer sein müsse, weil sie höhere Stromstärken liefern muss. In Wirklichkeit ist das meist nicht der Fall.

Eine Segelyacht mit einem 20- oder 30-PS-Dieselmotor benötigt beispielsweise eine Starterbatterie mit 85 Amperestunden und einem Kaltstartstrom von 500 Ampere.

(Kaltstartstrom ist, vereinfacht ausgedrückt, die Stromstärke, die die Batterie bei −18 °C über einen Zeitraum von 30 Sekunden liefern kann.)

Die Verbraucherbatterie dieses Bootes hat viele Stromabnehmer, angefangen von den Navigations-

WAS IST EINE AMPERESTUNDE?

Eine Amperestunde (Ah) ist die elektrische Ladung, die bei einer Stromstärke von einem Ampere in einem Zeitraum von einer Stunde fließt. Angenommen, die Navigationslichter einer Segelyacht haben einen Strombedarf von jeweils 3 A. Das macht bei zwei Seitenlichtern und einem Hecklicht zusammen 9 A. Nach einer Stunde haben sie eine Ladungsmenge von 9 Amperestunden verbraucht. Angenommen, die Batterie kann 250 Amperestunden liefern, so ließen sich die Navigationslichter 27,78 Stunden lang betreiben (250 Ah ÷ 9 A = 27,78 Stunden).

Aus diesem Grund wird auf einer Segelyacht vorzugsweise eine Dreifarbenlaterne im Topp verwendet, die mit nur einer Glühbirne auskommt. So ließe sich der Strombedarf im Rechenbeispiel auf 3 A reduzieren, was bei gleicher Batterie eine Stromversorgung über 83,33 Stunden ermöglichen würde (250 Ah ÷ 3 A = 83,33 Stunden). Einige Segelyachten müssen auf See alle 24 Stunden den Motor starten, um die Batterien aufzuladen. Motoryachten haben dieses Problem nicht.

DEN RICHTIGEN BATTERIETYP WÄHLEN

Idealerweise sollte man für den Motor eine Starterbatterie mit hohem Kaltstartstrom und für die Verbraucher eine tiefentladesichere Batterie verwenden. Doch oft sind Boote mit Batteriebänken unterschiedlichen Typs und Batteriewählschaltern ausgestattet, die ein Um- und Zuschalten ermöglichen. Eine starke Verbraucherbatterie kann ebenfalls einen Motor starten, und es gibt auch noch viele weitere Batterietypen. Bedenken Sie jedoch immer den Einsatzzweck – Starterbatterien müssen andere Anforderungen erfüllen als Verbraucherbatterien.

instrumenten, Lichtern, Radar, Autopilot und Kühlschrank bis hin zu den Lüftern der Gasheizung. Sie hat eine Kapazität von 250 Ah, um die Geräte auch längere Zeit versorgen zu können.

◆ Bordnetz der Verbraucherbatterie

Von den Polen der Verbraucherbatterie führen Kabel zu einer Schalttafel mit Sicherungen. Dort wird der Strom zu den einzelnen Verbrauchern (Instrumente, Lichter, Kühlschrank etc.) angeschaltet.

◆ Schaltpläne

Man sollte sich mit der Verkabelung an Bord vertraut machen, um bei der Fehlersuche zu wissen, wo man zur Kontrolle die Spannung messen muss, um einen Fehler einzukreisen.

Hier sind typische Schaltpläne eines Bordnetzes.

Die tatsächliche Verkabelung an Bord kann von diesem Grundschema

▲ *Schalttafel einer 35-Fuß-Segelyacht.*

▲ *Schalttafel einer 23-Meter-Motoryacht.*

▼ *Das ist ein typischer Schaltplan für ein kleines Motorboot oder RIB. Diese Boote können zudem auch noch eine Verbraucherbatterie haben, damit die Starterbatterie nicht entleert wird, wenn die Musikanlage oder eine Kühlbox und ähnliches vor Anker liegend betrieben werden.*

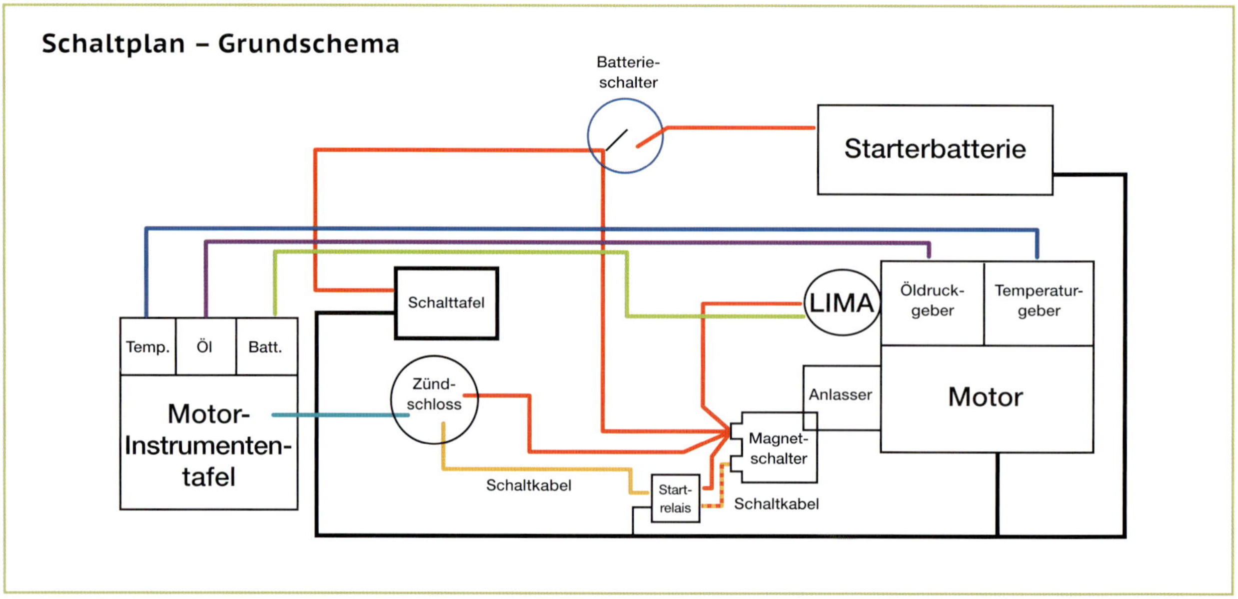

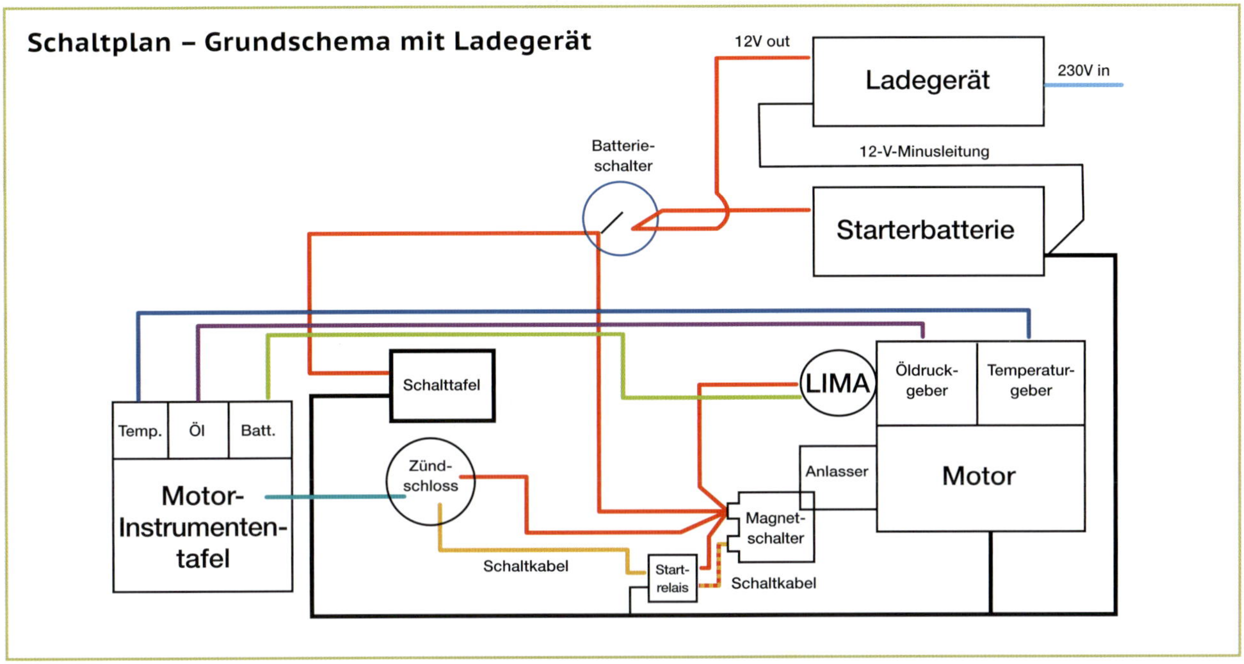

▲ *Dieser Schaltplan zeigt, wie ein 230-Volt-Landstrom-Ladegerät angeschlossen ist.*

abweichen, weil weitere Verbraucher angeschlossen oder andere Veränderungen vorgenommen wurden. So hätte beispielsweise eine Ankerwinsch einen eigenen Hauptschalter und eine eigene Sicherung. Oft sind ein Ladegerät, ein galvanischer Isolator, eine Trenndiode oder ein Ladestromverteiler angeschlossen, der den Vorteil hat, den Ladestrom automatisch auf die Batterien aufzuteilen. Mit Batterie-Hauptschaltern muss man diese Auswahl manuell treffen.

Mit dieser Art eines Batterie-Hauptschalters muss man vorsichtig sein. Angenommen »1« ist die Starterbatterie, dann wäre das die Stellung, um den Motor zu starten. Läuft der Motor, würde man den Schalter auf »ALL« stellen, damit sowohl die Starterbatterie (1) als auch die Verbraucherbatterie (2) geladen werden. Vor Anker liegend sollte man den Schalter auf »2« stellen. Vergisst man das, könnten beide Batterien von den Verbrauchern so weit entleert werden, dass der Motor nicht mehr gestartet werden kann.

◀ *Einzelne Batterie-Hauptschalter.*

Meist kann man auf »1« oder »2« oder »both« (beide) schalten, doch dabei passieren leicht Fehler, und plötzlich haben eine oder beide Batterien keine Ladung mehr. Mit einem Ladestromverteiler kann das nicht passieren. Eine weitere Möglichkeit zur Schaltung mehrerer Batterien ist ein Batterie-Trennralais, das die Batterien spannungsabhängig zusammenschaltet oder trennt.

Anstelle von nur einer Starter- und einer einzelnen Verbraucherbatterie können auch mehrere Batterien zu Batteriebänken verbunden werden. Dabei werden die Batterien parallel geschaltet, um mehr Kapazität bei einer gleichbleibenden Spannung von 12 Volt zu liefern. Manche Boote haben einen zusätzlichen Schalter, mit dem sich im Notfall alle Batterien für den Motorstart zusammenschalten lassen, wenn die Starterbatterie leer oder zu schwach ist.

◆ Spannung prüfen

Dazu wird ein Volt- oder Multimeter benötigt. Diese Messgeräte machen auf den ersten Blick einen komplizierten Eindruck, doch die Spannungsmessung ist damit ganz einfach.

Bei einer Spannung von 12,6 Volt ist alles in Ordnung, bei 12,0 Volt ist die Batterie bereits zur Hälfte entladen und sollte bald wieder aufgeladen werden. Oder die Batterie befindet sich bereits am Ende ihrer Lebensdauer.

BATTERIEBÄNKE

Serienschaltung: Zwei 12-Volt-Batterien mit jeweils 150 Ah ergeben in Serie geschaltet eine Batteriebank mit 24 Volt und 150 Amperestunden.

Parallelschaltung: Zwei 12-Volt-Batterien mit jeweils 150 Ah ergeben parallel geschaltet eine Batteriebank mit 12 Volt und 300 Amperestunden.

Serienschaltung

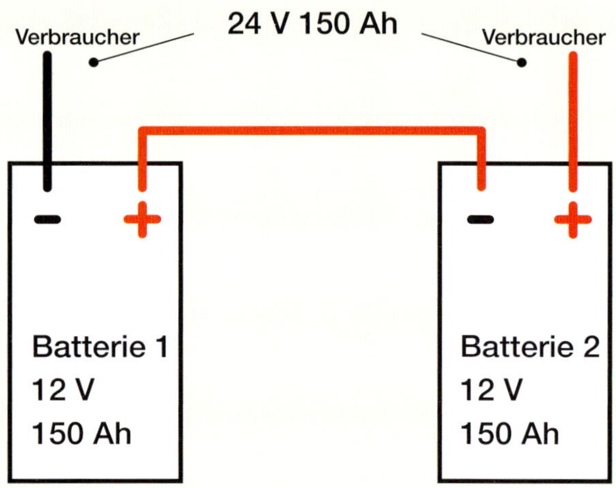

Parallelschaltung

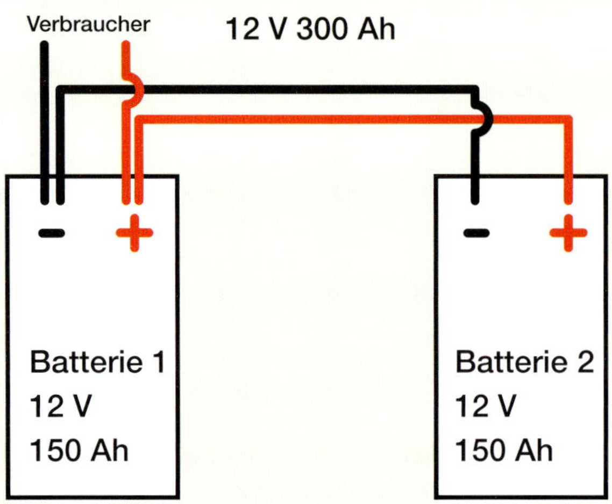

Das ist die übliche Verkabelung bei einer Parallelschaltung zweier Batterien.

Parallelschaltung

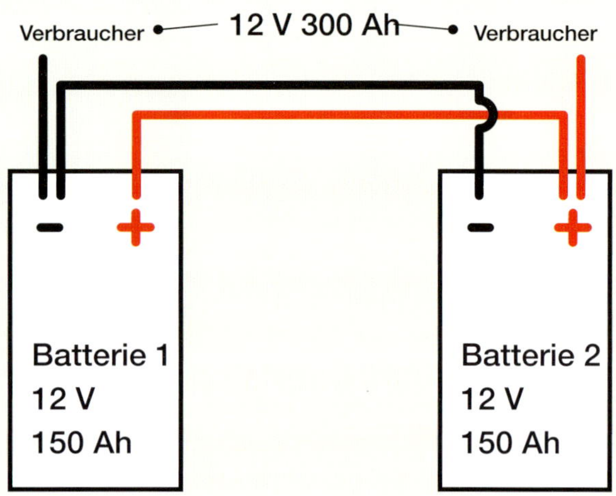

So kann die Parallelschaltung zweier Batterien genauso gut verkabelt werden.

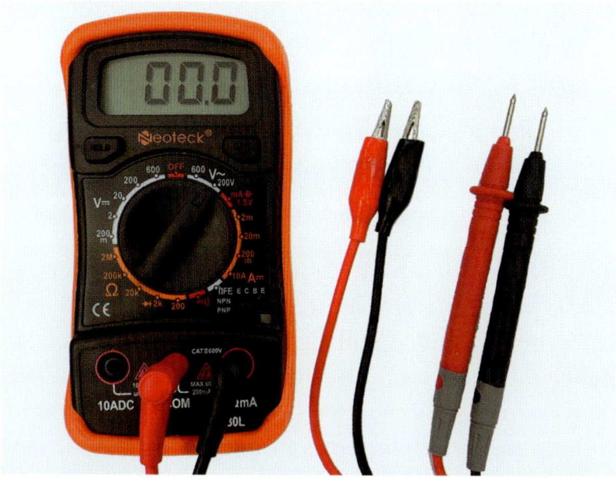

▲ *Multimeter mit Krokodilklemmen. Oft fällt es schwer, mit den Prüfspitzen an zwei Punkten gleichzeitig einen Kontakt zu halten. Da ist es von Vorteil, eine Messleitung anklemmen zu können.*

◆ Der Motorstart

Beim Anlassen des Motors passiert Folgendes:

1. Über das Zündschloss oder den Startknopf wird das Startrelais (oder direkt der Magnetschalter) bedient.
2. Das Startrelais schaltet den Strom zum Magnetschalter ein.
3. Der Magnetschalter aktiviert den Anlasser.
4. Der Anlasser dreht die Kurbelwelle, und der Motor springt an.

Der Anlasser zieht einen hohen Strom von 150 bis 350 Ampere, je nach Größe des Motors.

Anstatt entsprechend dicke Kabel bis zum Zündschloss und zurück zu verlegen, wird vom Zündschloss nur ein Relais über einen geringen Schaltstrom bedient. Dieses Relais schaltet dann den Strom zum Magnetschalter ein, der ungefähr die vierfache Stromstärke des Relais benötigt. Über den Magnetschalter wird der hohe Strom zum Anlasser geschaltet, der ungefähr zehnmal so hoch ist wie der Strom, den der Magnetschalter benötigt. Dadurch müssen die dicken Kabel für den hohen Strombedarf des Anlassers nur von der Batterie zum Anlasser reichen und nicht bis zum Zündschloss. Der Schaltstrom vom Zündschloss beträgt lediglich 5 Ampere oder weniger.

Nicht alle Boote haben ein Startrelais; oft wird der Magnetschalter direkt vom Zündschloss geschaltet. Der Magnetschalter ist direkt am Anlasser angebracht, ein Startrelais ist meist nahe des Anlassers montiert.

Versucht man den Motor zu starten und der Anlasser dreht nicht, muss man feststellen, ob Startrelais und Magnetschalter mit Strom versorgt werden. Bevor man jedoch das Multimeter auspackt und Messungen vornimmt, wie sie später noch im Kapitel Was tun bei einer Motorpanne? beschrieben werden, sollte man ganz einfache Beobachtungen durchführen. Diese können bereits sehr aufschlussreich sein:

Kontrolllicht der Zündung

Leuchtet das Kontrolllicht beim Drehen des Zündschlüssels auf? Wenn ja, hat das Zündschloss Strom, wenn nicht, sollte als Erstes die Sicherung der Zündung überprüft werden.

Schnelles Klicken

Hört man ein schnelles Klicken beim Versuch den Motor zu starten, ist entweder die Batterie zu schwach oder die Kabel von der Batterie zum Startrelais oder Magnetschalter haben einen schlechten Kontakt. Prüfen Sie als Erstes die Batteriespannung.

Ein einzelner leiser Klick

In diesem Fall kommt am Startrelais kein Kontakt für den Strom zum Magnetschalter zustande. Das Startrelais könnte korrodiert sein. Klopfen Sie leicht mit der Hand oder einem Schraubenschlüssel dagegen, um es zu lösen. Ansonsten kann das Startrelais an seinen Kontakten kurzgeschlossen werden (vgl. Seite 94). Idealerweise sollte dazu ein Kabel mit geeigneten Endverbindungen und einem Tastschalter in der Mitte verwendet werden. Seien Sie vorsichtig, um nicht mit der Kleidung oder den Haaren in den Keilriemen zu kommen. Sobald Sie das Relais kurzschließen, kann der Motor drehen und anspringen.

Ein einzelner lauter Klick

Hört man ein einzelnes lautes Klicken beim Versuch den Motor zu starten, kann der Magnetschalter den Anker nicht richtig vorrücken. Versuchen Sie, leicht gegen den Magnetschalter zu klopfen. Bringt das nichts und sind alle Kontakte bis zur Batterie in Ordnung, muss vermutlich der Magnetschalter repariert und ein Mechaniker zur Hilfe geholt werden.

Was genau machen Startrelais, Magnetschalter und Anlasser?

Das Startrelais ist ein Schalter, der mit einem schwachen Schaltstrom von der Zündung einen stärkeren Strom von der Batterie zum Magnetschalter einschaltet. Der Magnetschalter hat zwei Aufgaben: Er rückt den Anker des Anlassers zur Schwungscheibe des Motors vor und schließt einen Kontakt, damit der Anlasser Strom bekommt und dreht.

Welche Aufgaben haben Sicherungen, und wo findet man sie?

Eine Sicherung bildet eine Art Sollbruchstelle, die den Stromkreis bei Überlastung unterbricht. Eine 3-Ampere-Sicherung »brennt durch«, wenn mehr als drei Ampere durch die Sicherung fließen. Das dient der Sicherheit, falls ein Verbraucher defekt ist oder ein Kurzschluss entsteht, beispielsweise, weil eine Kabelisolierung alt und schadhaft geworden ist oder sich ein Kabel aufgrund von Korrosion gelöst hat und es zu einem Kontakt zwischen Plus- und Minusleitung kommt.

Eine Sicherung unterbricht auch dann den Stromkreis, wenn ein Verbraucher mehr Strom als normal zieht, was die Kabel überlasten oder sogar schmelzen lassen könnte.

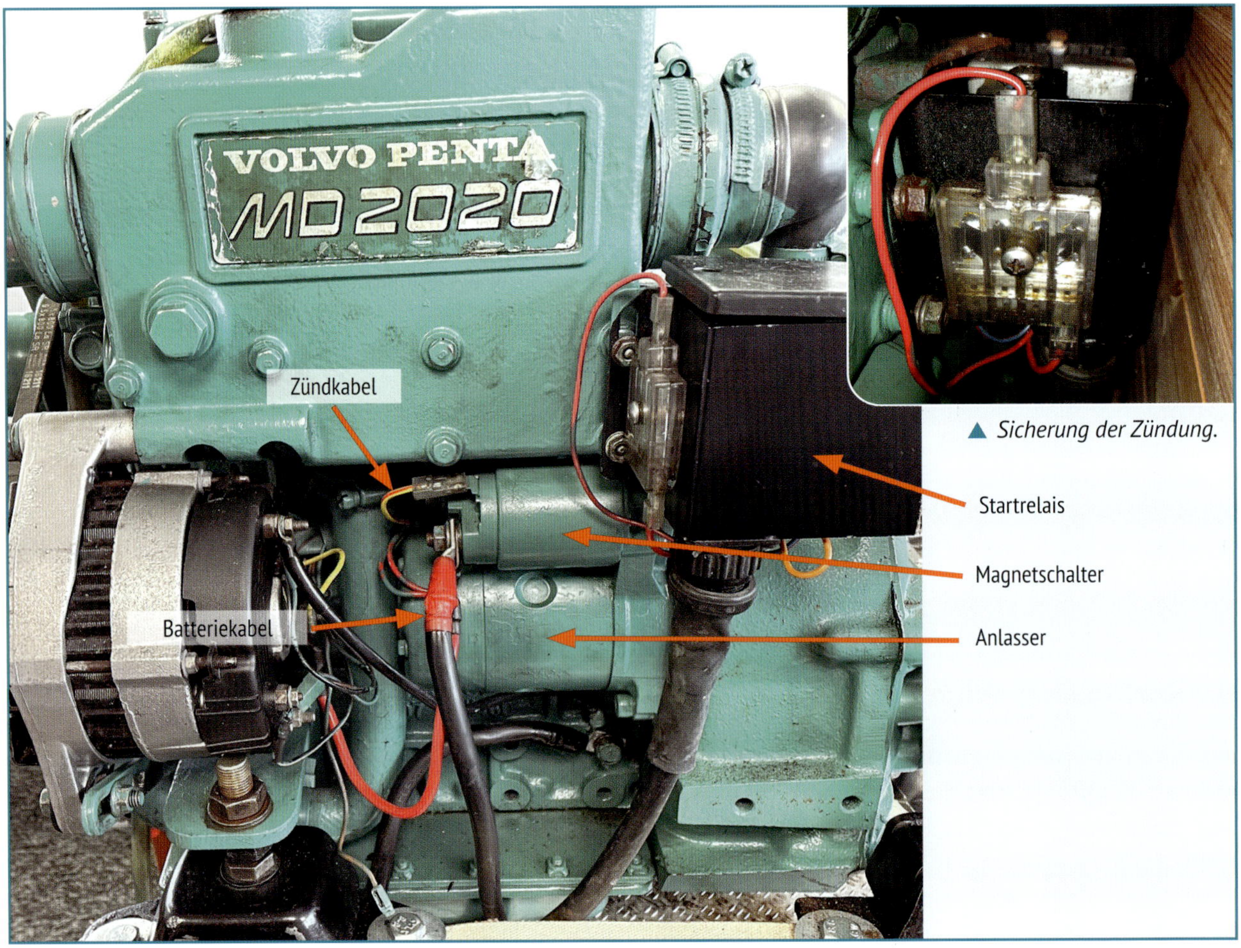

▲ *Sicherung der Zündung.*

Motorstart durch Überbrückung des Magnetschalters

Verbindet man die beiden Anschlüsse am Magnetschalter (Zündkabel und Batteriekabel) kann der Magnetschalter überbrückt werden und der Anlasser drehen. Idealerweise stellt man diese Überbrückung mit einem Kabel mit geeigneten Anschlüssen an beiden Enden und einem Tastschalter in der Mitte her. Im Notfall kann man die beiden Anschlüsse auch mit einem Schraubendreher überbrücken. Zur Sicherheit sollte man den Schraubendreher nur am isolierten Griff halten.

Sehen Sie den Funken? Der Motor dreht und startet.

Scannen Sie diesen QR-Code, um ein Video über das Starten eines Dieselmotors durch Überbrücken des Magnetschalters zu sehen.

Strombedarf verschiedener Verbraucher

Verbraucher	Ampere	Durchschnittliche Betriebszeit in 24 Stunden	Stromverbrauch in 24 Stunden (in Ah)
Navigationslichter	3,7		
Dampferlicht	1		
Dreifarbenlaterne	1	8	8
Ankerlicht	1		
Autopilot	5	16	80
Kartenplotter	1	24	24
Navigationsinstrumente	0,5	24	12
UKW-Funkgerät Sendebetrieb	1,5		
UKW-Funkgerät Standby	0,3	24	7,2
Radar	2,5	8	20
Bilgepumpe	5,0	5 min	0,4
Frischwasserpumpe	5,0	5 min	0,4
Pumpe für Dusche	8,0	5 min	0,7
Kühlschrank	5,0	12	60
Ankerwinsch	150		
Musikanlage	1,0	2	2
			213,70

Die Sicherungen befinden sich an der Schalttafel und häufig zusätzlich auch unter dem Niedergang. Hier ist eine Auflistung der üblichen Verbraucher auf einer Segelyacht von unter 20 Meter Länge zusammen mit deren Strombedarf und der durchschnittlichen, täglichen Betriebszeit. Die Verbraucherbatterie wird innerhalb von 24 Stunden nachgeladen werden müssen, z. B. über den Motor.

DURCH DICK UND DÜNN

- Dicke Kabel sind für hohe Stromstärken ausgelegt.
- Durch dünnere Kabel fließen geringere Stromstärken.

Durch das gelb-rote Kabel vom Zündschloss fließt nur eine geringe Stromstärke. Es dient lediglich zur Schaltung des Magnetschalters, der die Kontakte am Anlasser verbindet, damit dieser dreht und den Motor startet. Der hohe Strom fließt durch das schwarze, dicke Kabel von der Batterie. Wer das bedenkt, kann die Aufgabe eines Kabels auch bereits an dessen Durchmesser eingrenzen.

dünnes Kabel – geringe Stromstärke   dickes Kabel – hohe Stromstärke

Motorelektrik pflegen

Alle elektrischen Verbindungen sollten sauber, trocken und frei von Korrosion sein. Achten Sie darauf, dass Kabelanschlüsse fest und nicht lose sind. Bei einer schlechten Verbindung kann ein Wackelkontakt entstehen oder an einer schlechten Verbindungsstelle kann so hoher Widerstand entstehen, dass das Kabel bei hohen Stromstärken heiß wird, schmilzt und im schlimmsten Fall einen Kabelbrand verursacht.

Zündkabel

Ein Dieselmotor ist gegenüber Feuchtigkeit weitgehend unempfindlich. Nur, wenn es zu Korrosion am Motor kommt, entstehen Probleme. Bei Benzinmotoren ist das anders, denn die Zündkerzen müssen mit Hochspannung von in der Regel über 20.000 Volt versorgt werden, um einen Zündfunken zu generieren. Bei älteren Motoren wird diese Hochspannung in einer Zündspule erzeugt. Von dort wird sie über Zündkabel und einen vom Motor angetriebenen Verteiler zu den Zündkerzen geleitet. Bei Feuchtigkeit kann die Spannung zum Teil über Masse abfließen, sodass zu geringe Spannung an den Zündkerzen ankommt. Deshalb ist es wichtig, die Zündkabel, den Verteiler und die Zündspule sauber und trocken zu halten. Dazu eignet sich beispielsweise etwas WD-40. Bei moderneren Motoren befindet sich je eine Zündspule direkt über den Zündkerzen und wird von der Motorsteuerung elektronisch gesteuert, um im richtigen Moment einen Zündfunken zu erzeugen. Durch den Wegfall der Zündkabel und des Verteilers sind moderne Motoren weniger empfindlich gegenüber Feuchtigkeit.

Typische Ursachen fehlerhafter Elektrik

Das häufigste Problem sind korrodierte Kabelverbindungen, besonders an den Batteriepolen. Es ist daher wichtig, die Batteriepole zu schützen, um eine saubere Kontaktfläche zu den Batterieklemmen zu gewährleisten, die fest aufgeschraubt sein müssen. Etwas Vaseline auf freiliegenden elektrischen Kontaktflächen verhindert die Entstehung von Korrosion.

Batteriepflege

Behandeln Sie ihre Batterien pfleglich, damit sie lange Zeit halten. Das spart zudem Geld. Viele Batterien sind komplett verschlossen und haben eine Kontrollanzeige, ob sie sich in einwandfreiem Zustand befinden oder nicht.

Bei wartungsfähigen Batterien muss der Elektrolyt in der Batterie immer wieder mit destil-

UNTERSCHIEDLICHE BLEI-SÄURE-BATTERIEN

Wartungsfähig (flooded): Der Elektrolyt ist flüssig, und es muss regelmäßig destilliertes Wasser nachgefüllt werden.

Wartungsfrei (sealed): Diese Batterien sind verschlossen und können nicht geöffnet werden. Der Elektrolyt ist flüssig. Sie haben meist eine Kontrollanzeige, die den Ladezustand grob anzeigt.

Wartungsfrei mit Überdruckventil (VRLA): Diese Batterien mit flüssigem Elektrolyt können nicht geöffnet werden, haben aber ein Ventil, über das Gase bei Überdruck austreten können.

AGM-Batterien (Absorbent Glass Mat): Dies sind auch Blei-Säure-Batterien, bei denen aber der Elektrolyt in einem Glasfaservlies gebunden ist. Sie können lageunabhängig eingebaut werden.

Gelbatterien: Das sind ebenfalls Blei-Säure-Batterien. Sie haben ein Überdruckventil und gehören zu den VRLA-Batterien (Valve Regulated Lead Acid), aber der Elektrolyt ist mit Kieselgur zu einem Gel eingedickt. Sie sind sehr tiefentladesicher und bestens als Verbraucherbatterie geeignet.

▲ *Diese Batterie ist gut geladen. Ohne Last hat sie 13 Volt.*

▲ *Unter Last sinkt die Spannung auf 11,6 Volt. Die Batterie ist in gutem Zustand.*

▲ *Diese Batterie ist nicht in gutem Zustand. Sie wurde gerade erst geladen und hat ohne Last nur 12 Volt.*

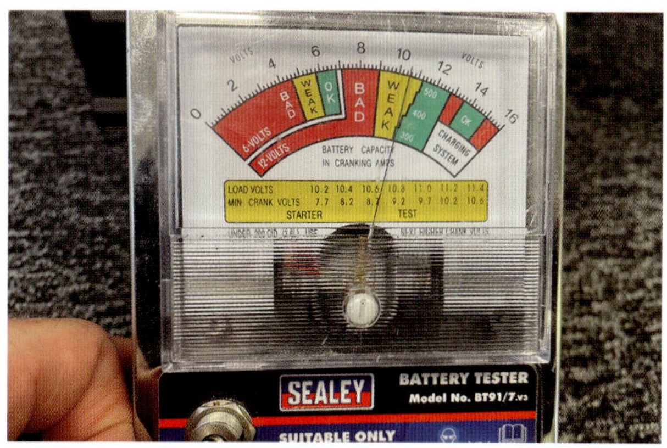

▲ *Unter Last sinkt die Spannung auf 10,5 Volt. Die Batterie ist schwach. Es ist an der Zeit, sie zu ersetzen.*

WIE MAN DESTILLIERTES WASSER SELBST HERSTELLEN KANN

Destilliertes Wasser erhält man, indem man den Wasserdampf von kochendem oder verdunstendem Wasser abkühlt und ihn dadurch kondensieren lässt. Durch das Verdunsten und anschließende Kondensieren werden sämtliche Spurenelemente und Salze aus dem Wasser entfernt.

Man benötigt: Einen großen Topf mit Deckel, ein kleines Abstellgitter oder ähnliches als Untersetzer, eine hitzefeste Schale, Eiswürfel, Ofen-Handschuhe und Leitungswasser.

▲ *Kochtopf, Deckel, Schale und gefrorene Erbsen anstelle von Eiswürfeln.*

1. Stellen Sie das Abstellgitter in die Mitte des Topfs.
2. Füllen Sie den Topf zur Hälfte mit Leitungswasser.
3. Stellen Sie die Schale auf das Abstellgitter, sodass sie den Topfboden nicht berührt.
4. Legen Sie den Deckel umgedreht auf den Topf.
5. Legen Sie Eiswürfel auf den umgedrehten Deckel.
6. Bringen Sie das Wasser zum Sieden, und lassen Sie es 30 Minuten lang kochen. Mit den Ofen-Handschuhen können Sie den Deckel zwischendurch abnehmen, um sich zu vergewissern, dass das Wasser noch nicht vollständig verkocht ist. Unter Umständen müssen Sie mehr Eiswürfel in den umgedrehten Deckel nachlegen.
7. Wenn Sie den Deckel abnehmen, sehen Sie, wie sich Wasser in der Schale angesammelt hat.

Am gekühlten Deckel ist der Wasserdampf in Form von Wassertropfen kondensiert. Die Wassertropfen sind zur Mitte des Deckels gelaufen und von dort in die Schale getropft. In der Schale befindet sich destilliertes Wasser.

▲ *Das Wasser im Topf kocht, der Wasserdampf kondensiert in Tropfenform am gekühlten Deckel. Die Wassertropfen laufen zur Mitte des Deckels und tropfen von dort als destilliertes Wasser in die kleine Schale in der Mitte des Topf.*

▲ *Nach 30 Minuten Kochzeit ist die Ausbeute an destilliertem Wasser nicht gerade üppig.*

▲ *Da hatte Jonathan eine bessere Idee: Er kaufte einen Fünf-Liter-Kanister destilliertes Wasser im Laden. Das spart eine Menge Zeit und kostet auch nicht viel.*

Die Platten der Batterie im Elektrolyt

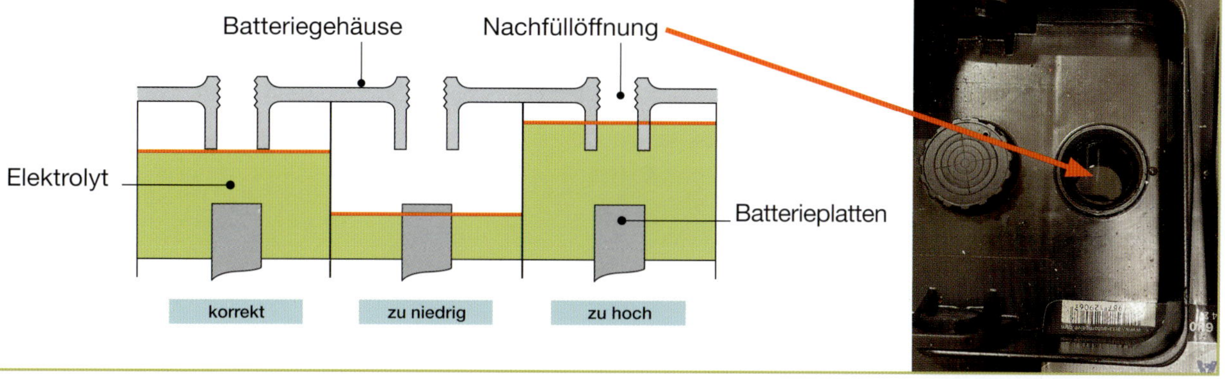

liertem Wasser aufgefüllt werden. Die Platten sollten knapp unter der Oberfläche des Elektrolyts sein. Dieser Pegel sollte regelmäßig überprüft werden. Das Aufladen der Batterien gehört ebenfalls zur Wartung. Eine volle Batterie sollte ihre Ladung über sechs Monate halten.

Hinweis: Das Entladen der Batterie durch die Verbraucher erfolgt meist innerhalb eines kürzeren Zeitraums, als für das anschließende Aufladen nötig ist. Wie lang das Aufladen aber genau dauert, ist nicht einfach zu berechnen. Das untenstehende Beispiel zeigt einen Näherungsversuch.

Die Starterbatterie liefert eine hohe Stromstärke für eine kurze Zeit und wird danach sofort wieder über die Lichtmaschine aufgeladen. Angenommen, das Anlassen des Motors hat zwei Sekunden gedauert, und der Anlasser hat 200 Ampere gezogen. Und angenommen, die Lichtmaschine liefert 30 Ampere Ladestrom, dann würde das Nachladen theoretisch 6,7 Sekunden dauern (200 A ÷ 30 A = 6,7 s). In Wirklichkeit spielen aber noch viele weitere Faktoren eine Rolle:

- Batteriezustand
- Ladeverluste
- Verluste durch Kabelwiderstände und Kabelverbindungen
- andere elektrische Verbraucher während des Nachladens

Noch dazu lädt die Lichtmaschine häufig mit geringerer Stromstärke als ihre maximale Kapazität. Die Lichtmaschine kann beispielsweise mit 30 oder 120 Ampere angegeben sein. Je voller jedoch die Batterie während des Ladens wird, desto mehr reduziert der Regler die Stromstärke von der Lichtmaschine zur Batterie, die zum Ende des Ladevorgangs nur noch zwei Ampere betragen kann. Bei zwei Ampere Ladestrom würde das Nachladen im obigen Beispiel deutlich länger als 6,7 Sekunden dauern.

Ein großes Problem bei Bootsbatterien ist, dass sie meist nur sehr unregelmäßig ent- und wieder geladen werden.

Verlässt ein Segelboot seinen Liegeplatz oder seine Muringboje, läuft der Motor unter Umständen nur zehn Minuten, bis Segel gesetzt werden und der Motor abgestellt wird. In dieser kurzen Zeit wurden zehn Prozent der Batterieladung verbraucht, doch die Lichtmaschine konnte nur fünf Prozent nachladen. Die zuvor volle Batterie hat jetzt nur noch 95 % ihrer Ladung. Bei der Rückkehr zum Liegeplatz wird erneut die gleiche Menge Batteriekapazität für den Motorstart verbraucht und wiederum nur ein kleinerer Teil nachgeladen.

Macht man das jedes Wochenende, hat man die Starterbatterie bald so weit entleert, dass sie den Motor gar nicht mehr starten kann. Dann muss man über Landstrom nachladen, sofern man keine andere Möglichkeit, wie beispielsweise einen Windgenerator oder Solarzellen, an Bord hat. Wird der Motor immer nur kurze Zeit betrieben, um beispielsweise an einer Muringboje ab- und anzulegen, und bestehen keine anderen Möglichkeiten zur Batterieladung, sollte die Batterie mindestens alle sechs Monate über Landstrom vollgeladen und das Boot dazu an einen Liegeplatz verholt werden. In einer Marina hat man das Land-

TIPP: STROMVERBRAUCH REDUZIEREN

1. Tauschen Sie alle Glühbirnen gegen LED-Leuchtmittel aus, da diese 90 % weniger Strom verbrauchen.
2. Der Kühlschrank hat einen hohen Stromverbrauch. Stellen Sie ihn auf die höchste Stufe, solange Sie noch am Liegeplatz mit Landstrom versorgt sind. So wird er stark abgekühlt. Nach dem Ablegen kann er auf die schwächste Stufe gestellt werden und wird bei nur geringem Stromverbrauch noch lange kalt bleiben.

ZUSTAND EINER BATTERIE PRÜFEN

Die kleinen Kontrollanzeigen an den Batterien oder eine Spannungsmessung liefern kein genaues Bild vom Zustand einer Batterie. Dazu müsste man die Säuredichte mit einem Säureheber messen oder einen Batterietester, wie er im Zubehörhandel angeboten wird, an die Batterie anschließen.

Als Alternative kann man die Batterie vollladen und alle Anschlüsse von den Batteriepolen entfernen. Nach ein paar Tagen kann dann die Spannung gemessen werden. Liegt sie bei 12,6 oder mehr Volt ist alles in Ordnung, liegt sie darunter, sollte die Batterie ausgetauscht werden. Ohne Verbrauch sollte eine vollgeladene Batterie über sechs Monate nur geringfügig an Spannung verlieren.

Besser, als sich mit den genannten Messmethoden abzumühen, ist es jedoch, einen modernen Batteriemonitor zu installieren, der jederzeit ganz genau Auskunft über den Zustand einer Batterie gibt.

▼ *Moderner Batteriemonitor.*

stromkabel in der Regel dauerhaft angeschlossen, sodass selbst volle Batterien mit einer Ladeerhaltungsspannung versorgt werden.

Die Batterie kann nicht überladen werden, da die Ladeerhaltung nur dann aktiviert wird, wenn die Batteriespannung unter einen bestimmten Wert sinkt. Das Ladegerät überwacht permanent die Batteriespannung und versorgt die Batterie nach Bedarf mit Ladestrom.

Bei wartungsfähigen Nassbatterien kann der Elektrolyt während des Ladens verdunsten. Diese Batterien müssen regelmäßig mit destilliertem Wasser nachgefüllt werden. Werden die Batteriehauptschalter der Starter- und Verbraucherbatterie am Liegeplatz ausgeschaltet, sollte keinerlei Entladung der Batterien stattfinden und sich das Ladegerät nur selten zuschalten

◆ Galvanische Korrosion und Opferanoden

Spannung entsteht, wenn sich zwei unterschiedliche Metalle, leitend verbunden, in einem Elektrolyt befinden. Dabei kann der Elektrolyt die Säure einer Batterie sein, aber auch das Salzwasser außen am Rumpf kann diese Rolle übernehmen. So bilden die Propellerwelle aus Edelstahl und das Gehäuse eines Z-Antriebs aus Aluminium auch eine Art Batterie, durch die es zu galvanischer Korrosion kommen kann. Dabei wird das unedlere Metall, in diesem Beispiel Aluminium, zersetzt. Auch in einer Batterie verändert sich die chemische Zusammensetzung der positiven wie negativen Platte, während Strom über einen Verbraucher fließt.

Bei galvanischer Korrosion wird immer das in der sogenannten Spannungsreihe weiter unten stehende, unedlere Metall zersetzt. Zum Schutz der verschiedenen Metallteile am Rumpf wird deshalb ein besonders unedles Metall in Form einer sogenannten Opferanode angebracht. Diese Anode, in der Regel aus Zink, soll sich anstelle anderer, möglicherweise gefährdeter Metalle zersetzen und schützt sie vor galvanischer Korrosion.

Man kennt die stromlinienförmigen Anoden am Rumpf oder die Opferanoden an der Propellerwelle und an den Trimmklappen. Aber auch im Motor gibt es Opferanoden, beispielsweise in Wärmetauschern, bei denen das durchströmende Salzwasser Kontakt zu unterschiedlichen Metallen, beispielsweise Kupfer und Aluminium hat. Ohne Opferanode würde das

Opferanode an einem Außenbordmotor

▲ *Über federbelastete Kohlebürsten als Schleifkontakt sind auch die Propellerwelle und der Propeller elektrisch leitend mit den Opferanoden verbunden, damit alle Metallteile unter Wasser vor Korrosion geschützt sind.*

Aluminium angegriffen werden, aber dank des noch unedleren Zinks der Opferanode wird nur diese zersetzt.

Wichtig ist, dass die Opferanode eine elektrisch leitende Verbindung zu dem Metall hat, das sie schützen soll. Das kann das Gehäuse eines Wärmetauschers, die Propellerwelle oder eine Trimmklappe sein. Am GFK-Rumpf eines Motorbootes können zum Beispiel Opferanoden oberhalb des Propellers aus Bronze, der Welle aus Edelstahl, dem Wellenbock aus Bronze und dem Ruderblatt aus Bronze angebracht sein. Diese Opferanoden sind an der Rumpfinnenseite meist über ein gelb-grünes Erdungskabel mit dem Ruder, dem Wellenbock und über Schleifkontakte auch mit der Welle und dem Propeller verbunden. Dadurch wird nur die Opferanode aus Zink von galvanischer Korrosion angegriffen, während alle anderen Metalle geschützt sind.

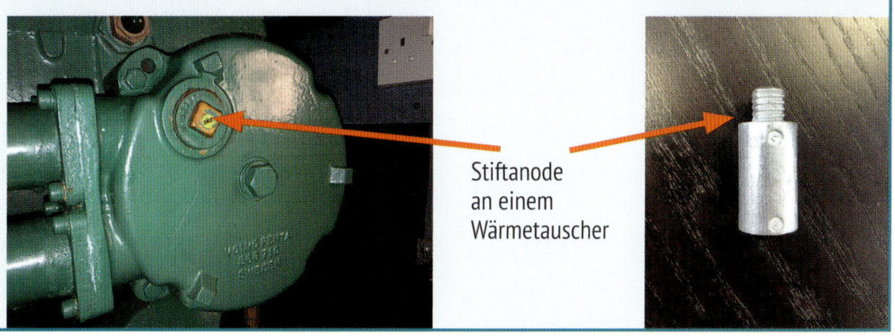

Einsatz von Opferanoden bei Booten

Die Lichtmaschine

Die Lichtmaschine erzeugt Wechselstrom, der in Gleichstrom umgewandelt wird und über einen Regler die Batterie lädt. Stromstärke und Spannung des Ladestroms werden vom Regler an den Ladezustand der Batterie angepasst.

Die Lichtmaschine wird über einen Keilriemen vom Motor angetrieben. Spannung und Zustand des Keilriemens sollten beim täglichen Motorcheck überprüft werden.

▲ *Der Keilriemen sollte sich nicht mehr als einen Zentimeter eindrücken lassen.*

TIPP: STROM FÜR DIE ANKERWINSCH

Lassen Sie den Motor laufen, wenn Sie den Anker mit der elektrischen Ankerwinsch ablassen oder aufholen. Die Ankerwinsch hat einen hohen Strombedarf und kann bei laufendem Motor direkt über die Lichtmaschine Strom bekommen.

TIPP: BATTERIEN WERDEN HEISS?

In den meisten Fällen liegt es nicht am Ladegerät, wenn die Batterien beim Laden heiß werden. Vielmehr ist das meist ein Zeichen, dass der Zustand der Batterien nicht mehr optimal ist und sie in naher Zukunft ausgetauscht werden sollten. Je voller eine Batterie beim Laden wird, umso höher ist ihr innerer Widerstand. Das Ladegerät misst diesen Widerstand und schaltet bei einem bestimmten Wert ab. Erreicht die Batterie aber aus Altersschwäche keine volle Ladung mehr und damit auch keinen entsprechend hohen Widerstand, schaltet das Ladegerät nie ab, und die Batterie wird heiß.

230-Volt-Systeme an Bord

Netzspannung wie zu Hause kann an Bord über Landstrom zur Verfügung stehen oder über einen Generator oder aus dem 12-Volt-Bordnetz mit einem Inverter erzeugt werden.

Das Ladegerät arbeitet mit 230-Volt-Landstrom, den es in Gleichstrom zum Laden der Batterien umwandelt. Manche Ladegeräte versorgen bei Anschluss an Landstrom auch direkt das gesamte 12-Volt-Bordnetz, das dann nicht mehr über die Batterien gespeist wird.

Man sollte immer in etwa wissen, wie viel Ampere die Geräte an Bord verbrauchen. Das Ladegerät sollte mindestens diesen Strombedarf liefern können, besser etwas mehr, damit die Batterien auch dann noch geladen werden können, wenn alle Verbraucher am Liegeplatz eingeschaltet sind. Liegt der Strombedarf der Verbraucher bei 20 Ampere, und das Ladegerät kann nur fünf Ampere liefern, müssen die Batterien für die übrigen 15 Ampere aufkommen und werden früher oder später leer sein, obwohl das Ladegerät angeschlossen ist.

Ladegeräte haben meist 4, 10, 20, 40 oder 80 Ampere. Mit der Tabelle auf Seite 95 lässt sich der Strombedarf der Verbraucher an Bord bestimmen. Vergewissern Sie sich, dass Ihr Ladegerät etwas mehr als diesen Strombedarf liefern kann. Angenommen, der Strombedarf der Bordgeräte liegt bei 30 Ampere, so sollte das Ladegerät 40 Ampere liefern können. Ladegeräte sollten wie Motoren nicht ständig an ihrer Leistungsgrenze, sondern bei maximal rund 80 % betrieben werden.

Sollte das Ladegerät an Bord jedoch nur wenige Ampere liefern können, müssen die meisten Verbraucher ausgeschaltet sein, während die Batterien geladen werden.

Prüfen Sie den Strombedarf anhand der Tabelle, und vergleichen Sie ihn mit der Amperezahl des Ladegeräts, die am Gerät meist unter »Output« angegeben ist.

◆ Wie ein Ladegerät funktioniert

Das Ladegerät schaltet sich ein, wenn die Batteriespannung unter einen bestimmten Wert sinkt. Gleichzeitig misst das Ladegerät den Widerstand der Batterie, der mit zunehmender Ladung ansteigt. Bei einem bestimmten Widerstandswert schaltet das Ladegerät ab. Es ist also nicht möglich, die Batterien zu überladen.

Es ist auch wichtig zu wissen, dass man nicht alle Geräte an Bord mit dem Batterieschalter von der Batterie trennt. Üblicherweise ist zum Beispiel die Bilgepumpe nicht über den Batteriehauptschalter, sondern direkt mit der Batterie verbunden.

Es ist auch wichtig zu wissen, dass man nicht alle Geräte an Bord mit dem Batterieschalter von der Batterie trennt. Üblicherweise ist zum Beispiel die Bilgepumpe nicht über den Batteriehauptschalter, sondern direkt mit der Batterie verbunden.

Die meisten Bilgepumpen haben einen Schwimmschalter, der die Pumpe bei steigendem Bilgewasser automatisch einschaltet. In seltenen Fällen funktionieren Bilgepumpen auch zeitgesteuert und schalten sich unabhängig vom Wasserstand in der Bilge in festgelegten Zeitintervallen ein. Zieht die Pumpe dann nur wenig Strom, weil kein Wasser in der Bilge ist, schaltet sie sich sofort wieder aus. Solche Pumpen verbrauchen jedoch wertvollen Batteriestrom, wenn das Boot an einer Muring liegt und nicht an Landstrom angeschlossen ist.

Neben automatischen Bilgepumpen können auch noch weitere Geräte direkt mit der Batterie verbunden sein und somit Strom verbrauchen, auch wenn der Batteriehauptschalter ausgeschaltet ist. Dazu zählen neben dem UKW-Funkgerät auch Geräte mit Memory-Funktion wie manche Musikanlagen oder Radios. Diese können so an das Bordnetz angeschlossen sein, dass sie auch im ausgeschalteten Zustand und bei ausgeschaltetem Batterieschalter einen ganz geringen Strom direkt von der Batterie beziehen.

Jonathan berichtet

Bei der Fehlersuche auf einem Boot, bei dem die Verbraucherbatterie ständig an Ladung verlor, obwohl der Batteriehauptschalter ausgeschaltet war und sich das Ladegerät viel zu häufig zuschaltete, entdeckte ich etwas Interessantes.

Ich wusste, dass das Radio mit CD-Spieler direkt an der Batterie angeschlossen war, damit die voreingestellten Radiostationen nicht verlorengingen. Dazu musste ein minimaler Strom von der Batterie fließen. Ich schaltete alles aus, sodass nichts noch nennenswert Strom verbrauchen konnte. Die automatische Bilgepumpe, der Kühlschrank, die Navigationsinstrumente, UKW-Funkgerät, Radar, Navigations- und Kabinenlichter waren alle ausgeschaltet. Alles war still, und da hörte ich ein leises Summen. Es schien vom CD-Spieler zu kommen. Als ich mein Ohr an das Gerät legte, war es eindeutig zu hören. Ich drückte die Eject-Taste, das Einlegefach öffnete sich, aber es war keine CD eingelegt. Ich schob das Fach wieder zu. Jetzt war alles still und kein Geräusch mehr vorhanden. Aus irgendeinem Grund hatte der CD-Spieler angenommen, es sei eine CD eingelegt, und das Laufwerk lief die ganze Zeit. Das hatte schon erheblich mehr Verbrauch als die Memory-Funktion für Radiosender und Uhrzeit und erklärte die Entladung der Batterien.

Schalten Sie auch einmal sämtliche Geräte zur Überprüfung ab und lauschen Sie, ob Sie nicht doch irgendetwas hören, das da nicht sein sollte. Es könnte sich lohnen.

Die Motorinstrumente

Dreht man den Zündschlüssel, leuchten die unterschiedlichsten Warnleuchten an der Instrumententafel des Motors auf. Wie viele es sind, hängt davon ab, wie groß und umfangreich der Motor und die Instrumententafel sind. Immer vorhanden sind:

- Öldruck
- Temperatur
- Ladekontrolle

Auch der Alarmton ertönt. Beim Drehen des Zündschlosses leuchten zunächst alle Warnleuchten auf, um zu kontrollieren, ob die Leuchten selbst funktionieren, genau wie beim Auto. Die Warnleuchten für

Doppelmotorenanlage Volvo Penta TAMD63-P mit eingeschalteter Zündung

Öldruck und Ladekontrolle bleiben an, bis der Motor läuft und die Ölpumpe Druck sowie die Lichtmaschine Strom erzeugen.

Leuchtet aber eine der Kontrolllampen bei eingeschalteter Zündung nicht auf, kann das schwerwiegende Konsequenzen haben. Angenommen, die Warnleuchte für Öldruck leuchtet nicht auf, man bemerkt es aber nicht und startet den Motor. Wann wird man wohl feststellen, dass etwas nicht stimmt? Wenn der Motor Leistung verliert, heftig rumpelt und dann mit einem Kolbenfresser stehenbleibt! Zumindest wenn keine Öldruckanzeige vorhanden ist, kann das passieren. Denn die Motorschmierung ist von größter Wichtigkeit.

Prüfen Sie deshalb bei jedem Motorstart, ob alle Warnleuchten aufleuchten, die aufleuchten sollen und ob nach dem Motorstart alle Warnleuchten aus sind. Ein Motorschaden wegen versagter Motorschmierung ist eine sehr kostspielige Angelegenheit.

Was aber hat es mit der Ladekontrolllampe auf sich? Diese sollte bei eingeschalteter Zündung aufleuchten und ausgehen, sobald der Motor läuft. Falls sie bei eingeschalteter Zündung nicht aufleuchtet, könnte ein Problem an der Lichtmaschine vorliegen. Leuchtet die Ladekontrolllampe bei laufendem Motor plötzlich auf, weiß man, dass die Batterien nicht mehr geladen werden.

Der Grund könnte ein gerissener Keilriemen sein. Dann würde wenig später auch die Temperatur-Warnleuchte aufleuchten, sofern die Impellerpumpe über den gleichen Keilriemen wie die Lichtmaschine betrieben wird, und der Motor würde überhitzen.

Scannen Sie diesen QR-Code, um ein Video über das Wechseln eines Keilriemens zu sehen.

Jonathan berichtet

Wie wichtig es ist, dass die Batterien sauber und trocken sind, die Pole keine Rückstände von Korrosion aufweisen und der Elektrolyt die Platten bis oben benetzt, wurde bereits ausführlich beschrieben. Mich erinnert das an ein Fischerboot, das bei den Needles in Alum Bay auf der Isle of Wight eine Explosion unter den Bodenbrettern gemeldet hatte, die sich ereignete, als versucht wurde, den Motor zu starten. Der Fischer wusste nicht, was er am besten tun sollte, und so fuhr ich hinaus zu den Needles.

Am Boot war von außen kein Schaden zu erkennen, und Feuer war auch nicht ausgebrochen. Wir hoben die hinteren Bodenbretter hoch, wo der Knall hergekommen war. Eine Batterie lag unbefestigt in diesem Stauraum, und es war eindeutig, dass die Explosion hier passiert sein musste, denn es klaffte ein großes Loch an der Oberseite der Batterie, und Batteriesäure war rundherum verspritzt worden!

Es stellte sich heraus, dass die Batterie acht Jahre alt war und nie mit destilliertem Wasser aufgefüllt worden war. Die Pole waren in dem feuchten Stauraum stark korrodiert. Nachdem die alte Batterie entfernt, die Batterieklemmen gereinigt und eine neue Batterie eingesetzt war, lief wieder alles.

Aber warum war die alte Batterie explodiert? Weil sie völlig vernachlässigt worden war!

1. Wird eine wartungsfähige Batterie über lange Zeit nicht aufgefüllt, sinkt der Elektrolyt unter die Oberkanten der Platten und dann auch noch unter die Verbindung der Platten.
2. In feuchter Atmosphäre können die freiliegenden Platten korrodieren.
3. Vor Anker liefert die Batterie Strom. Dabei entstehen Gase in der Batterie. Bei dem extrem niedrigen Pegel des Elektrolyts war die Gasbildung wesentlich stärker. Die Batterie war nie mit destilliertem Wasser aufgefüllt worden.
4. Da die Batterie unbefestigt war und in dem Stauraum hin und her rutschen konnte, brachen die bereits korrodierten Verbindungen der Platten.
5. Beim Motorstart entstand ein Funke zwischen den korrodierten und gebrochenen Platten, der das hochentzündliche Wasserstoffgas zur Explosion brachte. Dabei blähte sich das Batteriegehäuse so weit auf, dass es zerbrach.

Achten Sie auf die Pflege und Wartung ihrer Batterien!

- Werden Batterien komplett vernachlässigt, kann das zu folgeschweren Unfällen führen. Man stelle sich nur vor, die explodierte Batterie des Fischerbootes hätte ein Loch in den Rumpf gerissen.
- Bedenken Sie, dass Batteriesäure stark ätzend ist und bei Hautkontakt sofort zu schweren Verätzungen führt.
- Batterien sollten immer in einer Batteriebox installiert werden, sodass im schlimmsten Fall austretende Batteriesäure aufgefangen wird.

Batterien werden bei starker Gasentwicklung heiß und riechen nach Schwefel – ähnlich wie Fäulnis bei stehendem Wasser in einer Bootstoilette. Prüfen Sie deshalb bei Schwefelgeruch, ob er von den Batterien kommt. Die stärkste Gasentwicklung entsteht beim Laden der Batterien. Riecht es dabei nach Schwefel, sollten Sie die Batterien mit dem Hauptschalter vom Ladegerät trennen. Lassen Sie sie erst abkühlen, und ersetzen Sie sie dann durch neue Batterien. Halten Sie unbedingt einen Sicherheitsabstand zu gasenden Batterien, da Explosionsgefahr bestehen könnte! Starke Gasentwicklung kann entstehen, wenn die Batterie überladen wird, eventuell weil eine einzelne Zelle beschädigt ist und die Batterie nicht den erforderlichen Widerstand erreicht, der das Ladegerät abschalten würde, oder, in seltenen Fällen, weil das Ladegerät selbst defekt ist. Ein leichtes Ausgasen ist während des Ladens normal, aber beim Überladen einer Blei-Säure-Batterie kann der erhitzte Elektrolyt Wasserstoffgas absondern, wodurch sich im Inneren der Batterie ein Überdruck aufbaut.

Eine gewöhnliche Blei-Säure-Batterie kann den Überdruck über ein Ventil ausgleichen. Bei zu starker Gasentwicklung kann das aber nicht ausreichen, und auch im Fall eines defekten Ventils kann der Elektrolyt so weit verdunsten, dass die Platten nicht mehr benetzt sind und die Batterie endgültig beschädigt wird. Das war auch auf dem Fischerboot der Fall, als die Batterien beim Laden überhitzt wurden und sich so viel Wasserstoffgas bildete, dass es schließlich zu einer Explosion kam.

9 Wie man den Motor pflegt

Zur Pflege des Motors gehört es, ihn sauber zu halten, einen regelmäßigen Service durchzuführen und keinen Wartungsstau aufkommen zu lassen. Aber auch wie der Motor eingesetzt wird, ist wichtig. Dabei gibt es drei Punkte zu beachten, um die maximale Leistung und Lebensdauer eines Motors zu erzielen.

1. Optimale Betriebstemperatur

Alle Motoren laufen bei korrekter Betriebstemperatur am wirtschaftlichsten. Nach dem Motorstart sollte die optimale Betriebstemperatur so schnell wie möglich erreicht werden, ohne den Motor mit zu großer Last zu betreiben. Man könnte annehmen, dass fünf bis zehn Minuten im Standgas dafür ausreichen, aber das ist nicht der Fall. Die optimale Betriebstemperatur erreicht der Motor erst nach 25–30 Minuten unter leichter Last.

Vergewissern Sie sich, dass das Boot sicher vertäut ist, und kuppeln Sie den Propeller ein. Unter leichter Last gelangt mehr Kraftstoff in die Zylinder, und die erhöhte Verbrennung führt zu einer schnelleren Erwärmung. Im Standgas kann es eine Stunde dauern, bis der Motor richtig warm wird, und selbst dann hat er noch nicht seine optimale Temperatur erreicht.

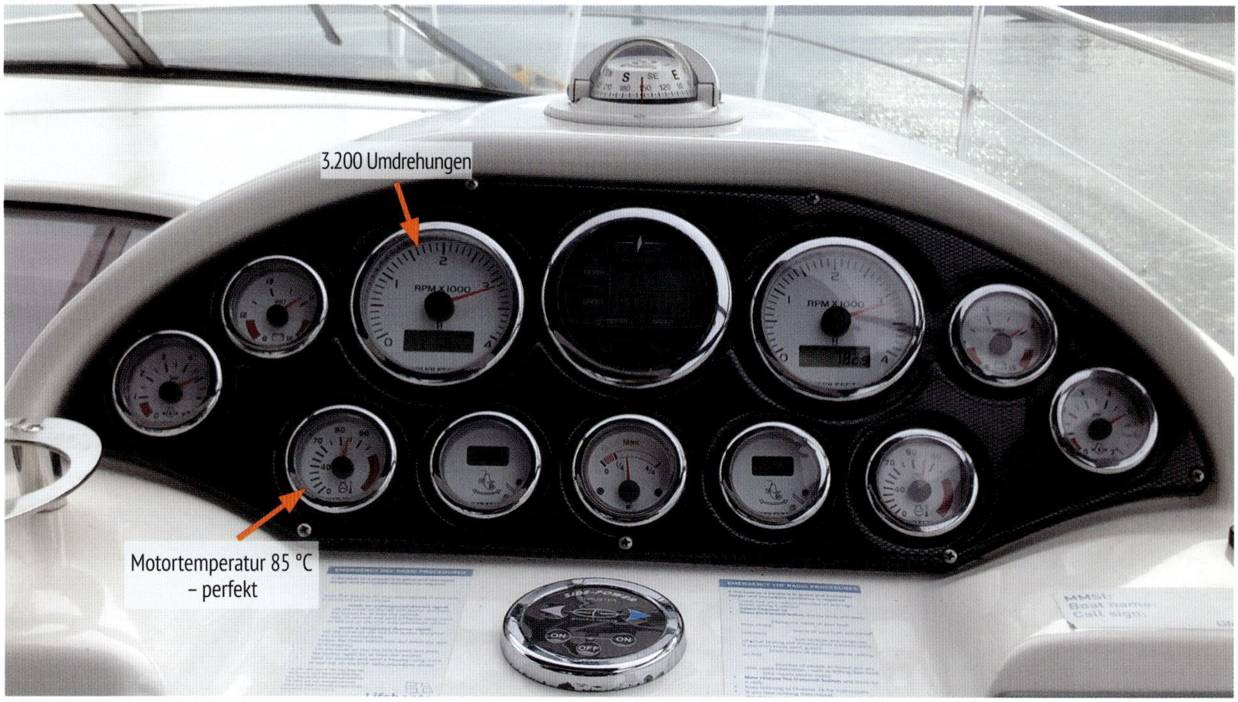

▲ *Die optimale Betriebstemperatur.*

Man kann nach dem Motorstart auch die Festmacher lösen und ablegen, sollte aber darauf achten, nur mit geringer Drehzahl zu fahren. Die Idee ist, den Motor unter geringer Last zu betreiben, damit er schnell warm wird, ihn jedoch nicht zu sehr zu belasteten oder hochzudrehen, solange er noch kalt ist.

2. Optimale Drehzahl

Beschleunigen Sie langsam.

Betreiben Sie den Motor nicht über lange Zeit unter Volllast. Was den Verbrauch angeht, so gilt es mehrere Punkte zu bedenken. Manche Leute betreiben ihren Motor nur auf zwei Arten: ausgeschaltet oder Vollgas. Das ist ein todsicheres Rezept, um den Motor zu verschleißen. Man denke nur an die Formel 1: Dort wird das so gemacht, und die Motoren müssen nach wenigen Rennen gewechselt werden. Konkret heißt das, dass nach dem aktuellen Reglement nur drei Motoren pro Saison eingesetzt werden dürfen, sodass die Motoren ungefähr alle sieben Rennen gewechselt werden. Jedenfalls ist es sehr kostspielig, wenn man Motoren immer nur unter Volllast betreibt. Geben Sie langsam und gleichmäßig Gas. Dadurch werden die Gummidämpfer zwischen Motor und Getriebe oder zwischen Getriebe und Propellerwelle oder bei Außenbordmotoren am Propeller selbst anstelle von Scherstiften weniger belastet. Beschleunigen Sie langsam, und fahren Sie nicht längere Zeit mit Vollgas. Motoren sind für einen Betrieb mit ungefähr 85 % der Maximalleistung ausgelegt und nicht für dauerhafte Volllast. Schieben Sie den Gashebel ganz nach vorn und dann etwas zurück auf 85 %, und der Motor läuft problemlos den ganzen Tag.

Bei Vollgas versucht der Motor mehr Leistung zu erzeugen, als er kann. Es gelangt mehr Kraftstoff in die Zylinder, als wirtschaftlich verbrannt werden kann. Das ist nicht nur eine unnötige Verschwendung, es verschleißt den Motor auch übermäßig. Denn bei Vollgas will der Motor immer noch schneller drehen. Dabei steigt die Belastung, alles wird noch heißer und verschleißt schneller. Aber die Bootsgeschwindigkeit geht nur unwesentlich um fünf bis zehn Prozent zurück, wenn man den Gashebel statt auf Vollgas auf 85 % stellt.

Die Einsparung bei 85 % der Leistung gegenüber 100% bei Vollgas beträgt ungefähr 30–40 %. Fährt das Boot bei Vollgas 35 Knoten, kann man ein Drittel des

▲ *Die Gummibuchse in der Propellernabe bricht beim Hängenbleiben des Propellers und schützt so das Getriebe vor Schäden.*

▲ *Der Scherstift ist so bemessen, dass er bricht, wenn sich der Propeller verfängt. So wird das Getriebe vor Schäden geschützt.*

Bootsgeschwindigkeit und Kraftstoffverbrauch

Das sind Beispielwerte, aber sie verdeutlichen das Einsparpotenzial.

Boot	Bootgeschwindigkeit bei Vollgas (100 %)	Kraftstoffverbrauch bei Vollgas (100 %)	Kosten pro Stunde bei 1,50 €/l	Bootsgeschwindigkeit bei 85 % Leistung (10% langsamer)	Kraftstoffverbrauch bei 85 % Leistung (Einsparung 33 %)	Kosten pro Stunde bei 1,50 €/l
Princess 23 m, Diesel, zweimotorig	35 Knoten	454 l/h	681,00 €	32 Knoten	303 l/h	454,50 €
Nimbus 27 ft., Diesel, einmotorig	35 Knoten	57 l/h	85,50 €	32 Knoten	38 l/h	57,00 €
RIB 8 m, Benzin, zweimotorig (Außenborder)	40 Knoten	75 l/h	112,50 €	36 Knoten	50 l/h	75,00 €

Kraftstoffverbrauchs einsparen, wenn man die Leistung auf 85 % drosselt, und das Boot wird dann immer noch 32 Knoten schnell sein. Reduziert man die Maximalgeschwindigkeit um 20 %, kann man sogar bis zu 50 % des Kraftstoffs einsparen. Bei modernen, elektronisch gesteuerten Motoren wird nur so viel Kraftstoff eingespritzt, wie auch vollständig verbrannt werden kann. Diese Motoren haben mehrere Sensoren, die die Last, die Drehzahl, die Temperatur und weitere Parameter in die Steuerung der Einspritzung einbeziehen. Ältere Motoren haben diese Sensoren nicht. Die Last wird deutlich, wenn man bei ausgekoppeltem Propeller Gas gibt. Die Drehzahl steigt schneller und höher als bei mitdrehendem Propeller. Der Unterschied bei der Drehzahl verdeutlicht die Last. Unter Last versucht der Motor die gleiche Drehzahl zu erreichen, mit der er ohne Last drehen würde. Diese Last verschleißt den Motor. Deshalb ist es für die Lebensdauer eines Motors wichtig, nicht nur auf regelmäßige Wartung, korrekte Kühlung und Schmierung sowie ausreichende Luftzufuhr zu achten, sondern auch auf ein bewuchsfreies Unterwasserschiff und ebensolche Propeller.

3. Abkühlen des Motors

Genauso wichtig wie das Aufwärmen eines Motors ist auch das Abkühlen. Bevor man den Motor nach längerer Einsatzzeit abstellt, sollte man ihn einige Minuten im Standgas laufen lassen. Das ist besonders dann wichtig, wenn der Motor zuvor stark beansprucht wurde. Unter hoher Last ist der Motor heiß geworden, und er sollte durch die eigene Kühlung abkühlen, bevor man ihn abstellt. Während des Betriebs strömt Seewasser durch den Wärmetauscher und kühlt das Kühlmittel im geschlossenen Kreislauf, das wiederum den Motor kühlt. Bei einigen Minuten im Standgas kann die Motorkühlung den Motor aktiv abkühlen. Stellt man ihn jedoch bei hoher Temperatur einfach ab, fließt kein Seewasser mehr, um das Kühlmittel abzukühlen, das durch die große Motorhitze stark erwärmt wird. Das führt zu Ausdehnung und Druck im geschlossenen Kreislauf, sodass Dampf durch das Ventil im Deckel des Kühlers entweicht. Dampf und siedendes Frostschutzmittel können im Motorraum verspritzt werden. Aber nicht nur die Überhitzung des Motors nach großer Belastung ist eine Gefahr, auch ein Turbolader muss abkühlen. Der Abgasturbolader erzeugt einen Ladedruck und dreht mit extrem hohen Drehzahlen von 80.000 U/min bei Bootsmotoren und noch mehr bei vielen Sportwagen. Solch hohe Drehzahlen erfordern eine gute Schmierung, weshalb die Turbine und der Verdichter durch Öl geschmiert werden, das vom Motor unter Druck zugeführt wird. Sobald der Motor abgestellt wird, wird kein Öl mehr zu den Lagern gepumpt, doch der schnelldrehende Turbolader läuft noch nach, bis er von seiner hohen Drehzahl zum Stillstand kommt. In dieser Zeit ohne weitere Ölzufuhr kann das stehende Öl so stark erhitzt werden, dass sich die Lager festfressen. Zumindest aber entsteht übermäßiger Verschleiß, der im Lauf der Zeit zu weiteren Problemen führen kann. Lässt man den Motor aber ein paar Minuten im Standgas laufen, bevor man ihn abstellt, kann auch der Turbolader seine Drehzahl reduzieren und wird nicht ohne Schmierung nachlaufen.

10 Prüfen, warten und einwintern

Checklisten sind sehr wichtig. Ein Pilot geht schließlich auch nicht an Bord eines Flugzeugs, startet den Motor und hebt einfach ab. Er oder sie geht zuvor eine genaue Checkliste zusammen mit dem Co-Piloten durch. Das Gleiche gilt für Boote. Man sollte nicht an Bord gehen und ablegen, ohne einige Überprüfungen durchzuführen. Was aber muss überprüft werden? Was würde einen selbst oder das Boot in Schwierigkeiten bringen, wenn es ausfällt? Manche Skipper gehen dabei jedes nur denkbare Szenario durch. Das ist dann doch etwas übertrieben, es sei denn man startet zur Vendée Globe oder zu einer großen Expedition. Dennoch sollte man an die erste Regel guter Seemannschaft denken: Vermeiden Sie Situationen, die gute Seemannschaft erfordern. Gute Vorbereitung ist daher besonders wichtig.

Es sollte zur Routine werden, regelmäßige Überprüfungen durchzuführen, die man sich am besten schriftlich in Form von Checklisten aufschreibt, damit nichts übersehen wird. Machen Sie es wie ein Flugkapitän, der auch immer einen Außencheck durchführt. Gehen Sie zunächst vom Bug bis zum Heck und achten Sie auf alles, was ins Auge fällt.

Jonathan berichtet: Ich würde wetten, dass die Hälfte aller Skipper es nicht bemerkt, würde man den Anker ihres Bootes auf den Grund der Marina ablassen. Das heißt, sie würden es schon bemerken, aber erst, wenn sie bereits abgelegt haben und das Boot plötzlich aufstoppt. Neben den Checks am Motor ist es wichtig, immer auch einen Außencheck durchzuführen, bevor man die Festmacher löst und auch nach einem Törn, wenn man wieder an den Liegeplatz zurückgekehrt ist.

Tägliche Überprüfung und Checkliste

Ordnung ist das halbe Leben

Halten Sie den Motorraum und die Bilge trocken und sauber, damit Sie sofort erkennen können, wenn am Motor Flüssigkeit austritt oder eine Schraube oder Mutter in der Bilge liegt, die da nicht hingehört. Nehmen Sie den Motor regelmäßig von allen Seiten in Augenschein, um äußere Veränderungen oder Korrosion rechtzeitig zu bemerken. Die salzige und feuchte Luft fördert die Korrosion und ist der größte Feind der Elektrik und der Kabelverbindungen am Motor, die sich lösen können.

Beachten Sie die Angaben im Betriebshandbuch bezüglich der vorgeschriebenen Serviceintervalle. Einige Wartungsarbeiten kann man selbst machen. Ohne Wartungsstau hat man das sichere Gefühl, dass alles ordnungsgemäß bis zum nächsten Service funktionieren wird.

Duncan berichtet: Ich war immer sehr beeindruckt, dass mein Motor bei jedem Service nicht nur innerlich, sondern auch äußerlich auf Vordermann gebracht wurde. Die Mechaniker hatten die grüne Farbe meines Volvo Penta regelmäßig nachgebessert.

Von Jonathan weiß ich, dass es beim Nachlackieren weniger auf die Optik ankommt als vielmehr auf den Schutz vor Korrosion. Bootsmotoren sind lackiert, damit sie weniger schnell rosten. Achten Sie bei Sprühfarben darauf, dass sie sich zum Übersprühen von elektrischen Komponenten eigen, was nicht bei allen Farben der Fall ist. Die Lackierung verhindert, dass sich Oberflächenrost durch Feuchtigkeit bilden und zu weiteren Problemen führen kann.

Man kennt es vom Auto, bei dem sich nach nur einer Nacht im Regen bereits Rost an den Bremsscheiben bildet, der sich als Schleifgeräusch beim Losfahren am nächsten Morgen bemerkbar macht. Genauso gefährdet ist ein Bootsmotor, an dem sich Feuchtigkeit absetzt. Deshalb sind Bootsmotoren zum Schutz vor Korrosion lackiert. Bessern Sie die Lackierung regelmäßig nach, um den Schutz aufrechtzuhalten.

Warum sind Bootsmotoren lackiert?

Nicht alle Mechaniker bessern im Anschluss an die Servicearbeiten auch die Lackierung nach. Da wird beispielsweise der Impeller gewechselt, und beim Auf- und Zuschrauben werden die Muttern und die Abdeckplatte zerkratzt. Zwei Monate später hat man dort Korrosion. Wären diese Stellen mit Farbe übersprüht worden, wären sie für mindestens ein Jahr korrosionsfrei geblieben.

Bootsmotoren haben meist ihre markentypische Farbgebung:

- Grün bei *Volvo Penta*
- Gelb bei *Vetus* und auch *Caterpillar*
- Grau bei *Yanmar*
- Rot bei *Beta* und *Bukh*
- Weiß bei *MAN*
- Blau bei *Thornycroft*

Grau – Yanmar, Yamaha

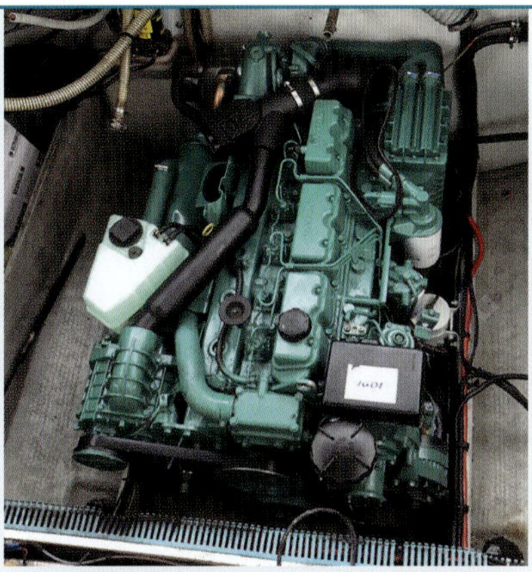

Grün – Volvo-Dieselmotoren

Blau – Thornycroft, Nanni, Perkins

Rot – Bukh, Beta, Volvo-Benzinmotoren

Schwarz – Mercury/Mercruiser, Suzuki

Beispiele für die markentypische Farbgebung: Jeder Hersteller hat seinen typischen Farbton. Die Lackierung dient in erster Linie zum Schutz vor Korrosion.

▲ *MAN-Motoren, typischerweise weiß, auf einer Superyacht.*

Achten Sie jedoch beim Nachbesseren der Lackierung darauf, keine Gummiteile wie beispielsweise den Keilriemen zu übersprühen. Dieser könnte ansonsten im Betrieb durchrutschen. Wischen Sie Farbe, die versehentlich auf Gummiteile gelangt ist, mit einem Tuch ab. Bei einem dicken Farbauftrag könnte die Farbe oder das Rostschutzmittel ansonsten in den Gummi eindringen. Wischen Sie Gummiteile sofort ab, denn Lacksprays und Rostschutzmittel sind meist schnelltrocknend.

Wer rastet, der rostet

Diese alte Weisheit gilt, kaum überraschend, auch für Boote. Regelmäßiger Gebrauch verhindert, dass sich übermäßig viel Feuchtigkeit absetzen und zu verstärkter Korrosion führen kann. Wer sein Boot häufig nutzt, pflegt es meist auch regelmäßiger. Boote, die an einer Boje liegen sind oft in einem weniger gepflegten Zustand als Boote in einer Marina, weil sie seltener aufgesucht werden. Das klingt nach einer starken Verallgemeinerung, und sicherlich gibt es bestens gepflegte und häufig genutzte Boote, die ihren Liegeplatz an einer Boje haben, aber zehn Jahre Erfahrung beim Pannendienst auf See haben Jonathan zu diesem Schluss kommen lassen. Das ist ein Punkt, den man auch beim Kauf eines Bootes berücksichtigen sollte: War das Boot an einer Boje oder einem festen Liegeplatz?

Keilriemen prüfen

Beim Keilriemen prüft man die Spannung und die Abnutzung.

- Spannung – Drücken Sie in der Mitte der größten freien Länge gegen den Keilriemen. Er sollte sich höchstens 0,5–1,0 cm eindrücken lassen. Bei einem modernen Flachriemen sollte man zusätzlich den Riemen um nicht mehr als 90 Grad verdrehen können.
- Abnutzung – Schwarzer Abrieb in Form einer Staubschicht an den umliegenden Teilen deutet auf starke Abnutzung des Keilriemens hin. Etwas Abrieb ist normal und sollte regelmäßig abgewischt werden, bei vermehrt auftretendem schwarzen Staub wird man den Keilriemen in Kürze wechseln müssen.

Batterie prüfen

Manche Batterien haben an ihrer Oberseite einen Indikator, meist in Form eines kleinen, runden Sichtfensters, das je nach Ladezustand seine Farbe ändert.

- Kein Indikator – Bei wartungsfähigen Batterien müssen die Verschlusskappen der Zellen aufgeschraubt und destilliertes Wasser nachgefüllt werden, bis der Pegel die Markierung an der Außenseite der Batterie erreicht und die Platten vollständig vom Elektrolyt benetzt sind.

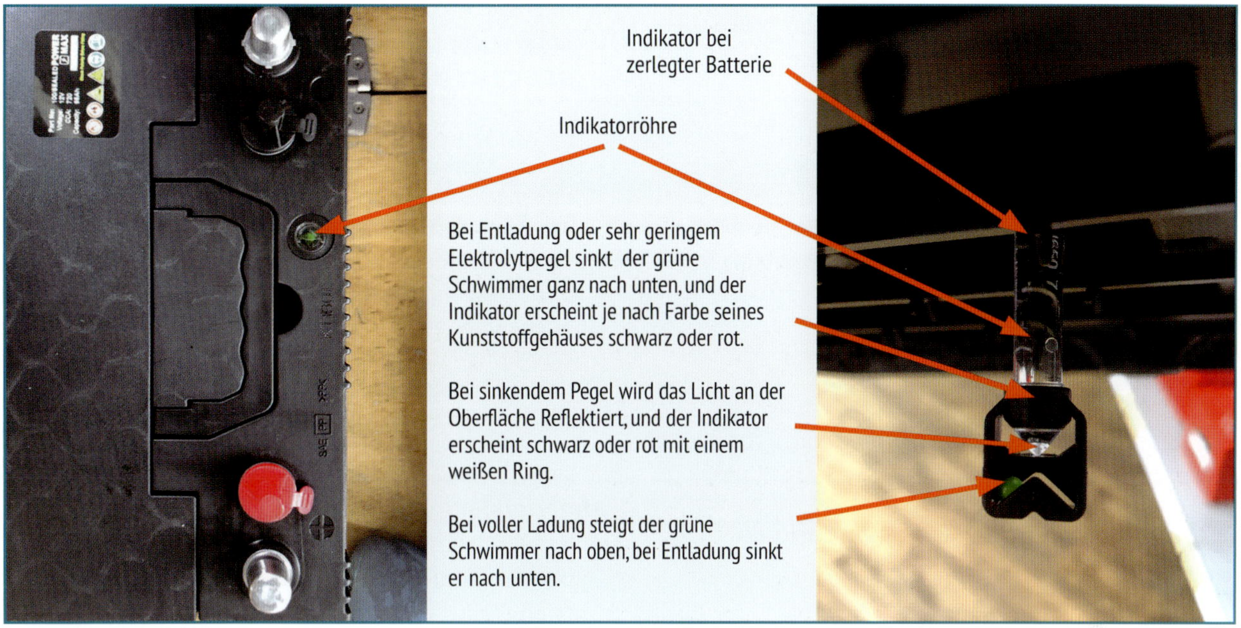

▲ *Der Indikator zeigt den Ladezustand und den Füllstand der Batterie an.*

- Indikator grün – voll geladen und Füllstand in Ordnung.
- Indikator schwarz oder rot – Batterie ist entladen.
- Indikator schwarz oder rot mit weißem Ring – Elektrolytpegel gering, Auffüllen nötig.

Bei den meisten Batterien mit Indikator ist die Bedeutung der einzelnen Farben an der Oberseite angegeben.

◆ Motor prüfen

Beachten Sie die folgenden Checklisten, aber denken Sie auch daran, dass der Motor nach der Rückkehr an den Liegeplatz ebenfalls überprüft werden sollte. So kann man auftretende Probleme rechtzeitig erkennen und hat genügend Zeit, sie vor der nächsten Ausfahrt in Ordnung zu bringen.

Täglicher Check – vor dem Motorstart

- Füllstand Kraftstofftank
- Batterieschalter ein
- Ölstand
- Spannung Keilriemen
- Wasserfilter sauber
- Seeventil für Kühlwasser offen
- Bilge sauber: kein Öl, Kraftstoff oder Wasser

Check nach dem Motorstart

- Kühlwasser kommt aus dem Auspuff.
- Öldruck ok (Warnlampe aus und Temperaturanzeige Motorinstrumente prüfen, falls vorhanden).
- Ladekontrolllampe aus (Volt- und Amperemeter prüfen, falls vorhanden).
- Keine Leine hängt über Bord ins Wasser.

Nach Einsatz des Motors

- Motor einige Minuten im Leerlauf laufen lassen.
- Motor abstellen.
- Nicht benötigte Verbraucher oder Batterieschalter der Starterbatterie ausschalten.
- Seeventil für Kühlwasser schließen.

Tipps für optimale Zuverlässigkeit

- Motorraum und Bilge sauber und trocken halten.
- Regelmäßige Sichtkontrolle des Motors von allen Seiten auf Korrosion und Abnutzung.
- Vorgeschriebene Serviceintervalle einhalten.
- Regelmäßig Korrosionsschutzmittel am Motor auftragen.
- Häufiger Einsatz des Motors, keine langen Stehzeiten.
- Propeller einkuppeln, wenn der Motor längere Zeit am Liegeplatz läuft.
- Kraftstofftank sollte immer so voll wie möglich sein, nie unter der Hälfte.

- Kraftstoffvorfilter regelmäßig prüfen (monatlich oder nach Betriebsstunden). Filterelement herausnehmen, falls möglich.
- Dichtungen am Kraftstofffilter prüfen.
- Auf Abrieb und schwarzen Staub des Keilriemens achten.
- Additive gegen Dieselpest verwenden.
- Pegel der Batteriesäure regelmäßig prüfen, falls wartungsfähig.

Wartungsarbeiten

Wartungsarbeiten kosten Geld – keine Wartungsarbeiten kosten noch mehr Geld.

Warum die regelmäßige Wartung so wichtig ist

Es versteht sich von selbst, dass Dinge bei guter Pflege länger halten und zuverlässiger funktionieren. Das Minimum der jährlichen Motorwartung umfasst:

Kraftstoffsystem

- Vorfilter/Wasserabscheider – Filter wechseln, Sichtglas säubern.
- Feinfilter am Motor wechseln.

(Ältere Dieselmotoren müssen im Anschluss entlüftet werden.)

Ölkreislauf

- Motoröl und Ölfilter wechseln.
- Getriebeöl und Filter, falls vorhanden, wechseln.

WIE MAN NIE WIEDER VERGISST, DAS SEEVENTIL ZU SCHLIESSEN

Bevor man von Bord geht, sollte das Seeventil für die Motorkühlung geschlossen werden. Um das nicht zu vergessen, kann man sich eine Notiz am Kartentisch machen. Besser aber dürfte die Methode eines Freundes sein: Jedes Mal wenn er das Seeventil schließt, stülpt er eine rosa Socke über den Motorschalthebel. Ich weiß nicht, was seine Frau dazu sagt und ob es einer ihrer Socken ist, aber die Methode funktioniert.

Motorkühlung

- Zweikreiskühlung – Pegel des Kühlmittels prüfen und Konzentration des Frostschutzmittels messen (siehe Seite 120).
- Einkreiskühlung – Wasserfilter prüfen und säubern, Impeller der Kühlwasserpumpe wechseln.

Anoden am Motor

Anoden wechseln, wenn sie im Vergleich zu einer neuen Anode um 25 Prozent verbraucht sind. Anoden können sich am Motor befinden am: Wärmetauscher, Ladeluftkühler, Getriebekühlung und/oder Ölkühler.

Luftzufuhr

- Luftfilter wechseln.

Dieser Vorfilter hat ein transparentes Gehäuse, sodass man Verunreinigungen und Wasser sofort erkennen kann.

Feststoffe haben sich am Filterelement angereichert

Wasser sammelt sich am Boden des Filters, da es schwerer ist als Diesel und Benzin

Ventil zum Wasser ablassen

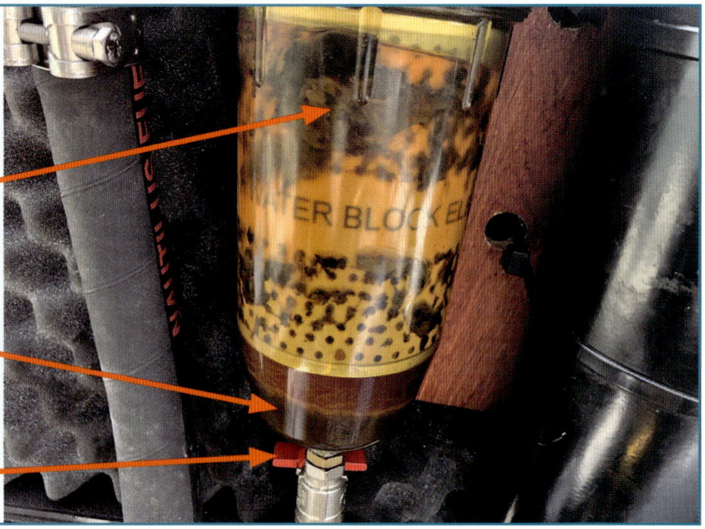

Motorelektrik

- Überprüfen Sie die Batteriespannung.
- Füllen Sie wartungsfähige Batterien mit destilliertem Wasser auf.
- Achten Sie auf saubere und korrosionsfreie Batteriepole.
- Überprüfen Sie den Keilriemen auf Abrieb, und wechseln Sie ihn bei Bedarf aus.

Motorschaltung

- Überprüfen Sie die Schaltzüge für Gashebel, Getriebe und Motorstopp. Sie müssen gut geschmiert, leichtgängig sowie frei von Korrosion und Beschädigungen sein.

Wenn die Schaltzüge schwergängig sind, ist das ein Zeichen, dass sie ausgetauscht werden sollten. Die Metallverstärkung in der Ummantelung könnte brechen. Meist ist man sich der Schwergängigkeit der Schaltzüge nicht bewusst, da sie nur schleichend zunimmt. Wenn eine andere Person die Motorschaltung bedient und erstaunt ist, wie viel Kraft nötig ist, um den Hebel zu bewegen, sollte man die Schaltzüge überprüfen. Es gibt keine genauen Angaben, wie oft man die Schaltzüge wechseln sollte, aber sie sind vergleichsweise günstig und unkompliziert auszutauschen. Ein gebrochener Schaltzug kann dagegen zu weit größeren Komplikationen führen. Es lohnt sich, sie ungefähr alle fünf Jahre zu wechseln.

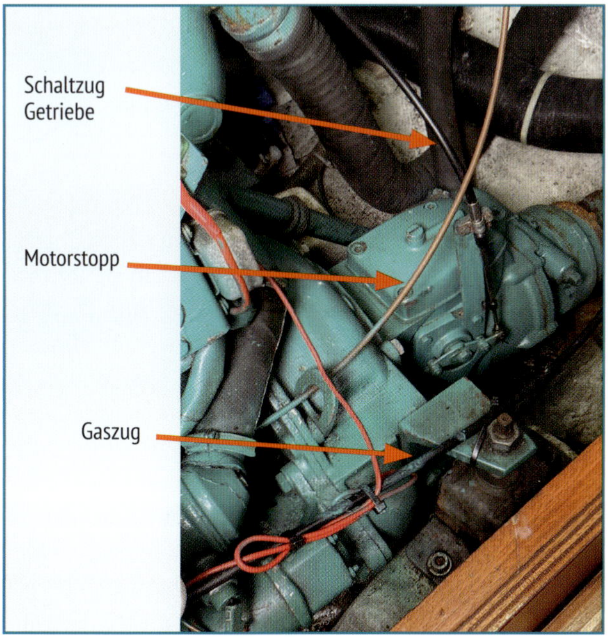

▲ *Manchmal werden neue Schaltzüge in Reserve direkt neben den vorhandenen angebracht, um sie schnell wechseln zu können.*

Duncan berichtet: Gerade als ich beim Anlegen in der Box mein Boot mit einem kurzen Rückwärtsschub aufstoppen wollte, brach der Schaltzug für das Getriebe. Das Boot hatte nur geringe Geschwindigkeit, und ich konnte noch schnell die Heckleine um eine Klampe am Steg werfen, um gefühlvoll abzubremsen. Auch wenn man einhand anlegt, sollte man immer erst mit der Maschine aufstoppen, bevor man die Festmacher über die Stegklampen wirft, aber das war ein Notfall.

- Steuerkabel – prüfen und schmieren.
- Winschen – Wartung durchführen.
- Seeventile – auf Leichtgängigkeit sowie Korrosion prüfen und schmieren.
- Generatoren sind Diesel- oder Benzinmotoren zur Stromerzeugung und müssen genau wie die Hauptmaschine überprüft und gewartet werden – Motoröl, Kühlmittel, Wasserfilter, Kraftstofffilter, Keilriemen.
- Prüfen Sie auch die Feuerlöscher für den Motorraum. Feuerlöscher müssen meist jährlich überprüft und gewartet werden, achten Sie auf die Herstellerangaben.

GENERATOR-TIPP

Ein Dieselgenerator sollte immer mit mindestens 50 Prozent Last betrieben werden. Bei geringer Last erreicht der Motor nicht seine optimale Betriebstemperatur, und der Kraftstoff wird nur unvollständig verbrannt. Dadurch kann es zu Ablagerung von Ruß kommen. Ein Anzeichen für unvollständige Verbrennung ist schwarzer Auspuffrauch. Um die Last zu erhöhen, kann man zusätzliche Verbraucher wie Heizung, Klimaanlage oder den Elektroherd einschalten. Danach sollte auch der schwarze Rauch verschwinden.

FILTER FÜR FRISCHWASSER ÜBERPRÜFEN

Am Filter in der Druckwasserleitung können sich mit der Zeit Ablagerungen bilden. Dadurch kann der Filter verstopfen. Vergewissern Sie sich, wo sich der Filter sowie die Frischwasserpumpe befinden. Der Filter kann separat oder direkt an der Pumpe angeschlossen sein. Öffnen und reinigen Sie den Filter oder ersetzten Sie das Filterelement. Kommt nur wenig Wasser aus der Leitung, kann das ein Zeichen für einen verstopften Filter sein.

Weitere Wartungs- und Servicearbeiten an Bord:

Unter Deck

- Die Bilge sauber und trocken halten – bei Verschmutzungen in der Bilge kann die automatische Bilgepumpe verstopfen und beschädigt werden, sodass sie ersetzt werden muss.
- Die Gasinstallation überprüfen lassen.
- Klimaanlage
- Gas- oder Dieselheizung
- Manuelle oder elektrische Toiletten
- Frischwasserpumpen
- Kühl- und Gefrierschränke
- Alle elektrischen Antriebe, beispielsweise an Schiebetüren oder -fenstern.
- Seeventile
- Alarmgeber

An Deck

- Elektrische Gangway, Passerelle
- Absenkbare Badeplattform
- Davits, manuell oder elektrisch
- Kran, Hebearm
- Winschen, manuell oder elektrisch
- Ankerwinde, manuell oder elektrisch
- stehendes Gut auf Korrosion überprüfen
- laufendes Gut auf Abnutzung überprüfen

Am Rumpf

Wenn das Boot an Land steht:

- Machen Sie sich mit der Position aller Rumpfdurchbrüche und Seeventile vertraut.
- Prüfen Sie den Zustand der Propellerwelle und des Propellers.
- Prüfen Sie den Zustand des Z-Antriebs, der Trimmklappen und des Ruders.
- Erneuern Sie die Anoden am Rumpf und an der Propellerwelle sowie an den Trimmklappen.

Einwintern von Booten

Beim Einwintern werden alle Bordsysteme abgeschaltet und so versorgt, dass sie während der kalten Wintermonate gut geschützt sind und im Frühling zum Auswintern schnell wieder einsatzklar gemacht werden können. Dabei kommt es darauf an, ob das Boot über Winter an Land gestellt oder im Wasser gelassen wird, wie der Liegeplatz beschaffen ist und mit welchem Wetter gerechnet werden muss.

Damit Wasserleitungen bei starkem Frost keinen Schaden nehmen, müssen sie entweder leer sein oder dem Wasser muss ausreichend Frostschutzmittel beigemischt werden. Die folgende Liste schildert alle Einwinterungsarbeiten, sodass man je nach Standort des Bootes zutreffende Aufgaben aussuchen kann.

Bedenken Sie, dass es beim Einwintern nicht nur um den Motor, sondern um den Schutz aller Bordsysteme geht.

Was muss eingewintert werden?

- Kraftstofftank
- Antriebsmaschine (Diesel oder Benzin), Getriebe, Propellerwelle, Propeller, Z-Antrieb, Außenbordmotor (Benzin oder Diesel)
- Wassertank, Wasserleitungen (mit oder ohne Druckwasser), Grauwasser-, Schwarzwasser- und Fäkalientank
- Batterien: Starter- und Verbraucherbatterien
- Beschläge und Einrichtung an und unter Deck

Kraftstofftank

Man könnte den Zustand des Tanks im Inneren mit einem Endoskop überprüfen und ihn professionell reinigen lassen. (Ob ich das so mache? Nein, aber Jonathan schon!)

Oder einfacher:

- Dieseltank – Füllen Sie den Tank ganz auf, und verwenden Sie ein Additiv gegen Dieselpest.
- Benzintank – Füllen Sie den Tank zu 95 % voll, damit sich das Benzin ausdehnen kann, und verwenden Sie ein Additiv zur Systemreinigung.

Einbaumaschine (Diesel und Benzin)

Kraftstoffsystem

Bevor das Boot längere Zeit nicht genutzt wird, sollte man die Kraftstofffilter wechseln. Schmutz und Wasser im Filter sind der perfekte Nährboden für Bakterien, die sich während des Winters im Dieselfilter bilden können. Hat man dagegen einen neuen Filter eingesetzt und ein Mittel gegen Dieselpest in den Tank gegeben, kann das nicht passieren. Bei einem Benzinmotor ist es ebenfalls empfehlenswert, ein Additiv beizugeben, das nicht die Leistung steigern soll, sondern der Systemreinigung dient. So können sich keine Ablagerungen bilden, und das Kraftstoffsystem bleibt sauber.

Ölkreislauf

Das Gleiche gilt auch für das Motoröl. Schmutziges Öl sollte nicht über den Winter im Motor verbleiben. Machen Sie daher einen Öl- und Filterwechsel.

Wellenabdichtung

An der Rückseite des Motors ist das Getriebe angeflanscht, von wo die Propellerwelle nach achtern und am Stevenrohr durch den Rumpf führt. Bleibt das Boot über Winter im Wasser, muss die Wellenabdichtung möglichst dicht sein. Tropft es dort, muss die Dichtung nachgestellt oder erneuert werden. Bei Stopfbuchsen ist ein Tropfen alle 20 Sekunden normal, während sich die Welle bei Fahrt dreht; bei Stillstand sollte aber nur hin und wieder ein Tropfen durchkommen.

Kühlsystem

Einkreiskühlung – Dabei wird Seewasser zur Kühlung durch den Motor gepumpt.

Zweikreiskühlung – Hier wird das Seewasser durch einen Wärmetauscher gepumpt, wo das Kühlmittel abgekühlt wird, das in einem geschlossenen Kreislauf zur Kühlung durch den Motor gepumpt wird. Seewasser wird auch zur Kühlung von Ladeluftkühlern für Abgasturbolader und Kompressoren sowie zur Kühlung von Ölkühlernverwendet.

Seewasserkreislauf

Alle Leitungen, durch die Seewasser fließt, müssen beim Einwintern von Salz befreit werden. Ansonsten können sich Kalkablagerungen bilden, die die Wirksamkeit des Wärmetauschers stark beeinträchtigen. Durch die mineralischen Ablagerungen in den Rohren wird sowohl der Innendurchmesser und damit die Durchflussmenge reduziert als auch die Wärmeleitfähigkeit zwischen dem kühlen Seewasser und dem heißen Kühlmittel im Wärmetauscher herabgesetzt.

Spülen Sie den Seewasserkreislauf mit Frischwasser aus, und füllen Sie eine Mischung aus Frischwasser und möglichst umweltfreundlichem Frostschutzmittel ein.

Wie man das macht, hängt von der Position des Wasserfilters ab:

1. Befindet sich der Wasserfilter über der Wasserlinie?
2. Befindet sich der Wasserfilter unterhalb der Wasserlinie?

In beiden Fällen kann jedoch die Impellerpumpe verwendet werden.

Seewasserkreislauf ausspülen

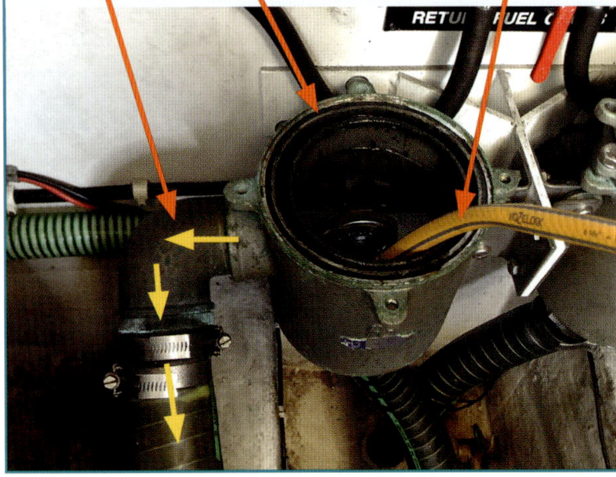

Wasserfilter über der Wasserlinie

1. Nehmen Sie den Deckel des Wasserfilters ab.
2. Führen Sie einen Wasserschlauch bei größeren Motoren über 75 PS in den offenen Wasserfilter; bei kleineren Motoren kann man mit einem Eimer oder einer Gießkanne nachfüllen.
3. Starten Sie den Motor.
4. Schließen Sie das Seeventil.
5. Lassen Sie den Motor fünf Minuten laufen. Achten Sie darauf, dass er immer genug Kühlwasser bekommt.
6. Stellen Sie den Motor ab, und drehen Sie den Schlauch zu.
7. Starten Sie den Motor, und füllen Sie Kühlmittel am Wasserfilter ein, bis es am Auspuff wieder herauskommt.
8. Stellen Sie den Motor ab.
9. Vergewissern Sie sich, dass das Sieb im Wasserfilter sauber ist.
10. Schließen Sie den Wasserfilter.
11. Öffnen Sie das Seeventil. Mit dem Deckel auf dem Wasserfilter ist der Seewasserkreislauf geschlossen, und es kann kein Seewasser eintreten.

Wasserfilter unter der Wasserlinie

1. Schließen Sie das Seeventil.
2. Lösen Sie den Schlauch am Auslass des Wasserfilters.
3. Stecken Sie den Schlauch in einen Eimer voll Wasser.
4. Starten Sie den Motor.

▲ *Bei einem kleineren Motor wird Wasser mit einer Kanne am Wasserfilter nachgefüllt.*

5. Füllen Sie Wasser über einen Schlauch in den Eimer nach, damit er immer voll bleibt.
6. Stellen Sie den Motor ab.
7. Füllen Sie Kühlmittel in den Eimer.
8. Starten Sie den Motor, und lassen Sie ihn laufen, bis Kühlmittel am Auspuff herauskommt.
9. Stellen Sie den Motor ab.
10. Schließen Sie den Schlauch wieder am Auslass des Wasserfilters an.
11. Setzen Sie den Deckel des Wasserfilters wieder auf.

▲ *Ein Volvo MD 2020.*

▲ *Von der Impellerpumpe führt ein Schlauch in einen Eimer mit Frischwasser (Seeventil schließen!).*

▲ *Frischwasser tritt am Auspuff aus.*

▲ *Anschließend wird mit Kühlmittel durchgespült.*

Scannen Sie diesen QR-Code, um ein Video über das Ausspülen des Seewasserkreislaufs auf einem Segelboot und einem Motorboot zu sehen.

12. Öffnen Sie das Seeventil. Mit dem Deckel auf dem Wasserfilter ist der Seewasserkreislauf geschlossen, und es kann kein Seewasser eintreten.

Bei manchen Motoren wie den *Volvo*-KAD-Modellen und bei Yamaha-Dieselmotoren ist der Wasserfilter nach der Impellerpumpe angebracht. Das soll gewährleisten, dass im Fall einer Beschädigung am Impeller die Bruchstücke vom Filter aufgefangen werden. Gehen Sie dabei so vor wie bei einem Wasserfilter unterhalb der Wasserlinie, nehmen Sie aber nicht den Schlauch am Auslass des Wasserfilters ab, sondern am Einlass der Impellerpumpe. Schließen Sie dann ein weiteres Schlauchstück am Einlass der Impellerpumpe an, und stecken Sie das andere Ende in einen Eimer voll Wasser, wie in den obigen Abbildungen zu sehen.

Der Impeller

Kümmern Sie sich auch um den Impeller. Soll der Impeller zum Saisonbeginn durch einen neuen ersetzt werden, können Sie den alten Impeller über den Winter eingebaut lassen. Soll jedoch der Impeller nicht gewechselt werden, bauen Sie ihn zum Einwintern aus. Es tut dem Impeller nicht gut, lange Zeit ohne Wasserschmierung stillzustehen.

Tatsächlich kann die Impellerpumpe nach längerem Stillstand mit eingebautem Impeller eine verminderte Pumpleistung aufweisen, wenn man den Motor im Frühjahr wieder startet. Es ist immer am besten, mit einem neuen Impeller in die Saison zu starten.

Zweikreiskühlung

Bei einer Zweikreiskühlung wird ein Kühlmittel aus Wasser und Frostschutzmittel durch einen Wärmetauscher geleitet, wo es vom Seewasser abgekühlt wird. Die Konzentration des Frostschutzmittels im Kühlmittel sollte überprüft werden. Das kann man mit einer Prüfspindel oder einem Refraktometer erfolgen. Öffnen Sie den Ausgleichsbehälter oder den Kühler, und halten Sie den Schlauch der Prüfspindel in das Kühlmittel, sodass Sie direkt die Temperatur ablesen können, bis zu der das Kühlmittel frostsicher ist. Das Kühlmittel sollte allerdings auch nicht zu alt sein, da der Korrosionsschutz mit

▲ *Die Scheiben dieses Frostschutzprüfers zeigen, dass das Kühlmittel bis −37 °C frostsicher ist.*

Scannen Sie diesen QR-Code, um ein Video zum Prüfen des Kühlmittels zu sehen.

KÜHLMITTEL

Das Kühlmittel besteht aus einer Mischung aus Wasser und Frostschutzmittel.

- Das Mischungsverhältnis sollte 50/50 betragen.
- Das Kühlmittel kann fertig gekauft oder selbst gemischt werden. Achten Sie darauf, nicht versehentlich ein gebrauchsfertiges Kühlmittel weiter zu verdünnen.
- Im Kühlmittel sind auch korrosionshemmende Additive enthalten, die aber nach zwei bis drei Jahren an Wirkung einbüßen. Tauschen Sie deshalb das Kühlmittel alle zwei Jahre aus, auch wenn der Frostschutz im Kühlmittel länger halten würde.
- Achten Sie darauf, dass das Kühlmittel auf Propylenglykolbasis besteht und nicht auf Ethylenglykolbasis, das umweltschädlich ist. Propylenglykol kann auch als Frostschutz in Trinkwasserleitungen verwendet werden.
- Manche Frostschutzmittel halten auch bis zu fünf Jahre. Die Farbe des Kühlmittels kann darüber Aufschluss geben. Gelb oder rosa eingefärbtes Frostschutzmittel ist meist für längere Einsatzdauer ausgelegt. Wichtig ist, beim Nachfüllen die gleiche Qualität zu verwenden, da beim Mischen von normalem mit Langzeit-Kühlmittel die Gefahr besteht, dass die Flüssigkeit verklumpt und die Kühlkanäle verstopft. Kühlmittel mit der gleichen Farbe dürfen in der Regel gemischt werden.

Duncan berichtet: Machen Sie es nicht wie ich an meinem Volvo Penta MD21B! Ich habe den Pegel des Kühlmittels immer rigoros kontrolliert und Frischwasser nachgefüllt, denn es fehlte immer ein bisschen. Da ich aber immer nur Wasser nachfüllte, nahm die Konzentration des Frostschutzmittels immer mehr ab, bis praktisch nur noch Wasser im Kühler war. Aber ich habe dazugelernt und fülle heute immer mit Frostschutzmittel auf, wobei ich das umweltfreundlichere Propylenglykol verwende.

der Zeit nachlässt. Braune Verfärbungen des Kühlmittels deuten auf Rost im Motor hin. Ersetzen Sie in diesem Fall das alte Kühlmittel durch neues.

Z-Antriebe

Der Z-Antrieb ist direkt mit dem Motor verbunden, der, wie bereits beschrieben, eingewintert wird. Allerdings wird das Kühlwasser nicht über ein Seeventil, sondern über seitliche Öffnungen am Schaft des Antriebs zugeführt. Dort kann man einen Spülanschluss anbringen. Dieser Anschluss ähnelt zwei großen Saugnäpfen, an denen ein Schlauch für Frischwasser angeschlossen werden kann. Dazu muss das Boot an Land stehen, und der Antrieb muss sich in der abgesenkten Position befinden. Der Spülanschluss muss zum Typ und Hersteller des Antriebs passen. Lassen Sie den Motor laufen, bis das Frischwasser am oberen Auslass und zusammen mit den Auspuffgasen an der Propellernabe herauskommt. Nach fünf bis zehn Minuten sollten alle Salzrückstände ausgespült sein. Allerdings ist es nicht so einfach, den Antrieb mit Frostschutzmittel zu spülen, da am Spülanschluss ein Schlauch mit Druckwasser angeschlossen werden muss. Man kann das Frostschutzmittel jedoch über einen Schlauch aus einem höherstehenden Behälter zum Spülanschluss leiten. Sehen Sie auch in der Betriebsanleitung nach, wie Frostschutzmittel in die Motorkühlung eingeleitet werden kann.

Oft werden die Kühlleitungen auch nur mit Frischwasser durchgespült. Dann wird das Wasser aus den Leitungen abgelassen und die Leitungen über den Winter leer gelassen. Bei Motoren mit Einkreiskühlung gibt es zu diesem Zweck Ablassöffnungen am Motorblock, am Abgaskrümmer und an der Kühlwasserpumpe. Bei Motoren mit Zweikreiskühlung muss nur das Wasser aus dem Wärmetauscher abgelassen werden. Falls kein Frostschutzmittel in die Leitungen der Seewasserkühlung eingefüllt werden kann, ist es wichtig, dass dort über den Winter kein Wasser verbleibt, da es gefrieren und die Leitungen durch seine Ausdehnung sprengen könnte.

Ist über die Wintermonate jedoch nicht mit kalten Temperaturen zu rechnen, muss auch kein Frostschutzmittel eingesetzt werden, Manche Z-Antriebe haben auch direkt einen Schlauchanschluss, um sie durchzuspülen. In diesem Fall wird kein Spülanschluss in Form von großen Saugnäpfen benötigt. Über den Schlauchanschluss kann auch Frostschutzmittel zugeführt werden.

Es lohnt sich immer, einen Fachmann um Rat zu fragen, der das jeweilige Modell des Z-Antriebs genau kennt und mit der Vorgehensweise beim Durchspülen vertraut ist.

Kühlwassereinlass

Scannen Sie diesen QR-Code, um ein Video über das Durchspülen mit einem Spülanschluss an einem Außenbordmotor zu sehen.

▲ *Ein Z-Antrieb wird mithilfe eines Spülanschlusses mit Frischwasser durchgespült, um Korrosion in den Kühlleitungen zu vermeiden.*

▲ *Manche Z-Antriebe haben einen Anschluss zum Spülen.*

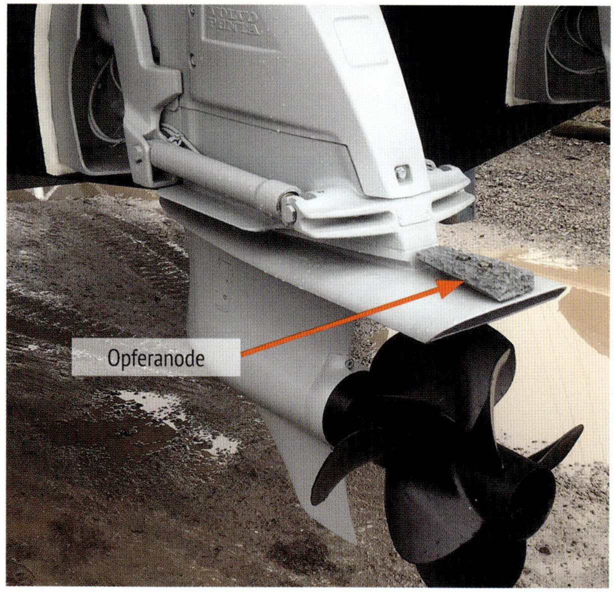

An einem Z-Antrieb gibt es mehrere Gummiteile, die sich normalerweise unter Wasser befinden. Wird das Boot über den Winter an Land gestellt, sollten diese Gummiteile mit Silikonspray gepflegt werden, damit sie nicht spröde werden und verhärten. Überprüfen Sie die Opferanoden am Z-Antrieb. Nehmen Sie verbrauchte Anoden beim Einwintern ab, und ersetzen Sie sie zum Saisonbeginn durch neue Anoden.

Lassen Sie den Z-Antrieb in die abgesenkte Position ab, nachdem Sie die Motorkühlung durchgespült und mit Frostschutzmittel aufgefüllt haben. Das schont die Hydraulikzylinder, die den Antrieb auf und ab bewegen, da die Kolbenstange in abgesenkter Position maximal eingefahren und so vor Korrosion geschützt ist.

◆ Kleine, tragbare Außenbordmotoren

Leeren Sie die Kraftstoffleitungen, indem Sie den Benzinhahn bei laufendem Motor schließen und warten, bis der Motor von allein ausgeht. Kraftstoff in den Leitungen und im Vergaser kann bei längerem Stillstand zu Ablagerungen führen. Verwenden Sie einen Spülanschluss, um die Kühlkanäle mit Frischwasser durchzuspülen.

▲ *Spülung eines kleinen Außenbordmotors mit Frischwasser.*

▲ *Behälter für Altöl.*

Kleine Außenbordmotoren können zum Durchspülen in einen Eimer Frischwasser gehalten werden. Seien Sie dabei jedoch vorsichtig, und füllen Sie Wasser über einen Schlauch in den Eimer nach, denn bei laufendem Motor kann viel Wasser herausspritzen. Am Motor ist meist angegeben, auf welcher Seite er waagrecht gelagert werden kann, ohne dass Öl austritt. Für kurze Lagerzeiten ist das in Ordnung, nach längerer Zeit kann das Motoröl jedoch an den Kolbenringen vorbei in den Auspufftrakt gelangen. Beim nächsten Motorstart hat man dann einen schwarzen Ölfleck auf dem Wasser. Besser ist daher immer, den Motor in der Senkrechten zu lagern.

Leeren Sie beim Einwintern den eingebauten Tank an einem kleinen Außenbordmotor, und entsorgen Sie den Kraftstoff umweltgerecht. Füllen Sie den Tank zu Saisonbeginn neu mit Kraftstoff.

◆ Batterien

Achten Sie darauf, dass wartungsfähige Batterien aufgefüllt sind. Die meisten Batterien sind heutzutage jedoch verschlossen und haben einen Indikator. Die Farbe am Indikator zeigt den Zustand und die Ladung der Batterie an. Damit die Batterie geladen werden kann, muss der Zustand in Ordnung sein. Bei schlechtem Zustand sollte die Batterie ausgetauscht werden. Bei zu geringem Füllstand und innerer Korrosion an den Platten kann in einer defekten Batterie während des Aufladens ein Funke entstehen, der die Batteriegase zur Explosion bringen kann. Achten Sie bei Nassbatterien daher immer auf den Pegel der Batteriesäure.

◆ Was noch überprüft werden sollte

Gummiteile

Verschleißteile aus Gummi wie beispielsweise der Keilriemen sollten im Winterlager ausgebaut werden. Dadurch können auch die Laufräder und deren Lager überprüft sowie Korrosion leichter erkannt werden. Die Lebensdauer des Keilriemens wird verlängert, wenn er ausgebaut wird und nicht den ganzen Winter über unter Spannung steht.

Der Ausbau des Impellers wurde bereits im Kapitel über die Motorkühlung besprochen.

Motorwanne

Unter dem Motor sollte die Bilge oder Motorwanne trocken und sauber sein.

Seeventile

Überprüfen Sie alle Seeventile, und tauschen Sie sie bei Korrosion aus. Bleibt das Boot im Wasser, sollten alle Seeventile geschlossen werden, abgesehen von Seeventilen für den Abfluss aus Wasch- oder Spülbecken, die für einen Raumentfeuchter genutzt werden.

Steht das Boot an Land, sollten die Seeventile und Schläuche nicht nur von innen überprüft werden, sondern man nutzt am besten die Gelegenheit, um sich auch von außen mit der Zahl und Position aller Borddurchbrüche genau vertraut zu machen. Ein leicht mit Öl getränkter Lappen kann in den Auspuff gesteckt werden, um eindringende Feuchtigkeit, Korrosion sowie Krabbeltiere abzuhalten.

▲ *Mit destilliertem Wasser aufgefüllt.*

▲ *Seeventil für die Motorkühlung.*

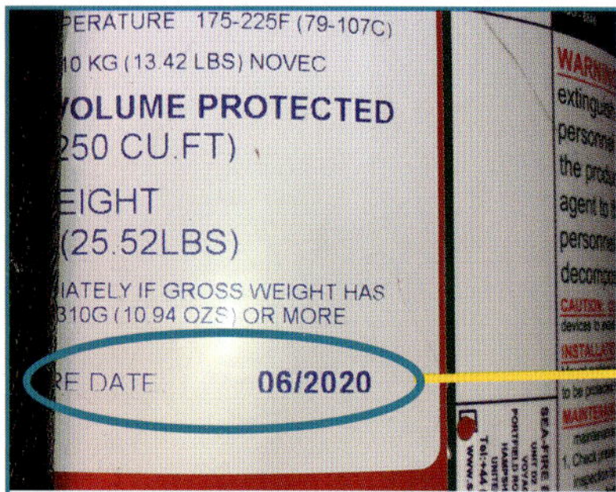

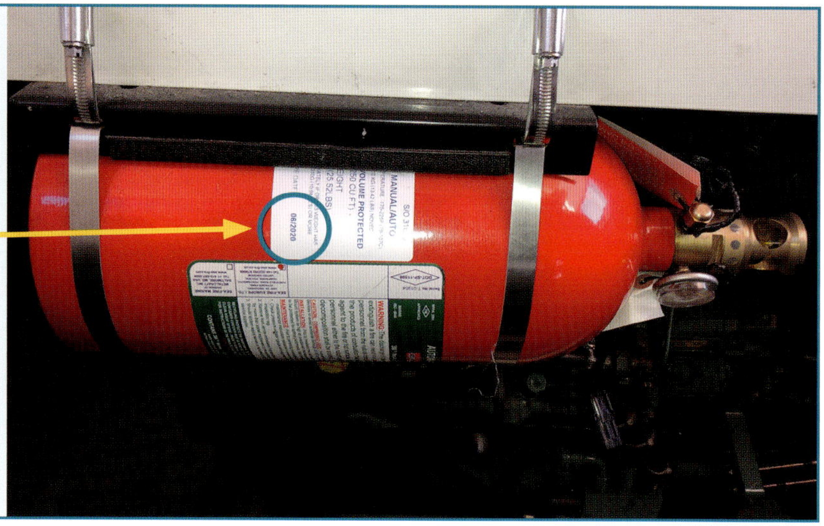

Prüfen Sie das Wartungs- und Ablaufdatum des Feuerlöschers.

Tanks

Leeren Sie Frischwasser- und Fäkalientanks.

Feuerlöscher

Prüfen Sie das Wartungsdatum. Feuerlöscher sollten jährlich gewartet werden, z. B. während des Winterlagers.

Rauchmelder und Alarmgeber

Überprüfen Sie Rauchmelder sowie Gas- und Kohlenmonoxidalarm. Kontrollieren Sie Zustand und Spannung von deren Batterien.

Gasinstallation

Drehen Sie die Gasflasche zu, und nehmen Sie den Anschluss ab. Lassen Sie die Gasinstallation regelmäßig überprüfen.

▲ *Überprüfen Sie Rauchmelder sowie Gas- und Kohlenmonoxidalarm.*

Bilgepumpen

Machen Sie sämtliche Bilgepumpen ausfindig, und überprüfen Sie die Funktion des Schwimmerschalters bei automatischen Bilgepumpen. Prüfen Sie auch die Funktion der Pumpen für den Abfluss aus Dusche und Toiletten.

Toilette

Spülen Sie die Toilette, und schließen Sie dann das Einlassventil. Pumpen Sie das Wasser so weit möglich ab. Es sollte so wenig Wasser wie möglich in der Leitung vom Einlass-

Der Schwimmerschalter aktiviert die Bilgepumpe, sobald das Wasser ungefähr fünf Zentimeter hoch in der Bilge steht.

Bilgepumpe

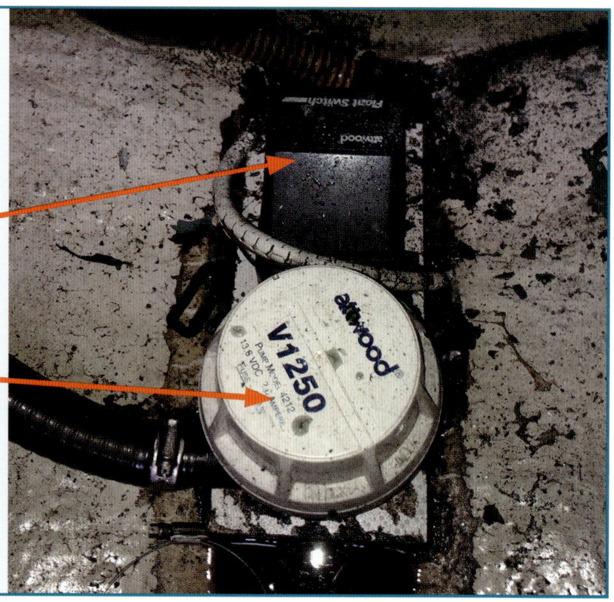

ventil zur Toilette sein. Füllen Sie dann Frischwasser in die Toilettenschüssel, und pumpen Sie es so weit wie möglich ab.

Schließen Sie das Auslassventil, wenn die Toilette leergepumpt ist. Das gilt gleichermaßen für Boote, die an Land stehen wie für Boote, die im Wasser verbleiben.

Ankerwinsch

Oft wird die Ankerwinsch bis zum Anschlag betätigt. Die konstante Spannung belastet die Ankerwinsch aber unnötig. Lassen Sie die Kette deshalb ein kleines Stück ab. Sichern Sie zuvor den Anker mit einem Stropp, Klappnasenbolzen oder einer entsprechenden Vorrichtung, wie Sie sie üblicherweise verwenden, um zu verhindern, dass sich der Anker plötzlich selbstständig macht. Lassen Sie dann die Ankerwinsch so weit ab, dass die Kette oder Ankerleine nicht gespannt ist. Dazu genügt ein kurzer Druck auf den Schalter der Fernbedienung oder man löst die Bremse am Kettenrad von Hand. So ist die Ankerwinsch für die Zeit im Winterlager entlastet.

Schützen Sie auch offenliegende elektrische Kontakte an der Verkabelung und am Relaisschalter der Ankerwinsch mit Korrosionsschutz oder einem geeigneten Spray. Die Verkabelung befindet sich häufig im Ankerkasten oder in einem Schapp ganz vorn in der Bugkabine.

◆ Feuchtigkeit

Heizkörper an Bord sind wunderbar für mehr Komfort, aber die Feuchtigkeit wird man damit nicht wirklich los. Sie erwärmen die Luft, die dann mehr Feuchtigkeit halten kann, wie jeder Segler durch die Wetterkunde weiß. Sobald die Luft aber wieder abkühlt, breitet sich auch die Feuchtigkeit im Boot wieder aus.

Die Feuchtigkeit wird man nur mit einem Luftentfeuchter los. Beachten Sie, dass das Wasser aus dem Schlauch des Luftentfeuchters beispielsweise über die Spüle nach außenbords ablaufen muss und dass dazu das entsprechende Seeventil offen sein muss.

Entlastung für die Ankerwinsch

hohe Spannung

Kettensicherung

Kette von Hand entspannen

Ankerwisch ablassen

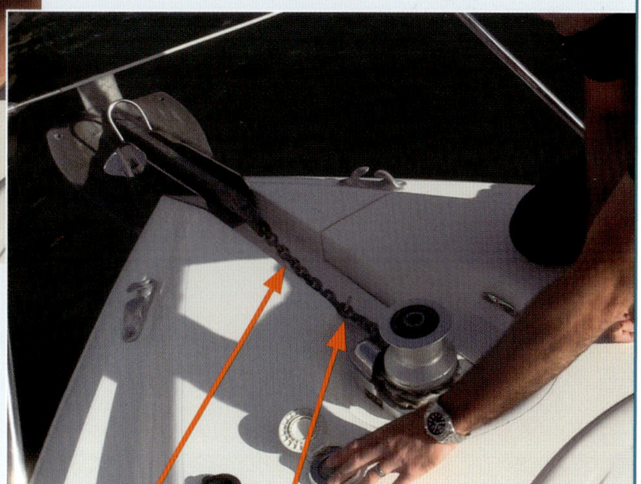

Kette ohne Spannung

Kettensicherung

Duncan berichtet: Auf meinem Boot schalte ich oft die Heizung ein, aber einen Luftentfeuchter durchgehend zu betreiben, kann ich mir nicht leisten.
Ich erinnere mich gut, als ich zusammen mit meinem Freund Bernard eine wunderschöne Motoryacht, eine Princess 65, besichtigte. Wohlhabende Skipper wie Bernard bekommen immer wieder das ein oder andere Angebot, und die Princess war nur eine von vielen Yachten, für die sich mein Freund interessierte. Mir gefällt die Princess 65 nicht nur wegen ihrer eleganten Linien sehr gut, sondern auch, weil sie eine der wenigen modernen Motoryachten mit einem richtigen Schanzkleid ist.

Als ich hinter Bernard über die Badeplattform ins Cockpit stieg und durch die Salontüren den Innenraum betrat, wunderte ich mich, wie kalt es an Bord war. »Wie viel soll die kosten?«, fragte ich, und Bernard murmelte etwas, was wie ein Hauptgewinn im Lotto klang. »Und da können die das Boot nicht ein wenig heizen, bevor wir kommen! Also Bernard, ich würde die nicht kaufen!«. »Das, mein lieber Duncan, sagst du nur, weil du sie dir nicht leisten kannst«, erwiderte mein Freund. Tja, die Wahrheit schmerzt manchmal.

Wärme an Bord trägt ungemein zum Komfort bei. Aber am besten ist es, zusammen mit der Heizung auch einen Luftentfeuchter zu betreiben, damit es nicht nur warm, sondern auch trocken an Bord ist. Das verbraucht allerdings sehr viel Strom.

Die zusätzlichen Kosten können sich jedoch lohnen, denn bei trockenem Raumklima leiden Polster und Einrichtung weniger, und das wiederum sichert den Werterhalt einer Yacht.

Grundsätzlich sollte man immer für gute Durchlüftung an Bord sorgen, damit Feuchtigkeit keine Chance hat. Lassen Sie keine Polster auf den Kojen oder an den Seitenwänden, und öffnen Sie Schränke und Schapps, damit die Luft zirkulieren kann.

Checkliste beim Einwintern

Was versorgt wird		Was zu tun ist
Hauptmaschine		Kraftstoffleitung prüfen, Filter wechseln Motoröl und Filter wechseln Kühlmittel prüfen Seewasserkühlung prüfen und durchspülen Getriebeöl prüfen Wellendichtung prüfen Bilge prüfen – sauber und trocken
Kraftstofftank		volltanken
Generator	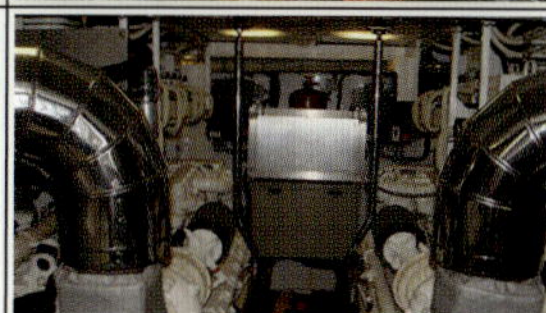	wie Hauptmaschine einwintern
Seeventile	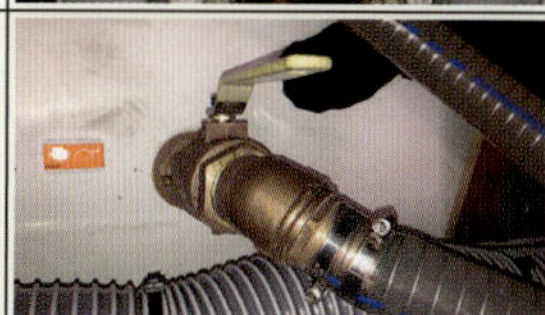	schließen
Tanks		Frischwassertank leeren Grauwassertank leeren Fäkalientank leeren
Batterien		prüfen auffüllen
Gummiteile		mit Silikonspray pflegen
Gasflasche		Ventil schließen
Innenraum		auf gute Durchlüftung achten warm und trocken halten

11 Warnende Worte

Wer sich auf See begibt – egal, ob mit einem Schlauchboot oder einer Superyacht – muss wissen, wie sich das Meer unter dem Einfluss des Wetters und der Gezeiten verhält, und zwar nicht nur theoretisch, sondern ganz praktisch. In einem Tidengewässer wird das Boot auf und ab und in unterschiedliche Richtungen bewegt. Es steht niemals still. Wer das nicht bedenkt, trifft leicht falsche Entscheidungen und gerät schnell in Schwierigkeiten.

Gibraltar Point to North Foreland (5)

Starkwindwarnung

Vorhersage für die nächsten 24 Stunden

WIND
Nordost 3–5, stellenweise 6 im Nordosten, später umlaufend 3 im Süden und Osten

SEE
Leicht bis mäßig bewegt

WETTER
Schauer, Gewitterneigung, stellenweise Nebel

SICHT
Gut bis mäßig, stellenweise dichter Nebel

Vorhersage für die folgenden 24 Stunden

WIND
Anfangs umlaufend 2–4 im Süden, andernorts Nordost 3–5, später auf 3–5 Ost oder Südost drehend

SEE
Leicht, später leicht bis schwach

WETTER
Stellenweise Nebel, Schauer mit Gewitter

SICHT
Gut bis mäßig, stellenweise dichter Nebel

Genauso wichtig ist es, sich mit dem Boot auszukennen oder zumindest jemanden mit Erfahrung an Bord zu haben. Jeder Skipper fängt mal klein an, wenn aber niemand an Bord über Erfahrung verfügt, wird das Meer schnell zu einem unvorhersehbaren und gefährlichen Ort. Ein Fehler oder eine falsche Entscheidung zieht dann schnell das nächste Problem nach sich, wie die folgenden Fallbeispiele verdeutlichen.

Und stechen Sie niemals ohne Wettervorhersage in See. Es mag etwas anmaßend klingen, wenn ich behaupte, dass jedes auftretende Problem auf einem Boot immer auf menschliches Versagen zurückzuführen ist. Ich würde sogar so weit gehen, zu sagen, dass jeder Unfall auf See menschliches Versagen als Ursache hat. Überlegen Sie selbst, welche Probleme Sie an Bord erlebt haben und wodurch sie ausgelöst wurden. Eine Unaufmerksamkeit? Eine Fehlberechnung? Eine technische Panne? Ein Missverständnis untereinander? Was war die zugrunde liegende Ursache? Ich würde vermuten, es war menschliches Versagen.

▲ *Kleiner Helfer, um Leinen ordentlich an Bord zu stauen.*

Einige der häufig auftretenden Ursachen für Ausfälle.

Jonathan berichtet

Festmacher im Propeller

Ich wurde zu einem Einsatz gerufen und hatte die Meldung, dass jedes Mal, wenn der Skipper den Propeller einkuppelt, der Motor ausgeht, sich aber immer wieder problemlos starten lässt.

»Haben Sie vielleicht eine Leine im Propeller?«, fragte ich über Handy. »Nein«, war die Antwort. »Keine Leinen, die von Bord hängen?« »Nein.« Ich überlegte, ob er sich vielleicht an einem Grundnetz oder einer Reuse verfangen hat. Nein, er segelte und machte Fahrt durchs Wasser.

Als ich das Boot erreichte, sah ich eine zum Zerreißen gespannte Leine, die von der Bugklampe schräg nach unten und mittschiffs unter den Rumpf führte. Der Skipper hatte sie vom Steuerstand aus nicht sehen können und wusste von nichts. Ich konnte längsseits festmachen und übersteigen, während der Skipper weiter auf Kurs blieb. Als ich ihn auf die Leine an der Bugklampe aufmerksam machte, kam ein großes »Oh!«.

Es war sein eigener Festmacher, der vom Vordeck ins Wasser gefallen war. Er war gerade lang genug, um mit dem Ende in den Propeller zu geraten. Ich schleppte das Boot in den Hafen, damit ein Taucher den Propeller freischneiden konnte.

Die Lehre aus dieser Geschichte: Lassen Sie die Festmacher nicht an Deck, stauen Sie sie nach dem Ablegen in der Backskiste. Auf Binnenrevieren werden die Festmacher oft an den Klampen belassen. Schießen Sie die Leinen jedoch sauber auf, und sichern Sie sie an Deck oder an der Reling. Es gibt dazu unterschiedliche Schlaufensysteme und Bändsel. Die Bugleinen sollten so bemessen sein, dass sie nicht bis zum Propeller reichen.

Wie man den Propeller von einer verwickelten Leine befreien kann

Ich schätze, in acht von zehn Fällen könnte ich den Propeller von Deck aus klarieren, wenn sich eine Leine verwickelt hat. Dazu benötigt man eine wasserdichte Kamera und einen Bootshaken. Viele Segler haben eine GoPro oder eine ähnliche Kamera, und ein Selfiestick dürfte sich auch finden. Wenn man sehen kann, wie die Leine aufgewickelt ist, kann man sie meist auch wieder abwickeln, sofern sie nicht zu fest vertörnt ist. Es nützt nichts, den Motor rückwärts laufen zu lassen. Meist hat sich die Leine hinter dem Propeller an der Welle aufgewickelt und wenn sich der Propeller rückwärts dreht, gerät die Leine erneut in die Propellerblätter und wickelt sich andersherum auf, was alles nur noch schlimmer macht.

Aber oft lässt sich die Leine mit einem Bootshaken abwickeln, mit dem man das lose Ende der Leine spannt. Das ist das Ende, das sich weiter aufwickeln würde. Jetzt dreht man den Propeller ein kleines bisschen, indem man den Startknopf des Motors bei eingekuppeltem Propeller drückt, während gleichzeitig das Schaltkabel für den Motorstopp gezogen wird. Der Motor kann so nicht anspringen, wird aber vom Anlasser gedreht. Der Propeller dreht sich langsam, und man kann erkennen, bei welcher Drehrichtung die Leine mit dem Bootshaken zum Propeller hin gezogen wird und sich weiter aufwickelt und bei welcher Drehrichtung sie sich abwickelt. Drehen Sie den Motor über den Anlasser Stück für Stück, bis sich die Leine gelöst hat.

Andernfalls muss man einen Taucher anfordern, was meist ein Team von drei Personen auf den Plan ruft, einen Tauchmeister, einen Taucher und einen Helfer. Diese Arbeit wird dann am besten zurück am Liegeplatz in der Marina durchgeführt.

»Mein Getriebe ist blockiert und ich benötige schnell Hilfe, da ich mitten im Fahrwasser der Fähren bin.«

Es pfiff mit 25 Knoten aus Südost. Ich steuerte aus dem River Hamble und hielt hinaus gegen Wind und Wellen. Gischt flog über das Boot und mir ins Gesicht. Ich wurde gründlich nass, während ich mit 25 Knoten gegen den Wind weiter nach Osten zu Gilicker Point steuerte. Die See war konfus, und das Boot setzte hart ein. Über die Jahre hatte ich gelernt, die Balance zwischen maximaler Geschwindigkeit und der großen Beanspruchung der Bootsstruktur zu finden. Als ich um die Huk herumkam, erreichten die Wellen ungefähr 1,5 Meter, und da ich allein war, wurde mir klar, dass es schwierig sein würde, die Yacht hier draußen zu reparieren.

Ich plante, die Yacht abzuschleppen und versuchte sie über Handy anzurufen, um eine aktuelle Position zu bekommen. Keine Antwort. Es waren einige Segelyachten unterwegs. Könnte es die da vorn sein? Nein. Ich versuchte es nochmal über Handy und auch über Funk. Immer noch keine Antwort. Dann sah ich zwei Yachten, eine an Backbord, die unter Segel Kurs auf Portsmouth hielt und eine an Steuerbord ungefähr eine Meile entfernt. Ich steuerte auf die Yacht an Steuerbord zu. Dann klingelte mein Handy. »Ich kann Sie sehen, aber Sie steuern weg von mir!« Aha, dann muss es die Yacht an Steuerbord sein. Sie hatte die Segel gesetzt und als ich näherkam, entschied ich, dass es das Beste wäre, die Yacht in den Hafen zu eskortieren und keinen Schleppversuch zu unternehmen. Ich erklärte dem Skipper meinen Plan, und er hielt auf die Einfahrt nach Portsmouth zu. Die Wooton-Fähre lief aus der einen, die Brittany-Fähre aus der anderen Richtung ein und eine Katamaran-Schnellfähre lief gerade aus. Wir wären mit fünf Knoten Bootsgeschwindigkeit genau zwischen die Fähren geraten, weshalb ich dem Skipper riet, abzudrehen, bis die Schiffe vorbei sind. Es herrschte starker Seegang, und es war schwierig, den Bug gegen die Wellen zu halten. Schließlich war die Einfahrt frei, und wir konnten nach Portsmouth einlaufen. Jetzt hatten wir die Wellen von achtern und rollten bedenklich hin und her. Eine Stunde war vergangen, seit ich die Yacht erreicht hatte. Im Schutz der Hafenmauern konnte ich die Yacht an die Leine nehmen und zu einem Liegeplatz in der Marina schleppen.

»Gut, mal sehen, ob wir das Problem lösen können. Was genau ist passiert? Das Getriebe ist blockiert?«

»Ja«, erwiderte der Skipper, »zumindest glaube ich das, denn ich konnte den Schalthebel nicht von vorn in die Mittelstellung zurückstellen, um den Motor zu starten.«

»Wissen Sie was«, sagte ich, »es würde mich nicht wundern, wenn sich das Problem in der Zwischenzeit von allein gelöst hätte«. Ich nahm den Schalthebel und konnte ihn wie vermutet problemlos vor und zurück bewegen und den Propeller ein- und auskuppeln. Wir starteten den Motor und alles war bestens. Der Skipper schüttelte ungläubig den Kopf.

»Sie haben einen Festpropeller und keinen Faltpropeller, nicht wahr?« Jetzt nickte der gute Mann. »Sehen Sie, wenn Sie beim Segeln den Propeller feststellen, herrscht so große Last auf dem Getriebe, dass man mit dem Schalthebel nicht mehr auskuppeln kann. Reduziert man aber die Geschwindigkeit, indem man kurz in den Wind dreht, reduziert sich auch die Last im Getriebe, und man kann den Hebel wieder in die Neutralstellung bringen. Oder man startet den Motor einfach bei eingekuppeltem Propeller.«

Die Lehre aus dieser Geschichte: Machen Sie sich mit Motor und Getriebe sowie dem Feststellen des Propellers und wie der Motor gestartet werden kann vertraut. Auf vielen Segelyachten kann der Motor auch bei eingekuppeltem Propeller gestartet werden.

▲ *Seegang vor Portsmouth.*

▲ *Nicht die Yacht aus der Geschichte, aber ähnliche Bedingungen.*

Starthilfe

Einer meiner Kollegen bei Sea Start wurde zu einem Fischerboot in der Bucht von Christchurch gerufen, dessen Anlasser den Dienst quittiert hatte. Das Boot hatte einen Festpropeller und musste abgeschleppt werden. Da Niedrigwasser herrschte, kam der Hafen von Christchurch nicht in Frage, und das Boot musste 20 Meilen nach Poole geschleppt werden.

Der Fischer ließ den Propeller eingekuppelt, während mein Kollege mit Vollgas schleppte. Plötzlich startete der Motor! Es ist also möglich, dass der Motor durch den mitdrehenden Propeller von allein anspringt, wenngleich das ein Ausnahmefall gewesen sein dürfte. Ich habe es nie selbst ausprobiert. Aber falls Sie den Motor ohne Anlasser starten müssen, können Sie wie folgt vorgehen. Bedenken Sie jedoch, dass jemand am Ruder stehen sollte, denn wenn der Motor anspringt, muss das Boot kontrolliert gesteuert werden. Für den Motorstart eines älteren Dieselmotors müsste die Zündung nicht unbedingt eingeschaltet werden. Aber die Lichtmaschine kann nur dann die Batterien laden, wenn sie eine Erregerspannung über die Zündung erhält, und auch die Motorinstrumente zeigen nur bei eingeschalteter Zündung an. Kuppeln Sie den Propeller für Fahrt voraus ein, und schalten Sie die Zündung ein. Lassen Sie sich nicht von dem akustischen Motoralarm irritieren. Der Ton geht aus, sobald der Motor läuft. Öffnen Sie die Dekompressionshebel, damit der mitdrehende Propeller den Motor drehen kann, und schließen Sie sie, um zu versuchen, den Motor zu starten.

Was für eine Verschwendung

Vor einigen Jahren fuhr der Eigner einer zweimotorigen Motoryacht aus dem Hafen von Cowes, als einer der Motoren heiß lief und ausging. Das machte den Eigner so sauer, dass er mit der verbliebenen Maschine mit Vollgas Richtung Portsmouth raste, woraufhin der zweite Motor ebenfalls den Geist aufgab. Wir schleppten das Boot bis Port Solent, wo es gekrant wurde. Der Eigner erhielt einen Kostenvoranschlag über 60.000 Pfund für zwei neue Motoren. Ich weiß nicht, wie die Geschichte weiterging, aber das Boot steht dort immer noch an Land. Traurig, aber wahr.

Der Motor springt nicht an

Ganz früh an einem Morgen erreichte uns der Anruf eines Skippers. Er konnte einen der beiden Motoren seiner großen Motoryacht nicht starten. Er befand sich weit weg im Südwesten Englands, weshalb wir einen dortigen Mechaniker verständigten. In der Zwischenzeit versuchte ich über Telefon weiterzuhelfen.

»Vor drei Wochen startete der Motor noch einwandfrei«, erzählte der Skipper.

»Was für ein Motor ist es?«

»Ein Caterpillar.«

»Was genau macht er?«

»Der Motor dreht, startet aber nicht.«

Ich hatte einen Verdacht. Die großen Caterpillar werden nicht über ein Zugkabel, sondern mit einem Druckschalter abgestellt, der die Kraftstoffzufuhr unterbricht. Der Schalter aktiviert dazu eine Magnetspule, die wiederum einen kleinen Hebelarm bewegt. Ich erklärte dem Skipper, wo genau sich dieser Hebelarm befindet, und er stieg in den Motorraum, um nachzusehen.

Als er wieder zurück am Telefon war, sagte er, das Problem sei gelöst. Er hatte einen Heizkörper zwischen die Motoren gestellt, um den Motorraum über den Winter warm zu halten. Dieser Heizkörper war umgefallen und hatte den kleinen Hebelarm blockiert, der die Kraftstoffzufuhr die ganze Zeit über unterbrochen hatte. Sobald er den Heizkörper entfernt hatte, konnte der Hebelarm wieder richtig funktionieren, und der Motor ließ sich sofort wieder starten. Manchmal lässt sich ein Problem sogar über Telefon lösen.

Leine im Propeller – ernste und weniger ernste Fälle

An einem Sonntagnachmittag klingelte das Telefon. Ein kleines Motorboot lag in der Studland Bay vor Anker und hatte eine Leine in den Propeller bekommen. Als ich von Warsash kommend die Studland Bay erreichte, war es bereits sechs Uhr abends, und die Leute auf dem Boot wollten wieder nach Hause fahren. Das Motorboot hatte einen Z-Antrieb.

»Können Sie den Antrieb nicht anheben und die Leine einfach entfernen?«

»Oh, daran hatte ich gar nicht gedacht.«

»Kein Problem, ich mache das schon.«

Es war sehr seicht an dieser Stelle, und anstatt mit meinem RIB nah an den Propeller zu manövrieren, stieg ich selbst ins Wasser. Es war nur circa einen Meter tief und es war Sommer.

Als der Antrieb angehoben war, konnte ich die Leine einfach vom Propeller abwickeln. Dafür war ich nun 30 Meilen gefahren und zurück waren es nochmal 30 Meilen. Der Skipper des Bootes war auch selbst an diesem Nachmittag um das Boot herumgeschwommen; auf die Idee den Antrieb anzuheben, war er jedoch nicht gekommen. Er sah etwas bedröppelt drein, und die Leute auf den umliegenden Booten konnten sich ihr Lachen nicht verkneifen. Wenigstens war es ein schöner Tag mit spiegelglatter See, was die Fahrt zur Studland Bay zum Vergnügen machte. Mir scheint, dass die meisten Menschen sehr schnell die Nerven verlieren, wenn etwas schiefgeht oder etwas Unvorhergesehenes passiert. Dann wird gegoogelt, wie etwas repariert werden kann, und wenn das auch nichts bringt, ruft man Hilfe herbei. Anstatt das Problem in Ruhe zu betrachten und zu versuchen, selbst auf eine Lösung zu kommen.

Das ist wie beim Navigieren mit einem Kartenplotter. Ein Plotter ist enorm praktisch, doch wenn er ausfällt und jemand fragt, wie man von A nach B gekommen ist, weiß man es nicht mehr. Der Plotter hat einfach alles angezeigt und man selbst hat nicht mitgedacht.

Muringboje im Propeller

Einer meiner Kollegen wurde zu einer Yacht im Solent gerufen, bei der der Motor jedes Mal ausging, wenn der Propeller eingekuppelt wurde. Der Motor ließ sich aber immer wieder problemlos neu starten. Das ist ein Zeichen, dass höchstwahrscheinlich der Propeller blockiert ist.

Der Skipper sagte, er könne bis vor die Marina Ocean Village segeln, benötige dann aber unsere Hilfe, um anzulegen. Der Ebbstrom hatte eingesetzt, und obwohl der Wind günstig stand, kam die Yacht nur langsam voran. Mein Kollege entschied daher, der Yacht doch ein Stück entgegenzufahren und bereits die Schleppleine zu übergeben, um die Aktion etwas zu beschleunigen. Schließlich lag die Yacht sicher an ihrem Liegeplatz in der Marina.

Als mein Kollege zurück ins Büro kam, erzählte er: »Das war vielleicht eine Aktion, es hat ewig gedauert, bis ich dieses Boot endlich in der Marina hatte.«

»Warum, war es so groß? Der Ebbstrom war doch gar nicht so stark.«, sagte ich.

»Um die 50 Fuß, aber es ließ sich kaum schleppen, ich habe volle Kraft gegeben und machte nur drei Knoten. Als wir dann in der Marina waren, wechselte ich und zog die Yacht nicht mehr hinter mir, sondern ging längsseits. Doch so ließ sich die Yacht überhaupt nicht mehr kontrollieren.

»Warum, was war los?«, fragte ich.

»Ich konnte sie kaum drehen, und es kam mir so vor, als wäre sie am Grund fest.«

Am nächsten Tag wurde das Rätsel gelöst. Als Taucher nach dem Propeller sehen wollten, entdeckten sie nicht nur eine Leine im Propeller. Am Ende dieser Leine war eine Kette fest, und an deren Ende hing ein Betonblock! Der Skipper war in die Leine einer Muringboje geraten, die sich um den Propeller wickelte, und die Yacht hat das gesamte Grundgeschirr mitgeschleppt. In tiefem Wasser hing der Betonblock an der Propellerwelle, und in seichtem Wasser wurde der Klotz über Grund geschleift.

Vergessen, das Seeventil zu öffnen

Das kann leicht passieren, doch wer es nicht bemerkt, kann schnell größere Probleme bekommen. Denn auch ein einfacher Fehler kann ernsthafte Konsequenzen haben. Ich erinnere mich an einen Mayday-Ruf, den wir am Funk mithörten. Eine Yacht meldete Feuer an Bord. Ein Brand ist auf einem Boot immer sehr gefährlich. Wir verfolgten angespannt die Rettungsaktion, die von der Küstenwache koordiniert wurde. Das Boot wurde schlussendlich in den River Hamble geschleppt und unweit unseres Büros an eine Muringboje gelegt.

Wenig später kontaktierte uns der Eigner mit der Frage, ob wir bei der Reparatur helfen könnten. »Hat der Motorbrand großen Schaden verursacht?«, fragte ich ihn. Er wunderte sich, dass ich über den Fall Bescheid wusste, aber am Funk war schließlich alles zu hören gewesen.

»Ja«, sagte er, »die Rettungskräfte der RNLI (Royal National Lifeboat Institution) haben alles untersucht, aber es gab keine Flammen. Nur riecht der Motor noch nach verbranntem Gummi.« Der Eigner füllte den Mitgliedsantrag unserer Organisation aus, und wir sahen uns das Boot genauer an. Der Vorfall hatte den Eigner und seine Crew stark erschüttert, und als es passierte, hatten sie große Angst, das Boot würde abbrennen.

Im Motorraum sah ich, dass der Abgasschlauch und der Wassersammler aus Kunststoff starke Hitzeschäden hatten. Das kann nur passieren, wenn kein Kühlwasser im Abgastrakt ist. Also musste der Kühlwasserkreislauf irgendwo blockiert gewesen sein.

Und wo sieht man da als Erstes nach? Natürlich am Seeventil! Es befand sich in geschlossener Stellung, wen wundert's. Der Skipper musste tief Luft holen, als er erfuhr, welch kleine Vergesslichkeit ihn nun eine beträchtliche Stange Geld kosten würde.

Bedenken Sie, dass nach einem solchen Hitzeschaden an Motor und Auspufftrakt folgende Arbeiten nötig sind:

1. Ausbau und Austausch des defekten Impellers und der heiß gelaufenen Wellendichtung. Auffinden aller Bruchstücke des Impellers, die nicht in die Kühlwasserleitungen und in den Wärmetauscher gelangen dürfen.
2. Meist entsteht auch im Kühlmittelkreislauf so großer Überdrück, dass das Kühlmittel durch das Ventil im Verschlussdeckel austritt. Motor und Motorraum müssen davon gereinigt und neues Kühlmittel muss nachgefüllt werden.
3. Der beschädigte Auspuffschlauch muss ersetzt werden, ebenso der Wassersammler.

All das kostet Zeit und Geld, das man sich hätte sparen können, wenn man an das Seeventil gedacht hätte. Eine kleine Checkliste, was alles vor dem Ablegen zu tun ist, hätte diesen Schaden und die gesamte Rettungsaktion vermeiden können.

Vergessen, den Absperrhahn zu öffnen

Das ist ein weiterer, häufig auftretender Grund, wenn der Motor nicht so tut, wie man möchte. Wer üblicherweise den Absperrhahn der Diesel- oder Benzinleitung schließt, wenn er von Bord geht, kann dies beim nächsten Auslaufen vergessen oder ein Mechaniker hat nach Arbeiten am Motor den Hahn geschlossen und vergessen, den Eigner darauf hinzuweisen. Bei einem meiner Kunden stellte sich jedoch ein anderes Problem mit dem Absperrhahn ein. Dieser Skipper hatte zuvor sogar einen meiner Dieselmotorkurse besucht und den ganzen Tag aufmerksam zugehört. Er habe viel gelernt und werde das Gelernte in der Praxis gut anwenden können, sagte er. Solch zufriedene Kunden sind doch eine wahre Freude.

Nächsten Tag klingelte mein Telefon. Der besagte Skipper war auf See und sein Motor nahm kein Gas an, er drehte nicht hoch. »Ich habe wohl doch nicht so viel gelernt, wie ich dachte. Ich habe überall gesucht, kann aber nichts finden.«, sagte er und schickte hinterher: »Wird es sehr teuer werden?«

»Keine Sorge«, antwortete ich, »ich bin in der Nähe und komme vorbei.«

Wenn ein Motor kein Gas annimmt, liegt es an der Kraftstoffzufuhr. Deshalb prüft man als erstes, ob an der Zuleitung alles in Ordnung ist. Das hatte ich ausführlich im Kurs besprochen.

»Der Absperrhahn ist offen«, sagte er, als ich an Bord stieg, »zumindest zur Hälfte.«

»Na, dann haben wir doch schon den Grund«, erwiderte ich und drehte den Hahn vollständig auf.

»Oh, das hätte ich auch gekonnt.«

»Ja, schwierig ist es nicht, man muss nur an alles denken. Prüfen Sie immer die einfachsten Dinge zuerst«, erklärte ich, genau wie im Kurs vom Vortag.

Bei näherer Betrachtung stellte ich fest, dass sich der Absperrhahn sehr leicht bewegen ließ. Er war waagrecht eingebaut und wurde mit einer Vierteldrehung geöffnet und geschlossen. Im Seegang hatte sich der Hebel von allein bewegt und den Hahn fast geschlossen. Die einfachste Lösung bestand darin, die Anschlüsse etwas zu lockern und den Hahn so zu verdrehen, dass der Hebel zum Schließen der Leitung nach oben gedreht werden musste. So konnte er sich nicht mehr durch die Schwerkraft von allein verstellen.

Auch diese Geschichte zeigt, dass man immer methodisch vorgehen sollte, um den Fehler zu finden, und dass man die einfachsten Dinge immer als Erstes prüfen sollte. Meist wird man dabei schon fündig.

Den Tank leergefahren

Ob man es glaubt oder nicht, aber das kommt sehr oft vor. Meist liegt es aber an der Tankanzeige. Diese Anzeigen sind unzuverlässig und zeigen meist mehr an, als vorhanden ist. Trauen Sie daher nie der Tankanzeige auf einem Boot, wenn Sie sie nicht zuvor genau kontrolliert haben. Bei einem meiner Einsätze spielte zudem mangelnde Kommunikation eine Rolle. Ich wurde zu einem RIB gerufen, das im Tagescharter verliehen wurde. Am Abend jeden Tages zeigte die Tankanzeige etwas mehr als am Vortag an. Stand sie kürzlich noch auf halb voll, so zeigte sie jetzt einen vollen Tank an. Man freute sich, dass jeder Kunde scheinbar mehr nachtankt, als er verbraucht. Und plötzlich ging der Motor aus, weil der Tank leer war. Es stellte sich heraus, dass kürzlich ein neuer Tankgeber eingebaut worden war, allerdings leider der falsche. Dieser zeigte tatsächlich rückwärts an!

Man kann einen Tank allerdings auch aufgrund schlechter Planung leerfahren, beispielsweise wenn man auf einem Törn plötzlich feststellt, dass zu wenig Kraftstoff im Tank ist. Ein interessanter Fall war, als ich spät am Abend zu einem kleinen Motorboot gerufen wurde, das mit leerem Tank eine halbe Meile vor der Einfahrt in den River Hamble trieb. Ich sprang in mein Arbeitsboot und steuerte hinaus in die Dunkelheit. Es war sehr windig, und die Position des Bootes bedeutete, dass es auf Legerwall trieb und schon bald stranden könnte. Dann sah ich die Lichter des Bootes, und es war tatsächlich schon ganz nah an der Küste. Ich näherte mich vorsichtig, um im flachen Wasser nicht aufzulaufen, während der starke Wind und die Wellen auch mein Boot auf den Strand zu werfen drohten. Dann erkannte ich, dass das Boot direkt am Strand quer zum Ufer lag und dennoch nicht auf Grund saß. Wie konnte das sein? Ich richtete meinen Suchscheinwerfer auf den Strand, und dort hinter dem Boot lag zu meiner Überraschung ein Schwimmsteg, halb an Land, halb im Wasser. Das kleine Motorboot lag längsseits.

Ich wusste nicht, was davon zu halten war und rief den Eigner des Motorbootes an.

»Das ist mein Schwimmsteg«, erklärte er, »ich war dabei, ihn zu meinem Liegeplatz zu schleppen. Aber ich habe unterschätzt, wie viel Sprit ich mit dem Ding im Schlepp verbrauche.«

Es war nicht leicht, eine Leine zu dem Boot zu werfen. Jedes Mal, wenn ich den Steuerstand verließ, um die Leine zu werfen, wurde mein Boot fast gegen das andere Boot gedrückt. Schließlich boten zwei Jogger am Strand ihre Hilfe an, einer nahm meine Leine auf und brachte sie zu dem Motorboot.

Vorsichtig zog ich erst das Motorboot an einer langen Schleppleine und dann hinter dem Motorboot auch noch den Schwimmsteg in tieferes Wasser. Mit dem Schleppverband nahm ich Kurs auf den River Hamble und konnte an einem langen Besuchersteg längsseits festmachen.

Die beidseitige Erleichterung war groß, und wir betrachteten die Sache von ihrer komischen Seite. Da wird ein Boot auf den Strand geworfen, hat aber seinen eigenen Steg dabei, an dem es ohne Grundberührung perfekt anlegen kann.

Ich schüttete einen Kanister Benzin in den Tank des kleinen Motorbootes, und der Skipper konnte seine Fahrt den River Hamble hinauf zu seinem Liegeplatz fortsetzen.

Die Lehre dieser Geschichte: Planen Sie jede noch so kleine Ausfahrt mit Umsicht, und führen Sie immer mehr Kraftstoff mit, als Sie unter normalen Umständen benötigen.

Bilge voll Wasser

Woher kommt das Wasser in der Bilge? Es könnte Regenwasser sein oder tropft die Wellendichtung? Oder sind es die Schläuche für Frischwasser? Oder die Seeventile? Vielleicht sind Beschläge an Rumpf und Deck nicht richtig abgedichtet? Es könnte aber auch vom Motor kommen, weil dieser nicht ausgewintert wurde.

Bei dieser Geschichte war der Benzinmotor eines kleinen Motorbootes von einem Mechaniker eingewintert worden. Kaum war der erste warme Frühlingstag gekommen, sprang der Eigner an Bord, warf die Leinen los und drehte ein paar Runden. Hätte er doch erstmal einen Blick in den Motorraum geworfen!

Ich stand gerade an einem Steg, als das Boot vorbeisauste. Wenig später kam es zurück. Der Motorraumdeckel war geöffnet, der Eigner war höchst aufgeregt, und Wasser schoss am Heck am Auslass der Bilgepumpe heraus. Ich fuhr zu ihm hinüber. Der Motorraum stand voller Wasser. Wir stellten den Motor ab, und langsam sank der Pegel. Ich stellte eine mobile Lenzpumpe, wie wir sie auf unserem Arbeitsboot mitführen, zusätzlich in den Motorraum, und bald war alles Wasser abgepumpt.

Jetzt sah ich, dass die Ablassöffnungen an der Abgasbrücke, an der Wasserpumpe und am Motorblock geöffnet waren. Das ist, was ein Mechaniker machen würde, um den Motor vor Frostschäden und Korrosion zu schützen. So aber konnte das Kühlwasser nicht durch den Auspuff über Bord gepumpt werden, sondern ist durch all diese Ablassöffnungen in die Bilge gelaufen. Vielleicht hätte der Mechaniker den Eigner eindringlicher darauf hinweisen sollen, aber in erster Linie sollte sich der Eigner um mehr eigenes Verständnis seines Motors bemühen.

Vor jeder Ausfahrt muss der Motor überprüft werden. Der ganze Vorfall wäre nicht passiert, wenn der Eigner vor und nach dem Motorstart einen Blick in den Motorraum geworfen hätte oder bei Unklarheiten einfach zum Handy gegriffen und seinen Mechaniker angerufen hätte. Das Boot hätte auch untergehen können. Ein kurzer Check hätte auf jeden Fall viel Stress und Ärger gespart.

Fehlendes Motorteil

Wie wichtig ein Motorcheck – Wasser, Öl, Batterie, Keilriemen, Leckagen, Auspuff – vor jeder Ausfahrt ist, verdeutlicht die folgende Geschichte.

Es war Samstagmorgen, und wir erhielten einen Anruf von einem Mann, der einen Leistungsverlust an seiner Backbordmaschine feststellte. Er hatte von seinem Liegeplatz im Fluss abgelegt und nach Erreichen offenen Wassers Gas gegeben, doch es kam nur schwarzer Rauch aus dem Auspuff, und die Maschine an Backbord beschleunigte nicht. Daraufhin kehrte er sofort zu seinem Liegeplatz zurück und rief uns an.

Schwarzer Auspuffqualm deutet bei Turbomotoren auf zu geringen Ladedruck hin. Beim Gas geben gelangt mehr Treibstoff in die Zylinder. Gleichzeitig muss der Turbo mehr Luft liefern. Tut er das nicht, kann der überschüssige Kraftstoff nur unvollständig verbrennen, und schwarzer Rauch entsteht.

Ich stieg in den Motorraum und nahm den Volvo Penta KAD300 Dieselmotor unter die Lupe. Als Erstes interessierte mich der Zustand des Metallrohrs, das den Turbolader mit dem Ladeluftkühler verbindet. Dieses Rohr ist häufig korrodiert und kann sich lockern.

»Das fehlt ja!«, rief ich erstaunt.

»Was fehlt?«

»Das Rohr vom Turbolader fehlt, ich kann es nirgends sehen.«

»Weit kann es nicht gekommen sein, vielleicht unter dem Motor«, sagte der Eigner, der sicher nur helfen wollte.

Ich sah überall nach, aber von dem Rohrstück fehlte jede Spur. Das war seltsam, immerhin ist es 30 Zentimeter lang und fünf Zentimeter dick. Das übersieht man nicht so leicht!

Als ich aufstand, um frische Luft zu schnappen, entdeckte ich das gute Stück. Es lag auf einer kleinen Ablage neben dem Motor und daneben lag auch die zugehörige Schelle.

Daraufhin fragte ich den Eigner, wer in letzter Zeit Arbeiten am Motor durchgeführt hatte, und langsam ergab alles einen Sinn. Ein Mechaniker sollte einen Sensor austauschen, aber er erschien nicht wie vereinbart und verschob den Termin immer wieder. Das ist bei Bootsmechanikern leider nicht selten, und der Eigner war verständlicherweise verärgert. Er sagte dem Mechaniker ab und engagierte einen anderen. Dieser neue Mechaniker erschien einige Tage später. In der Zwischenzeit verwendete der Eigner das Boot weiter, denn der Motor funktionierte auch ohne den Sensor einwandfrei. Seine letzte Ausfahrt lag nur zwei Tage zurück. Irgendjemand musste also das Rohrstück in den letzten zwei Tagen entfernt haben.

»Rufen Sie doch mal den ersten Mechaniker an«, schlug ich vor.

Nach einem längeren Telefonat, das in einem Wortgefecht endete, war das Rätsel gelöst. Der erste Mechaniker hatte ein schlechtes Gewissen gehabt und wollte die Reparatur doch noch schnell ausführen. Ohne den Eigner nochmal zu informieren, ging er an Bord und baute das Rohrstück aus, um an den Sensor zu kommen. Dann musste er feststellen, dass er den falschen Sensor dabeihatte. Er ließ alles wie es war und bestellte den richtigen Sensor, mit der Absicht, ihn einige Tage später endlich einzubauen. Weder unterrichtete er den Eigner telefonisch, dass der Motor nicht betriebsbereit ist, noch hinterließ er eine entsprechende Nachricht an Bord. Der Eigner hatte keine Ahnung und legte am nächsten Tag zu einer weiteren Ausfahrt ab.

Dieser Vorfall zeigt aufs Neue, dass es unerlässlich ist, immer einen Motorcheck durchzuführen. Achten Sie dabei auch darauf, ob alles an Ort und Stelle ist, sich nichts gelockert hat oder gar fehlt. Man kann nie sicher genug sein!

Ins Netz gegangen

Ich wurde zu einer Yacht in der Hafeneinfahrt von Portsmouth gerufen. Sie befand sich nahe der Mole bei Haslar und hatte irgendetwas in den Propeller bekommen. Ich ging an der Yacht längsseits, begrüßte die Crew und ließ eine Kamera unter Wasser ab, um zu sehen, was los ist. Ein Fischernetzt hatte sich fest um den Propeller gewickelt.

Der Skipper hatte bereits die Küstenwache verständigt. Ich meldete daher der Küstenwache, dass ich vor Ort eingetroffen sei und Beistand leiste.

Die Yacht lag vor Anker. Ich nahm einen Bootshaken und zog das Netz hoch, um es so kurz wie möglich abzuschneiden. Ich musste darauf achten, dass das Netz nicht auch noch in meinen Propeller gerät, wenn ich die Yacht längsseits abschleppe. Ich machte das Netz an dem kräftigen Abschlepp-Poller bei mir an Bord fest und zog die Seite, die zum Propeller der Yacht führte, so weit wie möglich aus dem Wasser und schnitt das Netz ab. Dann versuchte ich, die andere Seite des Netzes einzuholen. Etwa 100 Meter entfernt begann eine kleine Boje auf mich zuzuwandern. Es war sogar eine ganze Reihe kleiner Schwimmkörper, die sich nun alle auf mich zu bewegten. Das Netz war unglaublich lang. Ich rief nochmal die Küstenwache an, um mitzuteilen, dass das Netz eine Gefahr darstelle und entfernt werden sollte. Deren Antwort half mir allerdings nicht weiter. Man bat mich, es doch gleich selbst zu entfernen. »In Ordnung, ich tue, was ich kann«, versprach ich.

Ich zog und zog, die Bojen kamen langsam näher, doch dann ging nichts mehr. Gleichzeitig hatte sich die Ankerkette der Yacht komplett gespannt. So ging es nicht. Ich ließ das Netz nochmal ausrauschen, und wir holten den Anker der Yacht auf. Jetzt konnte ich das Netz einholen und dabei gleichzeitig mein Boot und die Yacht zur Boje hinziehen. Das Ende des Netzes war mit einem Stück Alteisen am Grund verankert, das erst nach kräftigem, senkrechtem Zug freikam. Doch daran war eine weitere Leine fest, die im rechten Winkel wegführte und an der ein weiteres Netz hing. Ohne Übertreibung – das Netz schien endlos. Tote Fische, Krabben, allerlei Unrat und Schlamm hingen darin fest. Schließlich hatte ich, erschöpft und bis zu den Oberschenkeln in einem Netzhaufen stehend, alles an Bord. Die Crew der Segelyacht staunte nicht schlecht, in welch ein langes Netz sie gefahren war, und spendete mir für meine Mühen Applaus. Dann schleppte ich sie nach Portsmouth, wo die Yacht gekrant wurde, um den Propeller freizuschneiden.

▲ *Beim Einholen des Netzes.*

▲ *Das komplette Netz.*

Auf Grund

Wie ernst eine Grundberührung ist, hängt stark vom Meeresboden ab. Schlamm ist weich, Sand schon weniger, Kies ist gar nicht gut, und Felsen sind am schlimmsten. Der Wellengang tut ein Übriges, und wenn man noch aus eigener Kraft freikommen kann, bevor die Tide fällt, hat man Glück. Bei einem Segelboot kann die Crew auf den ausgestellten Baum klettern, um das Boot zu krängen. Motorboote bieten diese Möglichkeit nicht. Zudem sind deren Propeller meist am tiefsten Punkt und setzen bei einer Grundberührung als Erstes auf.

Ich erhielt einen Anruf von einer Yacht, die sich zwischen Alum Bay und den Needles befand. Der Skipper hatte sehr nah am Ufer geankert. Als die Ebbe einsetzte, bemerkte er, dass sein Boot auf Grund saß. Es handelte sich um eine 40-Fuß-Segelyacht mit Finnkiel, die nur 150 Meter von den Klippen entfernt war, dort, wo es richtig felsig ist. Der Skipper hatte noch versucht, den Anker aufzuholen, aber es war schon zu spät. Dann bemerkte er, dass nicht nur zum Land hin jede Menge Klippen aus dem Wasser ragten, sondern auch in Richtung des tieferen Wassers. Ich benötigte ungefähr eine halbe Stunde von dem Zeitpunkt an, als er anrief, bis ich bei ihm war. In der Zwischenzeit war die Yacht noch fester auf Grund gekommen, ihr Wasserpass stand 20 Zentimeter über dem Wasser, und sie begann sich langsam auf die Seite zu legen.

Ich sah, dass der Anker in den Felsen verhakt war. Der Kiel stand auf Sand, aber wenn sich das Boot weiter auf die Seite legen würde, käme der Rumpf auf die Felsen auf. Zu alledem befanden sich zehn Personen an Bord. Mein RIB war zu klein, um die ganze Crew aufzunehmen, also musste sie an Bord bleiben. Das Boot war bereits zu fest auf Grund, um es vor oder zurück zu schleppen. Die einzige Chance bestand darin, es zur Seite zu ziehen, und zwar vom Masttopp, um so den Tiefgang zu reduzieren. Als Erstes musste jedoch der Anker versorgt werden. Da er sich nicht aufholen oder bergen ließ, wies ich die Crew an, einen Fender an die Kette zu binden und alles über Bord zu geben. Dann verband ich das Spinnakerfall mit meiner Schleppleine. Es bedarf keiner großen Zugkraft, um einen Mast zur Seite zu ziehen. Das Boot kam aber noch nicht frei. Ich änderte den Zugwinkel und versuchte es wieder und wieder, während die Tide immer weiter fiel. Schließlich zog ich richtig fest, das Boot legte sich 60 Grad zur Seite, die Fußreling war unter Wasser, und die Crew klammerte sich mit aller Kraft fest. Aber das Boot schwamm auf und über die Felsen und war frei.

Der Skipper sagte »Danke, aber was ist mit meinem Anker?«

Ich bat ihn, den Motor zu starten und in tieferes Wasser zu verholen. Dann steuerte ich zu dem Fender, konnte ihn aufnehmen und zog so viel Kette wie möglich an Bord. Ich befestigte die Kette am Poller und zog einmal aus der einen dann aus der anderen Richtung, bis ich den Anker endlich ausbrechen konnte. Die Yacht war mittlerweile drei Meilen weiter motort. Also fuhr ich zu ihr und übergab Anker und Kette.

»Danke, auf Wiedersehen.«

Manch ein Skipper merkt gar nicht, aus welch misslicher Lage er gerade noch befreit werden konnte.

12 Was tun bei einer Motorpanne?

Ablaufdiagramme

Die beste Methode, um Probleme mit dem Motor zu beheben, ist es, mit Ablaufdiagrammen zu arbeiten. Im Folgenden werden die häufigsten Motorprobleme behandelt, und es wird gezeigt, wie Sie die Ursache finden und beheben können. Oder zumindest werden Sie herausfinden, was repariert werden muss. Diese Diagramme sind das Ergebnis tausender Einsätze über viele Jahre

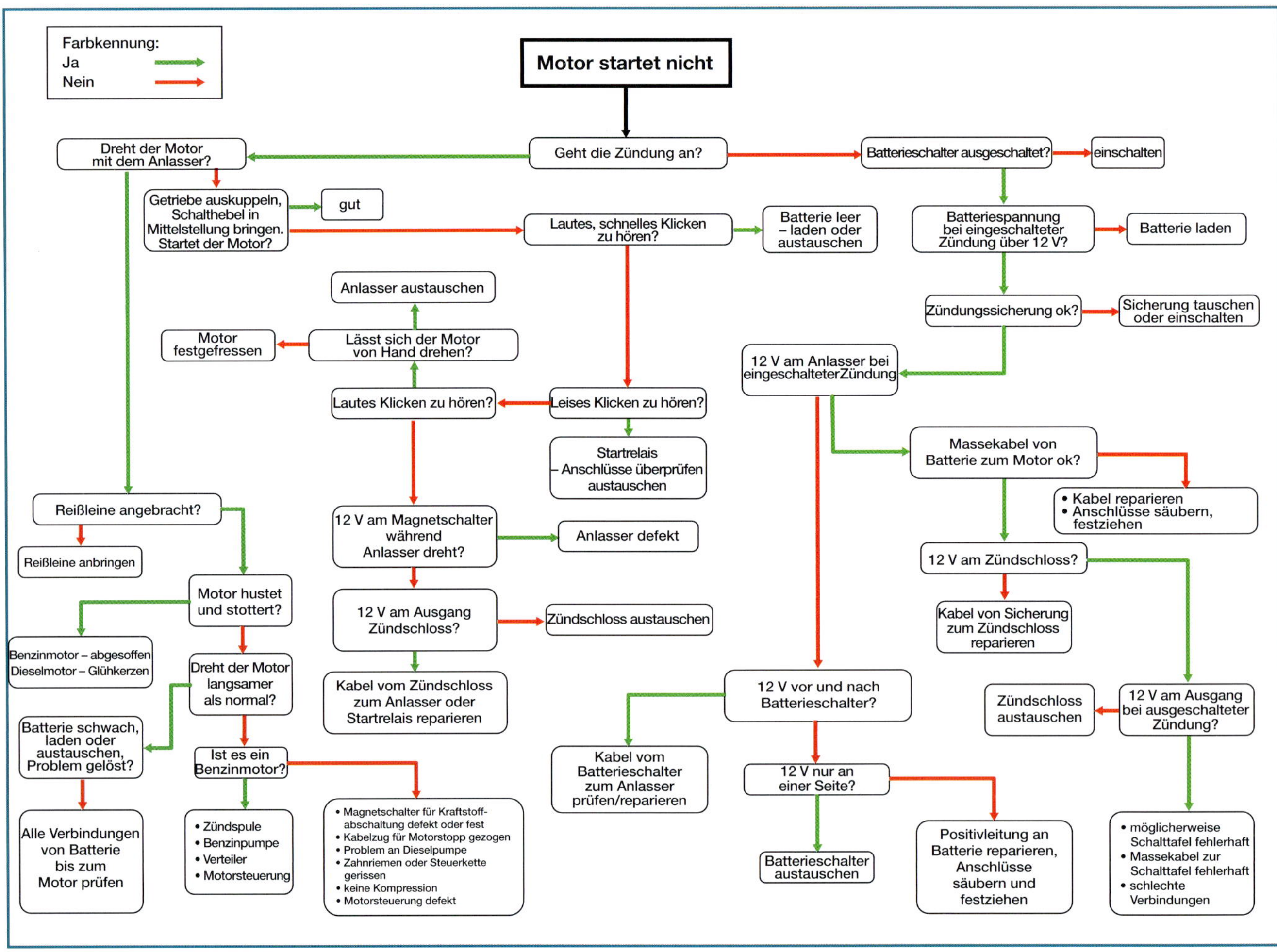

Motor von Hand drehen

▶ *Mit Schraubenschlüssel an der Mutter des Laufrads der Kurbelwelle.*

▲ *Dekompressionshebel unten – Motor betriebsbereit.*

▲ *Dekompressionshebel oben – Auslassventile offen, Motor kann ohne Kompression leichter gedreht werden.*

▲ *Kraftstoffzufuhr unterbrochen.*

▲ *Kraftstoff kann fließen.*

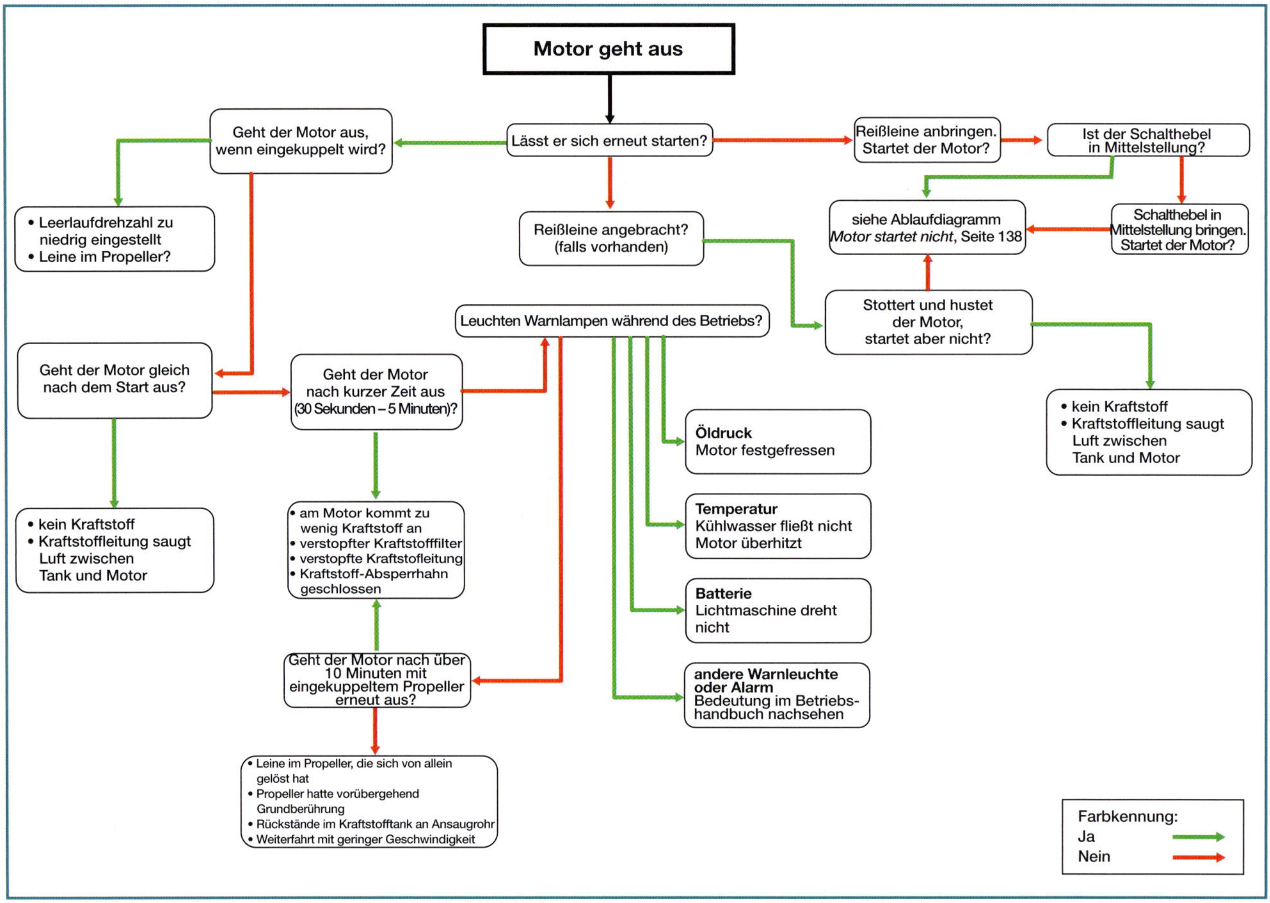

hinweg. Sie können zwar nicht jeden Einzelfall darstellen, aber Sie werden alle häufigen Ursachen aufspüren können. Falls sie nicht zu einem Ergebnis führen, handelt es sich um einen seltenen Einzelfall, der dann meist professionelle Hilfe erfordert.

Motor geht aus

Im obigen Diagramm ist ersichtlich, dass der Motor ausgehen und später wieder gestartet werden kann, wenn der Propeller vorübergehend Grundberührung hatte und sich daher nicht drehen konnte. Kommt das Boot wieder frei, läuft auch der Motor wieder problemlos. Man mag denken, dass man es doch merkt, wenn das Boot auf Grund läuft. Aber aus meiner Erfahrung weiß ich, dass das öfter passiert, als man meinen möchte. Achten Sie darauf, wie das Echolot kalibriert ist, und behalten Sie die Tiefenanzeige immer im Auge. Nach einer Grundberührung sollte das Boot an Land gekrant werden, damit es ein Gutachter auf Schäden am Kiel (Kurz- und Flügelkiele sind besonders anfällig) sowie am Propeller, am Ruder und an der Propellerwelle untersuchen kann.

Motor überhitzt

An einem überhitzten Motor kann man sich leicht Verbrennungen zuziehen. Feste Arbeitshandschuhe sind empfehlenswert, und Temperaturen lassen sich berührungslos mit einem Infrarotthermometer messen, wie in Kapitel 4 empfohlen. Öffnen Sie nie den Deckel am Kühler oder Ausgleichsbehälter, solange der Motor heiß ist, da im Kühlmittelkreislauf hoher Druck herrschen kann. Lassen Sie den Motor zuerst auskühlen, und legen Sie ein dickes Tuch über den Deckel, wenn Sie ihn aufschrauben, für den Fall dass immer noch Druck im Kreislauf ist.

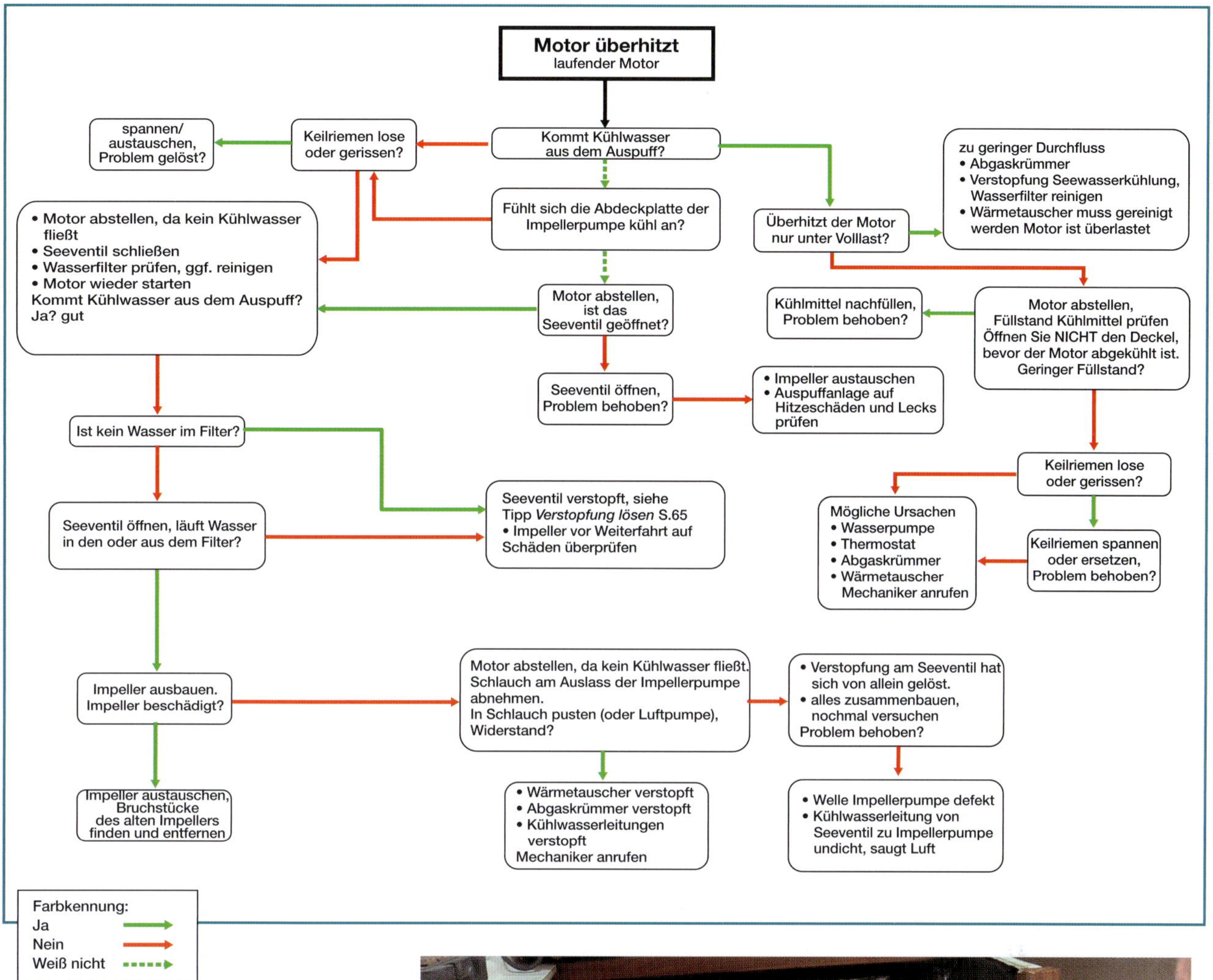

▲ *Der Füllstand des Kühlmittels zwischen Minimum und Maximum.*

▲ *Wenn man die Lichtmaschine drehen kann, ohne dass sich das Laufrad der Kurbelwelle und das der Wasserpumpe mitdrehen, muss der Keilriemen gespannt werden.*

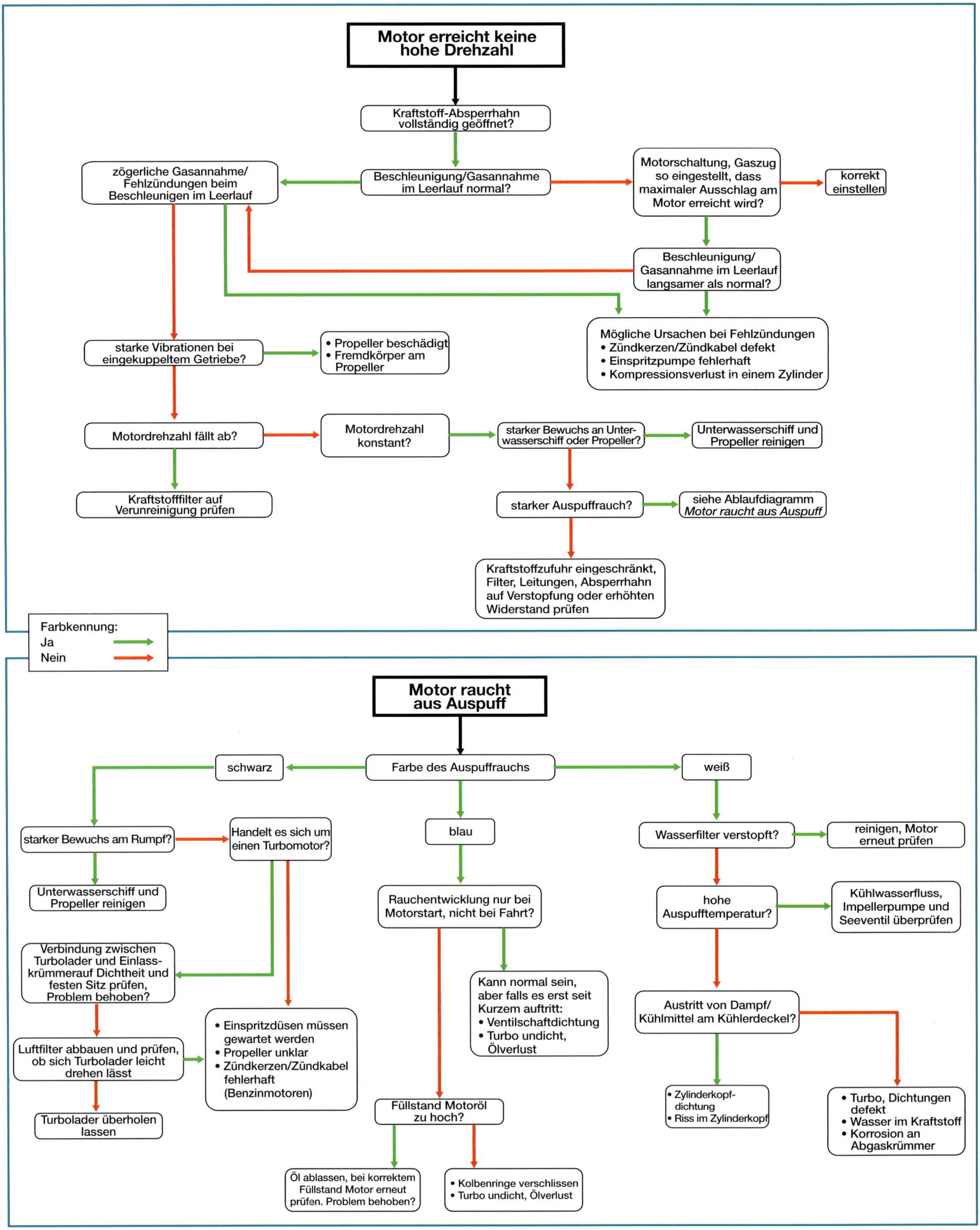
Motor erreicht keine hohe Drehzahl
Kraftstoff-Absperrhahn vollständig geöffnet?
Beschleunigung/Gasannahme im Leerlauf normal?
zögerliche Gasannahme/ Fehlzündungen beim Beschleunigen im Leerlauf
Motorschaltung, Gaszug so eingestellt, dass maximaler Ausschlag am Motor erreicht wird?
korrekt einstellen
Beschleunigung/ Gasannahme im Leerlauf langsamer als normal?
Mögliche Ursachen bei Fehlzündungen
• Zündkerzen/Zündkabel defekt
• Einspritzpumpe fehlerhaft
• Kompressionsverlust in einem Zylinder
starke Vibrationen bei eingekuppeltem Getriebe?
• Propeller beschädigt
• Fremdkörper am Propeller
Motordrehzahl fällt ab?
Motordrehzahl konstant?
starker Bewuchs an Unterwasserschiff oder Propeller?
Unterwasserschiff und Propeller reinigen
Kraftstofffilter auf Verunreinigung prüfen
starker Auspuffrauch?
siehe Ablaufdiagramm *Motor raucht aus Auspuff*
Kraftstoffzufuhr eingeschränkt, Filter, Leitungen, Absperrhahn auf Verstopfung oder erhöhten Widerstand prüfen
Farbkennung:
Ja
Nein
Motor raucht aus Auspuff
Farbe des Auspuffrauchs
schwarz
blau
weiß
starker Bewuchs am Rumpf?
Handelt es sich um einen Turbomotor?
Unterwasserschiff und Propeller reinigen
Verbindung zwischen Turbolader und Einlasskrümmer auf Dichtheit und festen Sitz prüfen, Problem behoben?
Luftfilter abbauen und prüfen, ob sich Turbolader leicht drehen lässt
Turbolader überholen lassen
• Einspritzdüsen müssen gewartet werden
• Propeller unklar
• Zündkerzen/Zündkabel fehlerhaft (Benzinmotoren)
Rauchentwicklung nur bei Motorstart, nicht bei Fahrt?
Kann normal sein, aber falls es erst seit Kurzem auftritt:
• Ventilschaftdichtung
• Turbo undicht, Ölverlust
Füllstand Motoröl zu hoch?
Öl ablassen, bei korrektem Füllstand Motor erneut prüfen. Problem behoben?
• Kolbenringe verschlissen
• Turbo undicht, Ölverlust
Wasserfilter verstopft?
reinigen, Motor erneut prüfen
hohe Auspufftemperatur?
Kühlwasserfluss, Impellerpumpe und Seeventil überprüfen
Austritt von Dampf/ Kühlmittel am Kühlerdeckel?
• Zylinderkopf-dichtung
• Riss im Zylinderkopf
• Turbo, Dichtungen defekt
• Wasser im Kraftstoff
• Korrosion an Abgaskrümmer

DIE FARBE DER ABGASE UND IHRE BEDEUTUNG

Weißer Rauch – Wasser im Auspufftrakt, so heiß, dass es verdampft.
Mögliche Ursachen:

- Kühlwasserfluss ist aufgrund einer Verstopfung eingeschränkt, es gelangt zu wenig Wasser in den Auspufftrakt.
- Wasser gelangt aufgrund eines Schadens am Motor in den Auspuff. Das ist schwerwiegender und kann unter anderem durch einen Riss im Abgaskrümmer oder eine undichte Zylinderkopfdichtung verursacht werden.

Schwarzer Rauch – unvollständige Verbrennung des Kraftstoffs bei Dieselmotoren.

- Bei Überlastung des Motors gelangt mehr Kraftstoff in die Zylinder, als mit der vorhandenen Luftmenge verbrannt werden kann. Der schwarze Rauch ist unvollständig verbrannter Kraftstoff in den Abgasen. Die häufigsten Gründe für eine Überlastung des Motors sind starker Bewuchs am Unterwasserschiff sowie Muscheln und Ablagerungen am Propeller.
- Die Einspritzdüsen können fehlerhaft oder undicht sein, sodass der Kraftstoff im Brennraum ungünstig verteilt wird und deshalb nicht vollständig verbrennen kann.
- Bei einem Turbomotor kann der Ladedruck aufgrund von Undichtheiten zwischen Turbolader und Motor abfallen. Dann wird nicht genügend Luft für eine vollständige Verbrennung in den Brennraum geleitet. Bei zu viel Kraftstoff im Verhältnis zur Luftmenge entsteht schwarzer Rauch.

Blauer Rauch – Öl im Auspuff.
Beim Motorstart verbrennen die meisten Dieselmotoren etwas Öl. Falls der blaue Rauch nach kurzer Zeit nicht verschwindet, deutet das auf starken Verschleiß am Motor hin. Bei hohem Stand der Betriebsstunden können die Kolbenringe und die Laufflächen der Zylinder nicht mehr ausreichend abdichten, sodass eine geringe Menge des von unten in den Zylinder gespritzten Motoröls an den Kolbenringen vorbei in den Brennraum gelangt. Ein Kompressionstest gibt Aufschluss, ob die Kolbenringe noch in Ordnung sind.

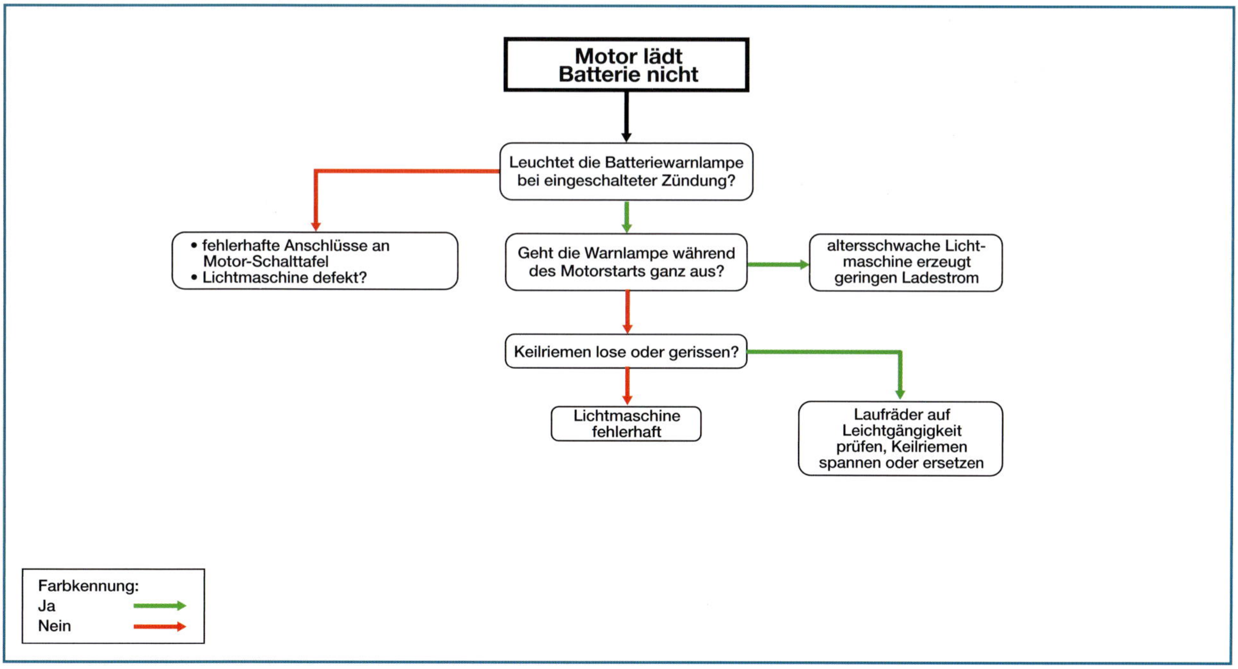

Häufige Motorprobleme

Hoher Verbrauch

Meist liegt es am Zustand von Unterwasserschiff und Propeller. Sollte der Kraftstoffverbrauch aber trotz eines bewuchsfreien Rumpfes erhöht sein, kann die Farbe der Auspuffgase Aufschluss geben, siehe Diagramm *Motor raucht aus Auspuff*. Achten Sie zudem auch auf auslaufenden Kraftstoff im Motorraum oder am Motor. Bei Turboladern muss auf möglichen Druckverlust der Ladeluft geachtet werden. Man hört und spürt entweichende Luft zwischen Turbolader und Einlasskrümmer am deutlichsten, während man Gas gibt. Ein professioneller Mechaniker kann Angaben zu den zu erwartenden Verbrauchswerten machen sowie Maßnahmen einschließlich eines Propellerwechsels vorschlagen, um die Wirtschaftlichkeit zu erhöhen.

Vergasereinstellung

Schlechtes Startverhalten, unruhiger Lauf, plötzlicher Drehzahlabfall oder -anstieg können auf Verschmutzungen oder falsche Einstellung des Vergasers hindeuten. Man kann den Vergaser zerlegen und reinigen. Allerdings sollte man sich beim ersten Mal von einem Fachmann zeigen lassen, worauf zu achten ist, um keine Kleinteile oder Dichtungen versehentlich zu beschädigen.

Unruhiger Lauf im Standgas

Zu niedrig eingestelltes Standgas kann zu unruhigem Lauf führen. Die korrekte Drehzahl im Standgas kann dem Betriebshandbuch entnommen werden. Bei Dieselmotoren ist die Einstellung meist einfach. Bei Benzinmotoren mit Vergaser lässt sich das Benzin-Luft-Gemisch für einen ruhigen Motorlauf einstellen. Bei zu fettem Gemisch (zu viel Benzin) verrußen die Zündkerzen, wodurch der Motor unruhig läuft und ausgehen kann. Bei einem Benzineinspritzmotor übernimmt die elektronische Motorsteuerung die Einstellung des Benzin-Luft-Gemischs. Manchmal liegt es auch nur an einer durch Ablagerungen nach längerer Standzeit verschmutzten Leerlaufdüse, die lediglich gereinigt werden muss. Diese Arbeit ist dem erfahrenen Schrauber oder professionellen Mechaniker vorbehalten.

Öldruck

An den Motorinstrumenten wird in der Regel auch der Öldruck angezeigt. Falls dieser zu gering ist, löst in jedem Fall der Öldruckschalter einen akustischen Alarm aus. Bei zu geringem Öldruck muss der Motor unbedingt sofort abgestellt werden, damit kein Motorschaden entsteht. Nach nur zweiminütigem Betrieb ohne ausreichende Schmierung kann sich ein Motor bereits festfressen.

Zu hoher Ölverbrauch

Falls das Öl nicht offensichtlich an einer undichten Stelle austritt, gibt es meist keine einfache Erklärung für zu hohen Ölverlust. Nur eine aufwendige Untersuchung könnte alle Ursachen aufdecken. Der häufigste Grund ist allerdings der allgemeine Verschleiß nach entsprechend vielen Betriebsstunden. Dadurch gelangt Öl insbesondere an den Kolbenringen vorbei in den Brennraum. Das Ergebnis ist blauer Auspuffrauch bei allen Motordrehzahlen.

Drehzahlanstieg ohne erkennbaren Grund

Dafür gibt es nur zwei mögliche Ursachen:

1. Wenn die Kraftstoffzufuhr aufgrund einer Verstopfung eingeschränkt war, beschleunigt der Motor auf die korrekte Drehzahl, sobald sich die Verstopfung löst. Sinkt die Drehzahl danach erneut ab, ist auch die Kraftstoffleitung wieder teilweise verstopft.
2. Wenn sich die Last auf den Motor verringert. Beispielsweise kann das Boot bei mitlaufenden Wellen von einer Welle beschleunigt werden. Dabei verringert sich die Last auf den Propeller, und der Motor dreht kurz hoch.

Pflege von kleinen Benzin-Außenbordmotoren

Nach Gebrauch des Außenbordmotors:

1. Schließen Sie den Benzinhahn, und lassen Sie den Motor laufen, bis er von allein ausgeht. Dadurch wird der Vergaser von Benzin geleert, das bei längerer Standzeit Ablagerungen an den Düsen bilden kann.
2. Spülen Sie die Kühlkanäle mit Frischwasser durch, um Salzablagerungen zu entfernen und Korrosion zu verhindern.
3. Leeren Sie den Tank, wenn Sie den Motor für längere Zeit, beispielsweise über Winter, nicht benutzen.

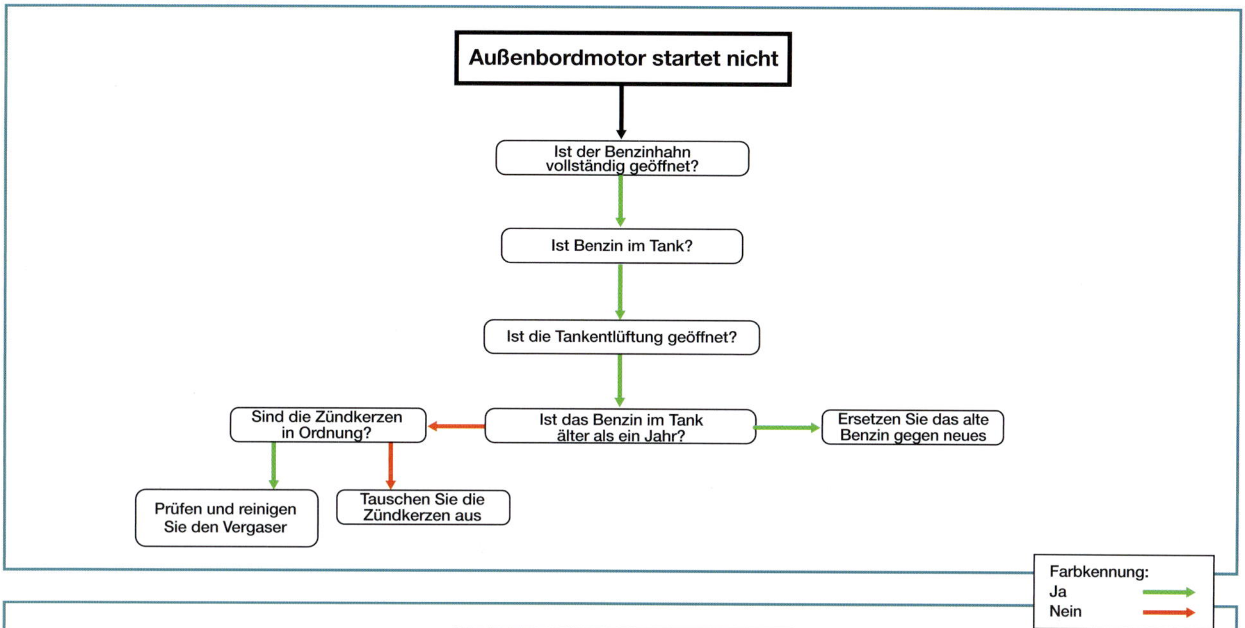
Außenbordmotor startet nicht
Ist der Benzinhahn vollständig geöffnet?
Ist Benzin im Tank?
Ist die Tankentlüftung geöffnet?
Ist das Benzin im Tank älter als ein Jahr?
Ersetzen Sie das alte Benzin gegen neues
Sind die Zündkerzen in Ordnung?
Prüfen und reinigen Sie den Vergaser
Tauschen Sie die Zündkerzen aus
Farbkennung:
Ja
Nein

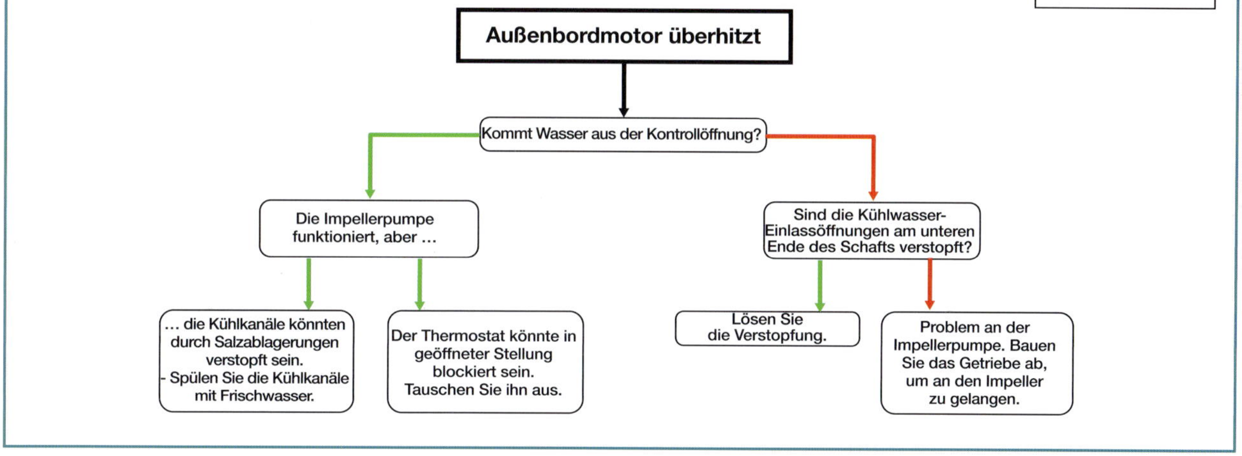
Außenbordmotor überhitzt
Kommt Wasser aus der Kontrollöffnung?
Die Impellerpumpe funktioniert, aber …
… die Kühlkanäle könnten durch Salzablagerungen verstopft sein.
- Spülen Sie die Kühlkanäle mit Frischwasser.
Der Thermostat könnte in geöffneter Stellung blockiert sein. Tauschen Sie ihn aus.
Sind die Kühlwasser-Einlassöffnungen am unteren Ende des Schafts verstopft?
Lösen Sie die Verstopfung.
Problem an der Impellerpumpe. Bauen Sie das Getriebe ab, um an den Impeller zu gelangen.

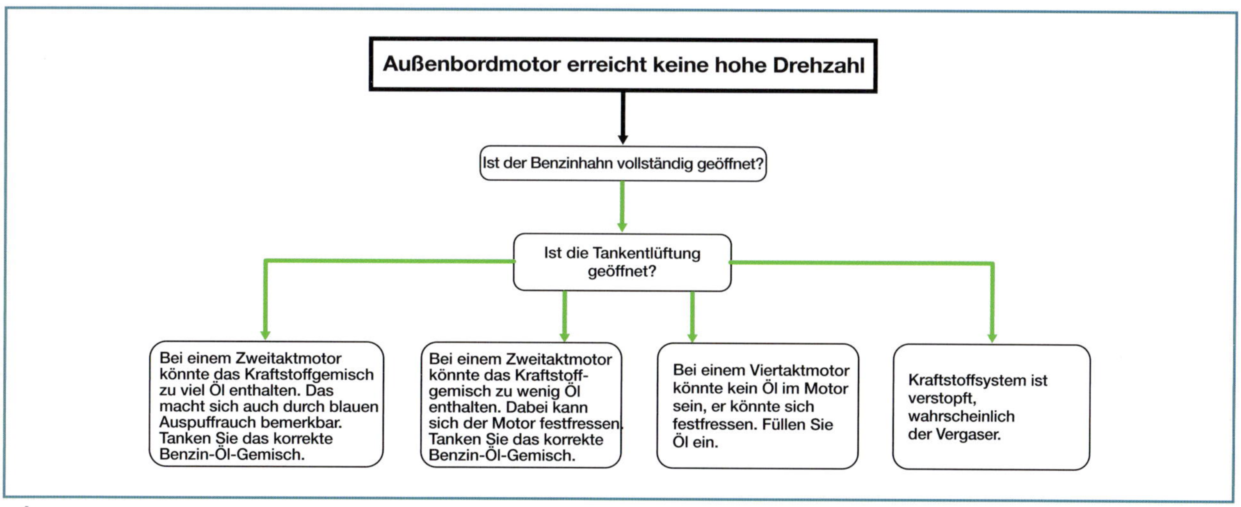
Außenbordmotor erreicht keine hohe Drehzahl
Ist der Benzinhahn vollständig geöffnet?
Ist die Tankentlüftung geöffnet?
Bei einem Zweitaktmotor könnte das Kraftstoffgemisch zu viel Öl enthalten. Das macht sich auch durch blauen Auspuffrauch bemerkbar. Tanken Sie das korrekte Benzin-Öl-Gemisch.
Bei einem Zweitaktmotor könnte das Kraftstoffgemisch zu wenig Öl enthalten. Dabei kann sich der Motor festfressen. Tanken Sie das korrekte Benzin-Öl-Gemisch.
Bei einem Viertaktmotor könnte kein Öl im Motor sein, er könnte sich festfressen. Füllen Sie Öl ein.
Kraftstoffsystem ist verstopft, wahrscheinlich der Vergaser.

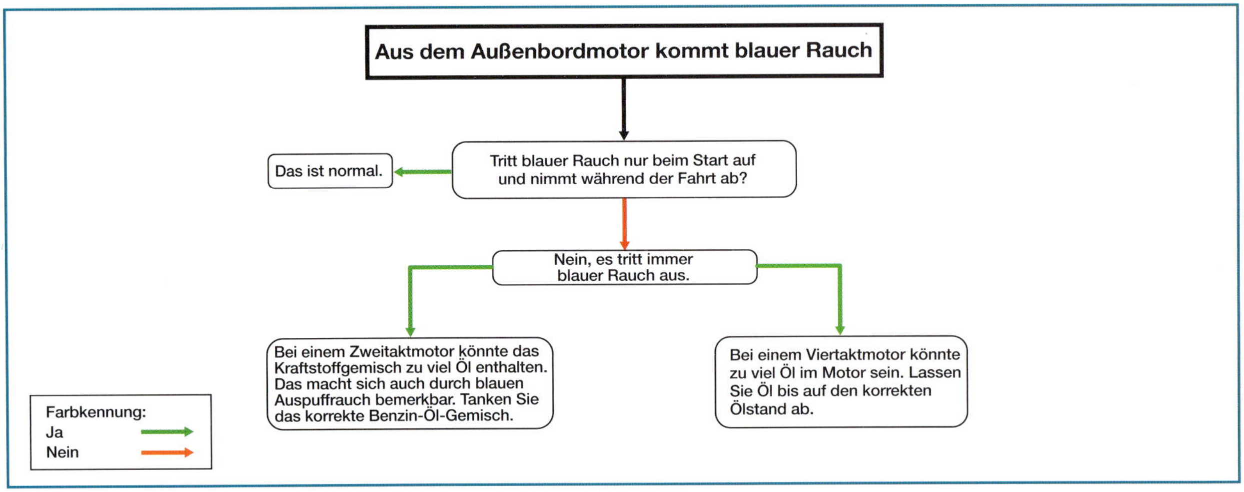

Scannen Sie diesen QR-Code, um die Ablaufdiagramme als PDF-Datei auf Englisch herunterzuladen.

Tipps und Tricks bei Wartung und Reparatur

Verstopfungen am Seeventil mit einer Luftpumpe lösen

Bei Verdacht auf eine Verstopfung am Seeventil kann eine Luftpumpe am Wasserfilter oder am Schlauch zur Impellerpumpe angeschlossen werden. Der Luftdruck löst die Verstopfung. Dazu kann man auch die Luftpumpe für das Beiboot verwenden.

Montage der Abdeckplatte an der Impellerpumpe

Stecken Sie zunächst nur eine Schraube durch die Abdeckplatte und die Dichtung, und schrauben Sie sie locker fest. Dann können die Abdeckplatte und die Dichtung leichter ausgerichtet und die übrigen Schrauben nach und nach eingesetzt werden.

Gebrauchten Impeller einbauen

Schmieren Sie den Impeller vor dem Einsetzen mit Spülmittel ein. Dadurch wird nicht nur der Impeller geschmiert, bis er Wasser angesaugt hat, sondern es bilden sich auch Luftblasen am Auspuff, sodass sich die Funktion des Impellers auch dann überprüfen lässt, wenn man den Auspuff nicht direkt sehen kann. Ein neuer Impeller wird meist mit etwas Schmierfett geliefert, aber bei einem schlecht einsehbaren Auspuff empfiehlt sich zusätzlich etwas Spülmittel, weil es Blasen bildet.

▲ *Bessern Sie jährlich die Motorlackierung nach.*

Prüfen, ob genug Kühlwasser durch den Wärmetauscher strömt

Das Kühlwasser sollte sich am Auslass des Wärmetauschers immer kalt anfühlen, bevor es in den Auspuff geleitet wird. Fühlt es sich warm an, wird nicht genügend Kühlwasser durchgepumpt und der Motor könnte bei hohen Drehzahlen zu heiß werden.

Motor nachlackieren

Entfernen Sie abblätternde Farbe, und bessern Sie die Lackierung jährlich aus, um Korrosion zu verhindern.

Wie erkennt man, ob die Wellendichtung der Impellerpumpe ausgetauscht werden muss?

Die Wellendichtung sollte alle zwei Jahre erneuert werden, da sie leicht undicht werden kann. Die Impellerpumpe hat ein kleines Loch an der Rückseite, damit Wasser, das durch die Dichtung kommt, nicht die Lager korrodieren kann. Wenn es unter der Impellerpumpe tropft oder es sich an der Rückseite nass anfühlt, sollte eine neue Wellendichtung eingebaut werden.

Kraftstoff

Halten Sie den Kraftstofftank so weit gefüllt wie möglich, um Kondensation zu vermeiden. Verwenden Sie ein Additiv gegen die Dieselpest. Prüfen Sie die Dichtung an der Einfüllöffnung, und kontrollieren Sie den Vorfilter regelmäßig (monatlich oder nach Betriebsstunden). Reinigen Sie den Filter von Ablagerungen.

Keilriemen

Achten Sie auf Abrieb in Form von schwarzem Staub sowie auf allgemeinen Verschleiß. Spannen Sie den Keilriemen, und ersetzen Sie ihn falls nötig.

Batterien

Prüfen Sie den Pegel der Batteriesäure. Achten Sie auf Verformungen, austretendes Gas oder Schwefelgeruch während des Ladens. Sollten Sie eines dieser Anzeichen beobachten, klemmen Sie die Batterien sofort ab, und ersetzen Sie sie durch neue Batterien.

Ordnung ist das halbe Leben

Halten Sie den Motor und den Motorraum trocken und sauber. So können Sie ein kleines Leck bereits erkennen, bevor daraus ein großes Problem werden kann.

Der Motor

Nehmen Sie den Motor regelmäßig von allen Seiten in Augenschein, und achten Sie auf Veränderungen. Führen Sie alle Wartungsarbeiten gemäß Herstellerangaben aus.

Verwenden Sie Rostschutzmittel wie beispielsweise *Corrosion Block*. Diese Mittel können aufgesprüht werden und schützen Metalle, elektrische Verbindungen und Kunststoffe. Vermeiden Sie lediglich, das Mittel auf Gummiteile zu sprühen. Diese werden besser mit Silikonfett gepflegt.

Betreiben Sie den Motor nicht über längere Zeit mit Vollgas, da das zu übermäßigem Verschleiß führt. 80–90 % der maximalen Leistung sind angemessen.

Geben Sie langsam Gas, und vermeiden Sie, den Motor oder seine Bestandteile unnötig zu überlasten.

Ein Vorschlag bei Leckwasser in der Bilge: Man könnte eine Geschmacksprüfung machen.

- Nicht salzig? Es könnte vom Frischwassersystem kommen.
- Etwas süßlich? Das deutet auf Frostschutzmittel hin.
- Salzig? Es dürfte von außenbords kommen. Prüfen Sie alle Leitungen – angefangen vom Seeventil und Wasserfilter über die Impellerpumpe bis hin zum Wärmetauscher.

Man könnte auch einen Ph-Teststreifen verwenden, um festzustellen, ob es sich um Süß- oder Salzwasser handelt. Vorsicht: Bilgenwasser kann giftig sein und ist zumindest gesundheitsschädlich. Tauchen Sie höchstens eine Fingerkuppe ein, und berühren Sie sie mit der Zungenspitze. Spülen Sie den Mund mit reichlich Frischwasser. Verschlucken Sie keinesfalls auch nur geringe Mengen Wasser aus der Bilge!

Und das Wichtigste

Nutzen Sie ihr Boot so oft wie möglich! So haben Sie das meiste Vergnügen, und alle Teile an Bord bleiben gepflegt und funktionstüchtig.

13 Werkzeuge und Ersatzteile

Die meisten Eigner führen Motorersatzteile an Bord mit. Manchmal reicht die Auswahl, um den Motor gleich mehrfach komplett zu überholen, manchmal ist sie so spärlich, dass sich kaum etwas damit anfangen lässt. Welche Ersatzteile sind also tatsächlich sinnvoll mitzuführen?

Das kommt auf folgende Punkte an:

1. Welche Arbeiten traut man sich zu, selbst zu machen?
2. Wo und wie lange ist man unterwegs?

Welche Ersatzteile gehören an Bord?

Hier ist eine Liste, welche Ersatzteile meiner Meinung nach auf jeden Fall an Bord mitgeführt werden sollten. Jeder Bootseigner sollte über ausreichend Grundwissen verfügen, wie diese Ersatzteile eingebaut werden, was weder sehr zeitaufwendig noch schwierig ist.

Die Frage, welche weiteren Ersatzteile an Bord sein sollten, richtet sich nach dem jeweiligen Revier. Ist die Ersatzteilversorgung gut, genügt eine kleine Auswahl, um den Motor flott zu halten, und bei größeren Problemen kann schnell professionelle Hilfe geholt werden.

Segelt man in entlegeneren Gebieten, sieht das anders aus. Und wer über den Atlantik segelt und auf den Motor angewiesen ist, um die Batterien zu laden, wird einen Anlasser, eine Lichtmaschine und genügend weitere Ersatzteile mitführen, um den Motor nahezu komplett neu aufzubauen. Das gilt vor allem, wenn weder ein Generator noch Solarpaneele oder Windgenerator für die Ladung der Batterien zur Verfügung stehen. Wer Tausende Meilen vom nächsten Hafen entfernt ist, muss sich auch selbst zu helfen wissen. Der Umfang der mitgeführten Ersatzteile hängt also stark vom Revier und den eigenen Fähigkeiten als Mechaniker ab. Bedenken Sie, dass auch die Ersatzteile von Korrosion angegriffen werden können und altern. Bauen Sie deshalb bei der Wartung des Motors erst den Impeller ein, den Sie schon lange Zeit als Ersatzteil an Bord haben. Der neue, nachgekaufte Impeller wandert dann zu den Ersatzteilen an Bord.

Ersatzteilliste – Mindestausstattung

- Motoröl, Getriebeöl, Hydrauliköl (falls zutreffend)
- 1 Ölfilter
- 2 Filterelemente für Kraftstoff-Vorfilter
- Kraftstoff-Feinfilter
- 1 Keilriemen für jeden am Motor vorhandenen Keilriemen
- 2 Impeller
- Sicherungen, alle nötigen Ausführungen
- Kühlmittel, 5 Liter mit passendem Frostschutz

▲ *Impeller, Dichtungsset, O-Ring und Schmierfett.*

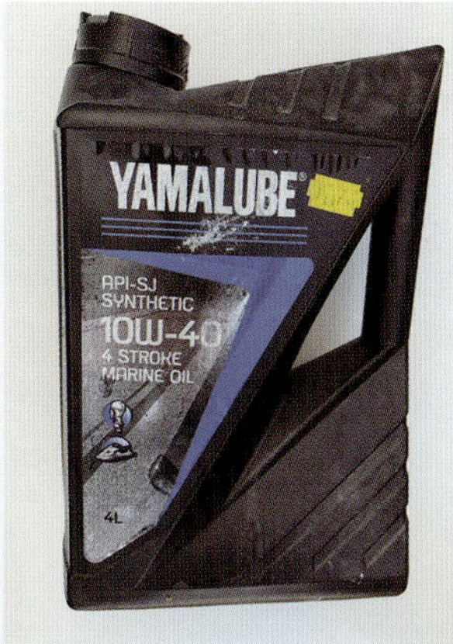

▲ *Verschiedene Öle.*

▲ *Ölfilter.*

▲ *Filterelemente für Kraftstoff-Vorfilter.*

▲ *Kraftstoff-Feinfilter, Dieselfilter.*

▲ *Filterelement für Benzinfilter eines Außenbordmotors.*

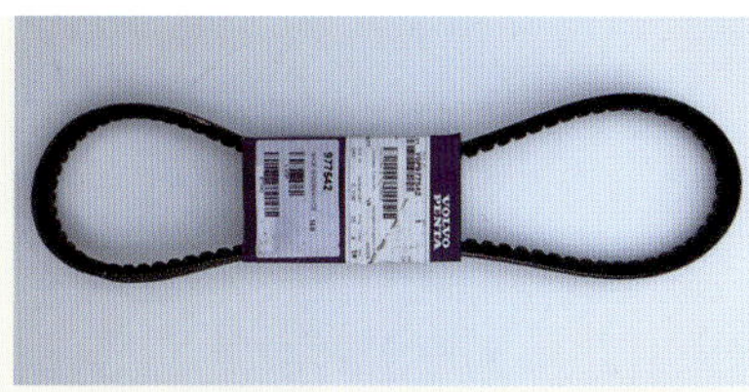

▲ *Keilriemen.*

▲ *Elektrische Verbinder sind immer nützlich.*

▲ *Reservesicherungen gehören immer an Bord.*

▲ *Kühlmittel zum Nachfüllen nicht vergessen!*

Werkzeuge

Mit schlechtem Werkzeug zu arbeiten ist frustrierend, mit gutem Werkzeug fällt alles viel leichter. Es geht also darum, geeignetes Werkzeug in vernünftiger Qualität an Bord zu haben und keine riesige Werkzeugsammlung, bei der das meiste nie gebraucht wird und nur vor sich hin rostet.

Das Werkzeug muss auf die Arbeiten bei Wartung und Reparatur des Motors abgestimmt sein. Machen Sie sich bereits am Liegeplatz, wo Sie Zeit und Ruhe haben, mit dem Motor und dem Austausch aller Verschleißteile vertraut.

Man könnte das benötigte Werkzeug für jeden einzelnen Arbeitsschritt auflisten. Für einen Impellerwechsel wird beispielsweise ein Schraubendreher zum Abnehmen der Abdeckplatte benötigt, dann ein Abzieher für den Impeller, ein Eimer, um austretendes Wasser aufzufangen, und so weiter. In der Praxis ist jedoch nie genügend Platz, um einen Eimer unterzustellen und die Abdeckplatte kann so nah an einem Schott sein, dass man mit einem Schraubendreher nicht darankommt und mit dem Abzieher dann auch nicht an den Impeller. Man sieht also, dass es von Fall zu Fall unterschiedlich sein kann. Manchmal wird man die gesamte Impellerpumpe ausbauen müssen, um den Impeller zu wechseln.

Daher sollte man zunächst eine vernünftig große Auswahl an Werkzeug mitführen und kann dann mit der Zeit aussortieren, was man aus Erfahrung nie gebraucht hat. Wichtig ist, die Austauscharbeiten aller mitgeführten Ersatzteile so gut zu kennen und zu beherrschen, dass man bei einer plötzlichen Panne auf See nicht in Stress gerät.

Hier ist eine Liste der Werkzeuge, die ich an Bord mitführe:

- Steckschlüsselsatz von 7 mm (praktisch für viele Schlauchschellen) bis 24 mm für die Mutter am Laufrad der Kurbelwelle, um den Motor von Hand zu drehen. Mit dabei sind in der Regel verschiedene Ratschengrößen, Verlängerungen und Schraubbits.
- Schraubendreher-Set bestehend aus Schlitz- und Kreuzschlitz-Schraubendreher, sowohl in Stummelausführung für enge Platzverhältnissen als auch in langer, kräftiger Ausführung (auch als Hebel zu verwenden, um Keilriemen zu spannen).
- Flachzange, Wasserpumpenzange, ich verwende auch gern eine Langbeck-Gripzange.

▲ *Steckschlüsselsatz.*

▲ *Schraubendreher und Hebeleisen.*

- Schraubenschlüssel von 8–24 mm, am besten als Ring-Maulschlüssel; ich arbeite gern mit Ratschen-Ringschlüsseln, die bei engen Platzverhältnissen sehr praktisch sind.
- Gummihammer oder besser Schonhammer, um festsitzende Teile zu lösen.
- Kleiner Schaber, um alte Dichtungen abzulösen.
- Multimeter, um das Bordnetz zu überprüfen.
- Bandschlüssel, um alte Öl- und Kraftstofffilter abzuschrauben. Es gibt Bandschlüssel mit Gewebeband oder mit einem Band aus Edelstahl.
- Abzieher, passend für den Impeller
- Taschenlampe
- Küchenrolle, mehrere Rollen
- Arbeitshandschuhe, am besten aus Nitril oder auch aus Vinyl, nicht jedoch Latexhandschuhe, da sie sich bei Kontakt mit Benzin und Öl auflösen.
- Ölbindetücher zum Auslegen, ich verwende gern auch sogenannte Trainingsunterlagen für Hunde, die absorbierend sind und eine wasserdichte Unterseite haben.

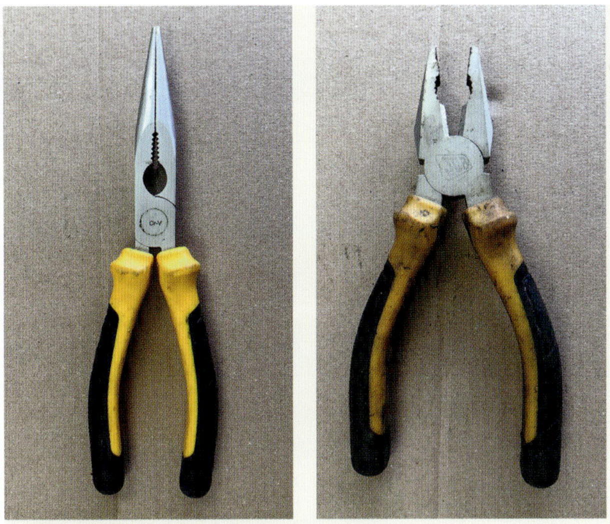

▲ *Flachzange und Kombizange.*

▲ *Ring-Maulschlüssel, unten als Ratschen-Ringschlüssel mit Schwenkkopf.*

▲ *Multimeter.*

▲ *Gummihammer.*

▲ *Kleiner Spachtel.*

▲ *Bandschlüssel – links mit Gewebeband, mittig mit Stahlband, rechts Rohrzange.*

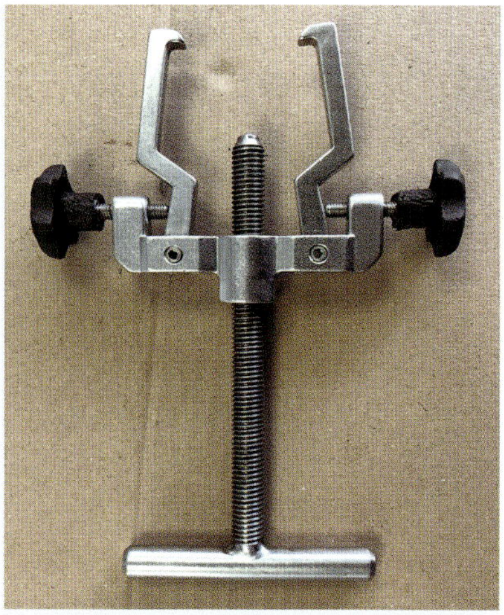

▲ *Abzieher für Impeller.*

▲ *Arbeitsleuchte und kleine Taschenlampe für schwer einsehbare Stellen.*

▲ *Küchenrolle.*

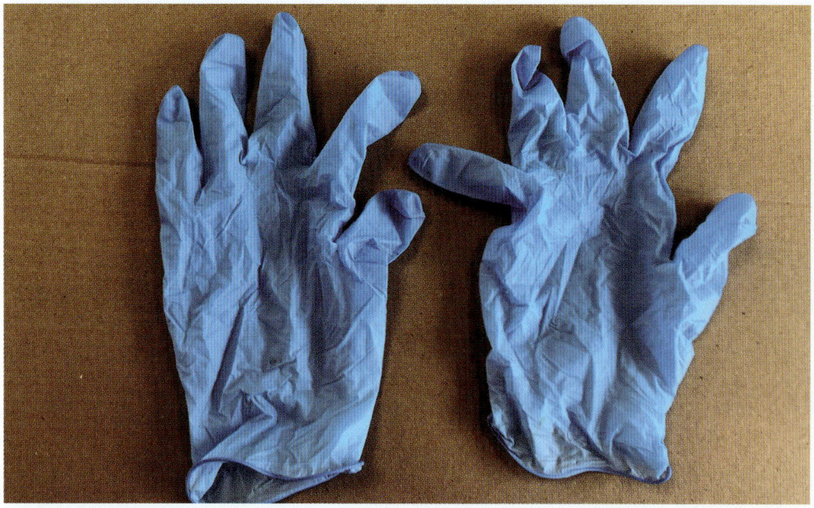

▲ *Arbeitshandschuhe aus Nitril – verwenden Sie keine Latexhandschuhe.*

▲ *Ölbindetuch.*

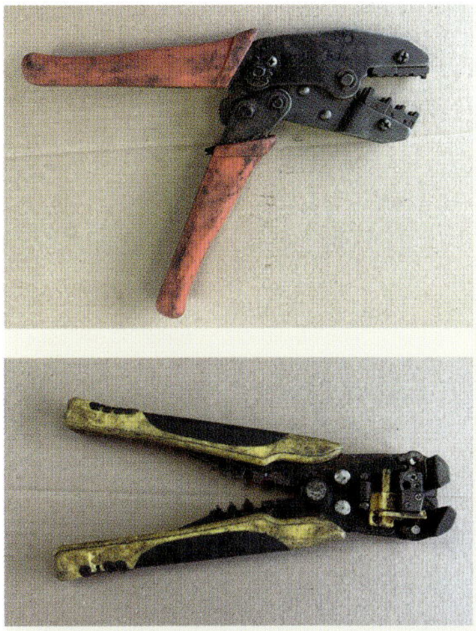

▲ Crimpzange; darunter kombinierte Abisolier- und Crimpzange.

▲ Gehörschutz.

▲ Rollgabelschlüssel mit Schlüsselweite bis 24 mm; darunter Sicherheitsmesser mit einziehbarer Klinge.

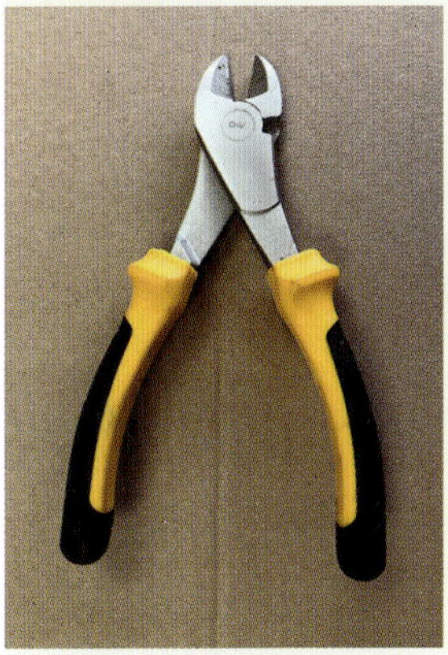

▲ Seitenschneider für Kabel, Kabelbinder, Schläuche.

▲ Langbeck-Gripzange.

▲ Elektriker-Schraubendreher mit Kunststoffmantel, um Kurzschlüsse zu verhindern.

▲ Ölabsaugpumpe – der dünne Schlauch kann an der Öffnung des Ölmessstabs am Motor eingeführt werden, um das Motoröl bei einem Ölwechsel abzupumpen.

▲ PVC-Isolierband; darunter Poliervlies zur Oberflächenreinigung, z. B. Abdeckplatte der Impellerpumpe.

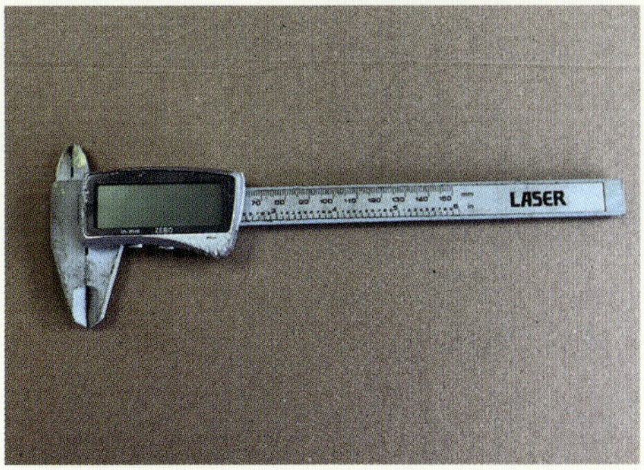

▲ Messschieber, um Teile genau zu vermessen, z. B. den Durchmesser eines Bolzens oder einer Welle.

Jonathan berichtet

Kein richtiges Werkzeug und nicht die richtigen Ersatzteile zu haben, kann Zeit und Geld kosten, aber auch andere Personen über Gebühr beanspruchen, wie die folgende Geschichte zeigt. Doch etwas ist diesmal anders, in dieser Geschichte bin ich es, der die Fehler macht und seine Lektion lernt.

Vor einigen Jahren, als meine Arbeit noch darin bestand, anstatt Boote liegengebliebene Autos wieder flott zu machen, kaufte ich zusammen mit meiner damaligen Freundin, die später meine Frau wurde, ein kleines Motorboot, eine Fletcher 21 GTS. Das Boot war in sehr gutem Zustand, und wir hatten bereits einige Ausfahrten damit unternommen, alles lief wunderbar. An einem Abend im Sommer waren wir hinüber nach Cowes auf die Isle of Wight zu einem schönen Restaurant zum Abendessen gefahren.

Auf der Rückfahrt zu unserem Liegeplatz in Southampton wurde es bereits dunkel. Wir waren flott unterwegs, etwas voraus fuhr die Schnellfähre nach Southampton, und ich kreuzte hinter ihrem Heck zur anderen Seite. Als unser Boot über die Bugwelle der Fähre fuhr, hoben wir kurz ab und krachten dahinter etwas heftig auf. Danach spielten plötzlich die Motorinstrumente verrückt und begannen zu flackern. Anschließend ging der Motor aus! Wir trieben mitten im Fahrwasser der Großschifffahrt, es wurde dunkel, wir waren antriebslos und hatten keine Lichter.

»Mach dir keine Sorgen«, sagte ich zu meiner Freundin, »scheint ein Problem mit der Elektrik zu sein, ich sehe mal nach.«

Ich öffnete die Abdeckung des Motors, alles schien normal, alle Kabel waren fest, aber in der zunehmenden Dunkelheit wurde es immer schwieriger, etwas zu erkennen.

Dann dachte ich, es könnte an der Zündung liegen, weil alle Instrumente verrückt gespielt und ausgefallen waren, bevor der Motor ausgegangen war. Die Sicherung der Zündung liegt hinter den Instrumenten, also entschied ich, die Instrumententafel abzuschrauben.

Gleichzeitig wies mich meine zukünftige Frau darauf hin, dass wir immer noch mitten in der Schifffahrtsstraße trieben, dass es bald stockdunkel sein würde und dass wir keine Navigationslichter hatten.

»Nur keine Panik, ich muss nur die Instrumente abschrauben und die Sicherung wechseln«, sagte ich.

»Haben wir überhaupt Sicherungen in Reserve?«, fragte sie.

»Ach stimmt, du hast ja recht.«

»Und wie willst du die Instrumente abschrauben. Wir haben doch nicht einmal einen Schraubendreher an Bord.«

»Ich habe ein Taschenmesser«, sagte ich etwas kleinlaut.

Sie starrte mich an.

Dann bemerkten wir, dass ein großes Containerschiff Southampton verließ und genau auf uns zuhielt. Es war nur noch zwei Meilen entfernt. Ich rief den Hafenmeister von Southampton über Funk und informierte ihn über unsere missliche Lage. Er wiederum informierte die Brücke des Containerschiffs. Dann rief ich auch noch die Küstenwache, die wiederum unverzüglich das Rettungsboot von Calshot alarmierte, das sofort Kurs auf uns nahm. Zu unserem Glück trieben wir an den Rand des Fahrwassers. Als das Containerschiff immer näher kam, trafen auch unsere Retter ein. Was für eine Erleichterung! Sie kamen zu viert in einem kleinen RIB und schleppten uns bis nach Southampton, wo sie uns in der Marina Ocean Village absetzten. Wir waren so dankbar, dass wir gleich unsere Taschen leerten und für die Rettungsgesellschaft spendeten, bevor sich die Crew wieder verabschiedete.

Allerdings war unser eigentlicher Liegeplatz ein Stück weiter bei Dry Stack, wo wir das Boot immer an Land abstellten. So spät am Abend war dort längst geschlossen, und keiner würde mehr da sein. Dort auf dem eingezäunten Parkplatz stand auch noch unser Auto. Ich rief Bill, den Chef von Dry Stack, an, der ein feiner Kerl ist, und der sich gleich auf den Weg machte, um uns abzuholen. Er brachte uns zu unserem Auto. Wir fühlten uns schuldig und waren Bill unendlich dankbar.

Am nächsten Tag fuhr ich mit meinem Werkstattwagen zum Boot. Jetzt hatte ich Werkzeug, Licht und Zeit. Es kostete mich keine fünf Minuten, den Fehler zu finden. Das Pluskabel hatte sich an der Lichtmaschine gelöst und machte einen Kurzschluss mit Masse. Ich musste nur das Kabel wieder anstecken und der Motor startete. Dann verbesserte ich die Kabelführung und befestigte das Kabel so, dass es sich nicht wieder lösen konnte. Das alles dauerte ungefähr 15 Minuten. Am Vortag waren wir über eine Stunde auf dem Meer getrieben, nur weil wir kein Licht und kein Werkzeug an Bord hatten. Wir waren eine Gefahr für die Schifffahrt und mussten fremde Hilfe in Anspruch nehmen. Freiwillige mussten ausrücken, um uns abzuschleppen, und schließlich haben wir auch noch Bill nach einem langen Arbeitstag rausgeklingelt, um uns abzuholen.

An diesem Tag habe ich eine wichtige Lektion gelernt, und am nächsten Tag wurde ich Mitglied bei Sea Start. Dieses Erlebnis hat sogar meine Karriere verändert, denn zwei Jahre später kündigte ich meinen Job beim Pannendienst, wo ich sieben Jahre gearbeitet hatte, und fing als Mechaniker bei Sea Start an. Dort arbeitete ich zehn weitere Jahre, bevor ich meine eigene Firma gründete, Parker Marine Services. Ich gebe Kurse für Bootseigner und bringe ihnen bei, wie sie ihre Motoren warten und reparieren können und wie sich Pannen vermeiden lassen. So schließt sich für mich der Kreis.

Jonathan Parker

FourStroke

Glossar

Diode Halbleiter, der Strom nur in eine Richtung passieren lässt.

Impeller Schaufelrad aus Gummi, das in einer Pumpe Wasser fördert.

Impellerpumpe wird vom Motor angetrieben und pumpt das Seewasser durch den Wärmetauscher, um das Kühlmittel abzukühlen.

Keilriemen Von der Kurbelwelle werden Aggregate wie Lichtmaschine, Impellerpumpe, Hydraulikpumpe oder Kompressor über einen Keilriemen angetrieben.

Kraftstoffpumpe pumpt den Kraftstoff vom Tank zur Einspritzpumpe oder zum Vergaser, je nach Motortyp.

Kühlmittel Eine Mischung aus Wasser und Frostschutzmittel, meist im Verhältnis 50/50.

Kurbelwelle Die Auf- und Abbewegung der Kolben wird an der Kurbelwelle in eine Drehbewegung umgewandelt. Von der Kurbelwelle wird unter anderem die Lichtmaschine über einen Keilriemen angetrieben.

Magnetschalter schaltet den Strom zum Anlasser ein.

Nockenwelle lässt die Ein- und Auslassventile öffnen und schließen.

Rohrbündel eng aneinander liegende Rohre im Wärmetauscher, durch die das Seewasser geleitet wird.

Seeventil Rumpfdurchbruch, der geöffnet und geschlossen werden kann; kann als Absperrschieber zum Schrauben oder als Absperr- oder Kugelhahn ausgeführt sein.

Seewasser Das von außenbords zur Motorkühlung eingeleitete Wasser.

Startrelais schaltet über das Zündschloss den Strom zum Magnetschalter ein.

Trenndiode ermöglicht es, dass mehrere Batterien gleichzeitig geladen werden, ohne dass sich die Batterien gegenseitig beeinflussen können.

Wärmetauscher überträgt Wärmeenergie von einem Medium auf ein anderes. Das vom Motor erhitzte Kühlmittel wird im Wärmetauscher vom durchgeleiteten Seewasser abgekühlt.

Wasserpumpe wird vom Motor angerieben und pumpt das Kühlmittel durch das Kühlsystem.

Zahnriemen verbindet die Kurbelwelle mit der Nockenwelle.

Stichwortverzeichnis